Arming without Aiming
India's Military Modernization

インドの軍事力近代化
その歴史と展望

スティーブン・コーエン／スニル・ダスグプタ 著
Stephen P. Cohen and Sunil Dasgupta
斎藤 剛 訳
陸上自衛隊研究本部主任研究開発官

原書房

インドの軍事力近代化

その歴史と展望

日本語版序文

我々が本書の執筆に着手した頃、２００６～07年におけるインドの軍事支出と軍事調達は、１人当たりの軍事支出やＧＤＰ比においては比較的穏当なレベルを維持していたものの、目覚しい経済成長に伴い、これまで類を見ない急激な伸びを示していた。インドの武器市場は、10年までには、拡大を続ける数少ない市場の一つとなった。そして、14年までには、ソ連・ロシアがインド武器市場において40年に亘って占めてきた首位の座を、米国が取って代わるに至った。

インドは軍事調達を、大国として台頭する手段、そしてそのシンボルとして、経済成長に次ぐ重きをもって活用してきた。ニューデリーに駐在する世界各国の軍事ビジネス関係者によるインド市場への高い評価は、マーケットとしての強みだけはなく、国際社会がインドを強健な軍事国家として見はじめようとしていることを物語っている。次期米国防長官に指名されたアシュトン・カーター（Ashton Carter）博士は、印米間の軍事取引が更に進展するような枠組みを築いてきた人物である。そうした立場にあるインドと、軍事取引における技術的・政治的な制約が益々増大している中国との差は歴然としている。

インドはこれまで、中国、パキスタン、国内叛乱者その他非国家主体の脅威に対する有効な軍事的解決を進展させるような軍事調達を行い得なかった。しかしながら、昨年誕生したモディー（Narendra Modi）政権は、それら脅威により強硬な姿勢をもって臨もうとしているように見られる。印パ境界付近では、パキスタンによる挑発へ反応したとされる、印陸軍や国境警備隊によるパキスタン側への越境砲撃が増えている。昨年12月31日にはグジャラート沖にて、漁船を装って弾薬運搬しているとされたパキスタンの船舶をインド沿岸警備隊が追跡している最中に漁船が燃え出し沈没したという事案も発生した（インド側は漁船自らが火を放ったとしている）。

　モディー首相は、軍人や軍部隊との緊密な関係を隠そうとしない。首相としての最初の活動には、空母体験航海、宇宙探査ロケット発射への立会、軍実動演習の視察などが含まれていた。さらに注目すべきは、国防大臣に党派の重鎮である元ゴア州首相マノハール・パリカール（Manohar Parrikar）を任命したことである。同氏は、かの有名なインド工科大学ムンバイ校において冶金学を修めた人物であるが、国防大臣としての最初の仕事は、インド国防研究開発機構（DRDO：Defense Research and Development Organization）長官を更迭したことであった（訳者注：DRDOは官僚体質が染み付いた組織でインド軍近代化の大きな阻害要因となっていると本書は指摘する）。

　しかしながら、こうしたことは、彼らの従来の思考範囲を超えるものではなく、インドによるさらなる軍事調達への梃子となるような強硬的な国家戦略への転換に繋がるものではない。然るに、より強硬的な軍事政策の兆しが垣間見られる一方で、インドの戦略的抑制志向は依然として維持されていると見るべきである。

　インドの〝特定の照準を定めない軍備増強（arming without aiming）〟は、例えば中国との軍拡競争に陥らずに済むといった恩恵をもたらしている一方で、代償を払うことにもなっている。

パキスタンにとっては、インドの戦略的抑制など全く顧慮に値しないことであり、インドとは対照的にパキスタン軍は、まるでインドの軍事力が全て自国に向けられているかのように振舞っている。特に、戦術核保有の追求は、インド側の大々的な軍事調達の結果生じる通常兵器におけるインドの優越に対抗するものとして正当化しようとしている。こうしたことから、インドが直面する2つの正面のうち少なくとも1つの正面において戦略的不安定性が生じているのである。

戦略的抑制が故にインドが払わなければならない代償には、軍事に関わる計画策定と組織における無駄と非効率性といったこともある。戦略的抑制が故、国際政治の手段としての軍事的な選択肢に対する価値が低く見られているため、各軍は、調整を欠いたまま夫々独自に自軍の近代化を進めているのである。そして、軍備増強の決定は軽易になされるのだが、優先順位の付与や合理化努力といったことはほとんど見られない。もしモディー首相が戦略的抑制からの脱皮を真剣に考えているのなら、国防参謀長の任命といった更なる措置を採ることが必要であるし、DRDO長官については、特定人物を更迭するだけでなく、その国防大臣への科学的助言者としての地位を剝奪すべきである。

多くの研究者らが、インドを取り巻く安全保障環境がインドの軍事力を全面に押し出すことになるであろうことを予測している。ただし、パキスタンからの脅威や中国に対する懸念が長期に亘るであろう一方で、非国家主体の脅威が当面のインド軍改革の誘因となるであろう。昨年、アルカイーダは、その支部——インド亜大陸のアルカイーダ（AQIS:al-Qaeda in the Indian Subcontinent）——をインド国内に設立することを宣言した。もしAQISがインドでそのネットワーク拡大に成功したとしたら、極めて深刻な惨禍をもたらすことになり、インド政府には国内における対テロ能力の増強を図る以外の選択肢はなくなる。そして軍がそれに巻き込まれることになれば、軍事調達における戦略的方向性も大きく影響されることになるであろう。他方、インド政府は、テロ問題解決のために外圧をうまく用いることもできよう。これまでにも行われたパキスタンのテロへの支援に対する国際的な非難がそれに当たる。ただし、そうした非難が実際の懲罰行動に結びつくかは分らない。印パ危機は核危機を生起させるからだ。

インドの将来にとって軍事が益々大きな地位を占めるようになるであろうと考えられる中で、本書を日本の広範な読者にお届けできるのは私どもにとって大変光栄なことである。翻訳していただいた陸上自衛隊研究本部所属の研究者である斎藤1等陸佐の発意と業績に対して心より感謝申し上げたい。斎藤1佐は、自ら本書の内容をひとつ漏らさず翻訳してくれたばかりか、我々が見落としていた幾つかの誤りを指摘し、正してくれさえした。

日本の読者の方々には、本書が提示するインドの戦略的抑制、そして戦略的抑制にあっては潜在的な能力が軍事力や軍事戦略に容易に転化されないという見方を理解いただければ幸いである。日本の戦後における憲法と文化に由来する軍事力行使の禁忌は偉大な国家というものの定義を大きく変える先駆けとなり、世界に大きな影響を及ぼした。インドは、政治的現実主義に苛まされつつ物理的な力の増強を追求しながらも、日本と同じように、戦略的抑制をもって世界政治における力の潮流を変えようとしている。抑制と力の相克は時代を超越したものであるが、戦後の国際政治秩序の構築においては、力よりも抑制が肯われ、国際政治における力の地位・役割を変えるような考え方が生まれている。米政治学者のジョセフ・ナイ（Joseph Nye）の〝ソフト・パワー〟という概念はこうした戦後の国際政治にその源がある。

勿論、アジアにおいては、中国の台頭が地域における力関係を大きく変えているとの認識が増大している。そうした台頭する躍動的な中国を、軍事力の価値が相対的に低くなった戦後の国際秩序の中に迎え入れることは、日中両国にとって共通の利益である。そしてそれは、日印両国、さらには中国が、共に連携して動くことで初めて達成されるものであるが、先ずは日印間の相互理解が深まることこそがその第一歩となる。両国間の歴史的・文化的な結びつきにも拘わらず、過去の日印間には相違も存在したが、日印両国の関係が益々緊密になっている今日、本書が日印間の相互理解促進の一助となり、さらにはアジア全域に戦略的抑制がもたらされることを願って止まない。

ワシントンＤＣ

２０１５年１月

目次

新版序文

２０１０年に本書を発刊した後も、インドの軍事力近代化は、大国として台頭する同国の中心的課題であり続けた。インドは、ある意味世界で最も厄介な地域の中に存在し、隣接する地域もまた問題を抱えている。それは地域において、軍事的な備えと軍事力使用の意志が未だに国力の重要な要素であり続けていることを意味する。インド安全保障政策の関係者は、安全保障問題について精力的な議論を行っているが、米国にとってインドは、中東からアジアに至る地域における国益のバランスを図る上で死活的に重要な国であり続けており、14年に予期される米国のアフガニスタン（アフガン）からの撤退後のインドの有り様は、同国が引き続き興隆し地域の秩序を促進することができるか否かの試金石となるであろう。

本書が発刊後約2年でインド・ノンフィクション部門におけるベストセラー第2位にランクされたことは、本書が取り上げる問題に対する関心の高さを物語っている。本書に対する論評は、概ね以下の2つに集約される。すなわち、本書における核心的テーマであるインドの戦略的抑制という我々の見方に肯定的な論評と、数十年にわたるインドの国防政策立案における欠陥そのものに着目すべきであるという、批判的な論評である。

現実的な視点からの議論は必要であるし、本書における重要な一部を成しているが、我々が最も着目したのはインドにおける政策立案上の現実的な問題そのものではなく、我々は、そう簡単に変わらないであろうインドの本質的な弱点を見極めようとしたのである。何故インドの政治システムは、それほど長きにわたって明らかな無能を許してきたのか？

インドの国防政策立案における欠陥が何故これほど持続するのかと言う問いに対して我々が見出した答えは、これまでにない新しいものだった。これまでは、文化やアイデンティティー、カースト制度や社会分断、貧困、政治意思の不在、インドを取り巻く脅威といったことがインドにおける国防政策を形成する要因として説明されてきた。しかしながら我々は、インドの国防政策は、植民地支配の手段として軍隊を供することへの否定的観念に由来する軍事・戦略的抑制という教条主義に根ざしていると指摘したのである。インドは、植民地支配を否定する中で、植民地支配に供される手段もまた否定した。独立後、冷戦における新植民地主義という時代特性がインドの抑制志向をより強固なものにし、インドの官僚は、大きな危機が生起しない限り打ち砕くことができないような完璧な方法で、かかる抑制を制度化したのである。

それにも増して重要なことに、我々は、抑制という根深い性向が、過去においては、インドにとって好ましく作用してきたと論じた。インドは、一歩引いた時には何かを得たが、そうでないときは代償を払ってきたのである。

皆が我々のこうした解釈に納得しているわけではない。多くのインド人は、自国が戦略的抑制に縛られているとは見ていない。彼らは、米国、英国、中国型の大国のように振る舞うことを欲しているのである。そうした大国とは、必要であれば軍事力をもって国益を守る意思を持つことともにそれを実行できる国家ということだが、国益擁護は、歴史上のほとんどの大国が開戦理由としてきたことである。インドにとってバングラデシュの解放は軍事力を背景とした強引な外交政策の極地であったが、他方、スリランカにおける平和維持任務と、パラクラム作戦（Operation Parakram）という強制外交は、大国を指向するインドが払わなければならない代償だった。

急激な経済成長と兵器や軍事技術へのアクセスの拡大、そして様々な脅威に晒されていることにもかかわらずインドが軍事的な抑制を続けるなら、それは相当な偉業であり、国際社会における力の移行過程において軍事力の対峙や戦争が必ずしも必要ではないこと、そして、現代世界には真にリベラルな国家が存立する場所があるということを示すことになろう。もしインドが戦略的抑制にもかかわらず自国の安全保障を全うできるとしたら、それは、我々が考える国力の基準そのものが変わることを示唆するものであろうし、現代の国際社会システムにおいてもはや戦争は過去に葬り去られたものであるという見方を後押しするだろう。

確かに、我々が本書で指摘したように、パキスタンはインドの抑制という見方を決して受け入れることはなく、パキスタンの軍事という難題はインド国防政策の核心にある矛盾を生み出してきた。また、インドの抑制は、インドを軍拡競争に引き込まないことについて中国のような国を納得させてきた一方で、効果的な軍事計画の策定に必要な戦略目標をインド国防当局者が設定するのを妨げるとともに、インドの5分の1の規模しかないパキスタンに対して軍事力においては五分五分となることを余儀なくしたのである。インドが大国の地位に近づこうとするにつれ、引き続き同国が抱える軍事的課題に対する脆弱性はますます厳しい目に晒されるようになるだろう。例えば、アフガンにおいて、インドは、カブール政府への支援を約束しているが、恐らく、経済的・技術的援助という形でのソフト・パワーの活用に止めることになろう。戦略的抑制により、インド政府はさらに踏み込んだ軍外交政策を差し控えることになるのである。

同様に、インドの戦略的抑制が続けば、今後数年における軍事改革の次のステップをさらに難しくするだろう。10年以降、経済成長が鈍ったことによる国防支出の抑制は今のところ見られないが（それどころか、12年の国防支出は４００億ドルに達した）、もし政府が国防予算のシェアを増やすのであれば、それは厳しい選択になるだろう。

インド陸軍は、未だに勢力縮小を伴わない能力向上を追求しているのだが、対擾乱と在来任務の分離という問題の他にも、機甲戦と、無人機、スタンドオフ型ミサイル、特殊作戦といった新たな戦力とのどちらに重きを置くのかという戦略的選択をしなければならない。

12年9月、米国アジア研究（National Bureau of Asian Research）のポリシー・ブリーフにおいて、ニューデリー陸上戦研究所のグルミート・カンワル（Gurmeet Kanwal）は次のように書いている。〝インド陸軍の機械化部隊は未だほとんどが〝夜間盲目〟である。砲兵においては、平地及び山岳地作戦で運用する牽引式及び自走式１５５ミリ榴弾砲の双方が不足しているとともに、多連装ロケット及び地対地ミサイル攻撃能力がほとんどない。歩兵大隊については、対擾乱及び対テロ作戦のための近代的な装備の取得という喫緊の必要に迫られている。（www.nbr.org/downloads/pdfs/Outreach/NBR_IndiaCaucus_September2012.pdf）〟そういった欠点は、インドの国防政策コミュニティーが長い間着目してきたことであり、我々は、そうした関心事を本書に反映させている。

インド海軍及びインド空軍は、新たなプラット・フォームで何をしたいのか更に明確なビジョンを確立していく必要がある。両軍とも、インドの核抑止における中心的存在であるが、実際の戦争における自身の役割を描けないでいる。海軍は、71年に行った海上封鎖を越えるような何かをするのだろうか？　一方、空軍は、ミサイル戦力の管轄権も主張して真の戦略的軍事力を保持しようとするのか、それとも、陸上部隊に対する支援という役割に限定されるのか？　両軍は、どうやってパキスタンと中国という２つの国家が持つ相当な軍事力に対抗する計画を策定するのか？　米国との共同対処はインドの選択肢にはないのか？　こうしたことは、戦略上の重大な問いであるが、抑制という精神文化の中で、その答えは見いだされていない。

　ハード面では、国産の多弾頭大陸間弾道ミサイル・アグニVの発射実験と空母の改修を巡るロシアとの係争というインドの軍事力近代化において際立つ２つの出来事があるが、やはりいずれも導入が遅れている。国産兵器開発プログラムと海外調達という異なる２つのケースは、インドの軍事力近代化に全く異なる教訓を与えた。

　アグニVは、インドのミサイル射程圏を、中国全土からユーラシア大陸、そしてヨーロッパへと延伸する。主要国のほとんどが、12年４月のインドによるミサイル発射実験を淡々と受け止めた。欧米の当局者は、増大した可能性もあるインドの脅威をほとんど気に留めなかった。中国は関心を示したが、インドと中国のミサイル・バランスは中国が遥かに優位にある状況に変わりはないと主張した。インド国防研究開発機構（DRDO：Defense Research and Development Organization）は、14年～15年に同ミサイルを軍に引き渡すとしている。

　中国が気に留めなかったのは、インドの最先端兵器開発における悪評判に由来するのかも知れないが、たとえＤＲＤＯが開発に成功したとしても、インドの戦略的抑制志向によって制御されるだろう。98年の核実験以来、インドは、パキスタンの後塵を拝するリスクをとってでも、南アジアにおける核の兵器化の時計の針が進むのを根気よく制御しようとした。インドはかつて、核兵器技術を保持すれば〝実存的抑止（existential deterrence）〟としては十分であると見ていた。実際に運用されることなしに、アグニVはインドの〝実存的能力〟を高めることができるのか？もしそうだとすれば、我々はまたしてもインドの戦略的抑制の強い影響力を目の当たりにすることになろうし、DRDOが何故設立以来、軍に運用可能な兵器を供給する実績に乏しいのかについて説明ができるようになるかも知れない。

ロシア製空母の購入に際して繰り返し発生する問題からは、武器取引における過酷な不公平性という極めて特異な教訓が得られる。即ち、売り手側が全てのバーゲニング・パワーを持っている場合、買い手側は契約不履行と価格つり上げを受け入れざるを得ないということである。悪名高きロシアの買い手になることは、間違いなくインド当局の怒りを増大させる。インド当局は、軍事装備品のロシアへの依存度を如何にして減らすことができるか考えているのは確かであるが、それを実現することができるのはいったい誰なのか？

ロシア、イスラエル、そして今では米国も含めたインドの主要な軍事取引相手の中で、イスラエルは、インドとイランの結びつきを不快に感じているものの、インドにとって唯一の頼れる供給元である。ロシアは原子力潜水艦のリースを確約することでインドを自分の側へ引き寄せているが、度重なる契約不履行は、印露間の伝統的な軍事取引における結びつきを損なうことになろう。インドは、米国から哨戒機と中古の揚陸艦を購入するとともに、10年に米国企業に対して輸送機の巨額発注を行ったが、インド当局者は総じて、米国の輸出管理に対して不平を漏らすとともに、最終用途監視協定への懸念を持ち続けている。インド側は、米国のハイレベルにおける対インド政策の最近の変化、例えばインド軍拡大への支持といったことを好機と捉えたのかも知れないが、実際には、新たな兵器プログラムを含む軍事分野での新たな協力の拡大にインドは無関心であったと米国当局者は言っている。

インドの軍事問題についての本を書くことは、閉ざされたドアをこじ開けるようなものである。インドには公文書の秘密指定解除制度がなく、62年と65年の戦争に関わる報告書は秘密に指定されたままであるし、数十年前の国防改革に関する報告書も公にされていない。05年、市民による文書公開請求を可能にする、情報への権利法（Right to Information Act（ＲＴＩ））が制定されたが、国家安全保障関連文書は総じて同法の対象範囲外にある。スブラマニアム（K.Subrahmanyam）が行った名高いインド安全保障機構の評価から十年を経て最近になって出されたナレシュ・チャンドラ委員会（Naresh Chandra Committee）の答申は、詳細が秘密に指定されたままであり、スブラマニアム研究が引き金となって行われた公開の討論の類を呼び起こしてはいない。

確かに、インド社会は極めてオープンであり、政府決定に関わる主要部分が新聞報道されるのは不可避である。インド防衛産業界では、あらゆる省庁の元高官が現役時代の出来事について詳述するのだが、たとえそれらが真実であったとしても、それらの信頼性は担保されておらず、詳細には食い違いがある。我々学者は、最も有効な資料源を使用するが、誰しもが納得する確実な文書が欠乏する中で、結局我々は、全てのことを詳細に至るまで矛盾なく説明できる立場にはないのである。政府と近い関係にあってアクセスできる特権を未だに有する元政府関係者などは、そうでない者の行う分析の権威を失墜させるために、それらの者のみが入手可能な特殊な情報を使用する。その結果、ほとんど全ての分析が、相反する主張に基づいて行われることになるのである。

本書が発刊されてから2年が経過した今でも、インドの戦略的抑制とその帰結としての組織機構の態様は引き続き存在している。我々は、インドの軍事的・戦略的抑制が永久に続くと予言することを好むものではないが、インドの国防政策における根深い問題が軍事力近代化を遅らせ続けるであろうと見ている。

ワシントンD.C.　２０１２年11月

初版序文

インドの重要性に対する認識が拡がりつつある。新興勢力、台頭勢力、アジアの〝巨人〟など様々な呼び方があるが、いずれにせよ、インドの新たな国富が飛躍的な能力向上を実現した軍隊の配備を可能にして、インドが国際社会、特にアジアにおいて大きな役割を担うとともに、国内外の軍事的な問題に有効に対処できるようになるかも知れないとの期待感がある。

歴史的な貧困がこれまでインドが軍事力を増強してこなかった要因であると見られがちであるが、それが真実ではなく、貧困がインドをして戦略環境を変えることができなかった要因でもないことを幾つかの研究は示唆している。米国の戦略家であるジョージ・タンハム（George Tanham）は、1990年代に行った卓越した研究の中で、インドには一貫した戦略思考が欠落しているため、強力な軍隊の保持を含め、健全な安全保障政策を確立する上で、数々の問題を抱えてきたと論じている。[1] タンハムは、この問題がインド社会における分断によって生じたものであると論じ、インドでは、国家戦略に関わるのは少数のエリートだけであるがゆえに、国家戦略は社会から切り離されてきたのであるが、それらエリートが利用可能な国力を軍事力へ転化することを怠ってきたと指摘している。その結果、前世紀において、インドは繰り返し侵略を許しているのである。スティーブン・ピーター・ローゼン（Stephen Peter Rosen）は、この社会的分断が国防を確たるものにするために必要とされる総合的な国家活動を阻害していると指摘するとともに、英国が極めて有能なインド軍を育成できたのは、社会的分断から軍を離隔したからであると論じている。[2]独立後のインド政府がそうした英国に倣うことも可能だったろうが、民主主義国としてのインドは、平等主義の価値を明言していたし、軍内における各階層の平等的扱いは、軍の社会からの隔絶を困難にしたであろう。これとは対照的に、インドの研究者ラジェシュ・M・バスルール（Rajesh M.Basrur）は、インドにおける政治的な選択とイデオロギー的な嗜好を強調しており、同国の政治指導者は、安全保障問題を軍事問題ではなく政治問題として捉える傾向が強く、安全保障問題を政治の管理下に置くことを容易にするために、例えば核兵器もそうであるが、軍事的な側面を一貫して軽んじてきたと論じている。[3]

最近のインドに関する論調の多くは、独立後におけるインドの歴史始まって以来の持続的な経済成長がゆえに、その国力活用が劇的に変化することを期待している。[4]米印間の関係再構築において中心的役割を果たしてきた米国の戦略家アシュレイ・テリス（Ashley Tellis）は、〝インドがアジアにおいて興隆する二大大国の1つになるであろうとの主張には十分すぎるほどの根拠がある。インドは、今後20年間において、7～8％の経済成長が期待されており、もしこの期待どおりにいけば、インドが現在の大国にとって代わることは疑いない〟と述べている。[5]テリスの見方は、インドが米国、EU、中国に次ぐ第4の〝勢力（capable concentration of power）〟になるであろうとのCIAの分析と一致している。[6]こうした見方における仮定は、インドが急速な成長を続けるとともに、国富と軍事力は同期するという伝統的な現実主義者（realist）の国富論により繰り返し論じられてきたように、その急成長が大国として機能するための財源を与えるというものである。例えば、ロドニー・ジョーンズ（Rodney Jones）は、90年から03年の間に、インドのパキスタンに対する諸兵種連合作戦能力が劇的に向上し、パキスタンに対して3倍の軍事的優位を獲得したとしている。[7] シンガポールの外交官キショアー・マブバニ（Kishore Mahbubani）や米国の戦略研究家でジャーナリストのファリード・ザカリア（Fareed Zakaria）といった何人かの識者は、インドは世界の重心がアジアへ向かっている動きの一部を成していると見ている。[8] インドは、世界に対する姿勢を劇的に変化させつつあるとともに、経済が拡大し国際政治への関与が増すに従い、自分自身をグローバル国家であると見るようになってきているとテレジタ・シャファー（Teresita Schaffer）は指摘する。[9]

対照的に、ケネス・ウォルツ（Kenneth Waltz）のような新現実主義者（neorealist）は、国富よりも脅威を重く見る。[10] 国家は脅威に直面した時、経済状況にかかわらず国家の優先課題を見直すものであるし、貧国は、より大規模で優れた装備を持つ軍とともにある裕福な国の裏をかいてこれを打ち破ることとさえできる軍を創設することもできなくはない。この観点から言えば、98年のインドによる核実験は、増大するパキスタンと中国の脅威に対する安全保障上の懸念に駆り立てられて実施されたのであり、インドはその国益を守るための代償を厭わないということを世界に認識させたのである。一方、裕福な国の政治家は、軍事力のみではなく政治による安全保障を追求するものであり、軍拡競争を緩和するために軍事支出を抑制することがある。インドの非同盟主義も核兵器プログラムも国富論に基づく予測から逸れている。冷戦中の非同盟主義は、植民地時代の残滓であり、米ソ双方から距離をとるべく形成されたものであった。さらに、核開発プログラムは、大国と敵対することなく核オプションを保持することを追求するためのものであった。74年と98年に核実験が行なわれた時、インドを取り巻く環境には並々ならぬものがあった。核実験実施の決定は、その時々のインドの裕福度とは何等の関係のないものだったのだ。

脅威が軍事力近代化の方向性とその具体的内容を決めるにあたって優先すべき要因であるかどうかは議論の余地がある。この20年間におけるインドに対する軍事的脅威の劇的な変化、即ち脅威が擾乱やテロといった非正規戦へシフトしているという現実に、軍や政策決定機関は追随していない。擾乱やテロの問題にはほとんど影響を及ぼさないであろう、戦闘機、戦車、空母といった最新兵器が、軍が導入を所望する装備のリストの大部分を占めている。ドクトリン（教義）の変更は、通常戦における抑止を局地的紛争へも拡大することを目指している。しかしながら、擾乱やテロへ抑止対象を拡大する見通しが暗いことと、通常戦への備えから対擾乱へ軸足を移すことに陸軍がかなりの困難を抱えてきたことは、大組織を、しかも政治家から向かうべき方向について強く指示されることなく動かすことの難しさを示している。ジュリ・マクドナルド（Juli MacDonald）は、インドの軍事機構について、就中、意味のある軍事力近代化を成し遂げる能力について、批判的な見方をしている。[11]

米国人研究者のアミット・グプタ（Amit Gupta）は、インドにおける軍事力近代化努力の背景には構造的な問題があると論じている。[12] グプタは、インドのような地域的な国家は、財政の充実と困窮の波が激しいがゆえに発展が不均等であり、また、外国の技術や兵器へのアクセスにも制約があり、そうしたことに常に苦しめられる、さらに、軍は装備可能な兵器とそれに見合った戦略とを綯(な)い交ぜにするため、教義の開発にもむらができる、そのような国の軍隊には、大国に見られる各軍種間の均衡もない、一方、そのような国は、脆弱な通常戦力がもたらす帰結を最小限に止めるため、核兵器のような非在来技術に力を注いできたとする。

他の学者は、インドの戦略的思考における創造性の欠如、特に官僚がそうであることを悲観的かつ嘲笑的に論じており、前述したターハムが取り上げたテーマに回帰している[13]。国防大臣と外務大臣を務めたジャスワント・シン（Jaswant Singh）は、インドが社会的な一体性をさらに効果的に実現しなければ、有為な安全保障政策を実現するために必要な軍事力を創造することはできないだろうと述べている[14]。インド人研究者のハーシュ・パント（Harsh Pant）は、戦略的思考の欠如がゆえ、経済成長が国家安全保障を代替しつつあると論じている[15]。

それらの見解は、文化、社会、政治的意図、貧困、戦略環境など、夫々が焦点をあてている一面においては真理を捉えているのかも知れないが、我々は、インドに深く根付いている伝統的な戦略的抑制（strategic restraint）こそが、インドが強大な軍事力をパキスタンや中国に対する戦略的優位へと転化できない最大の要因であると見ている。この抑制というものは、（1）現下の世界情勢は良性であり脅威は政治的手段で対応可能（2）軍事より開発に国力を傾注すべき（3）植民地時代の経験から軍事を政策実現のツールとすることへの拒否感が存在　といったことから、インドの指導者層が慎重に考えた帰結であろう。

戦略的目的を欠くインドの軍事力整備は、高価で冗長だが、必ずしも賢明さを欠くものではない。インドは、戦略的抑制により、安全保障上のジレンマに囚われることなく、賢くこれを回避してきた。事実、現在のインドの軍事力増強は、近年における如何なる発展途上国による平時の軍事力増強の中でもひときわ大きいにもかかわらず、世界の大国はそれに悩まされるというより、それを促進しようとしている。しかしながら、戦略的抑制は、軍事力近代化において政治的指針が欠如する要因でもあった。インドにおける最も著名な戦略家であるスブラマニアムは、そのキャリアのほとんどを、軍と戦略方針策定プロセスの近代化のために費やしてきた。スブラマニアムは、兵器の近代化に強い関心を持つ一方で（何年にもわたって核兵器保有提唱者の筆頭にあった）、その憤怒の対象を、戦略方針の策定、兵器に関わる意思決定、そして全ての国防政策プロセスの管理を行うためのシステムが時代遅れであることに向けていた。[16]

軍は、長い間、戦略的抑制が国防政策として顕在化することには承服しかねてきた。インド国内で急速に拡大する戦略コミュニティーは、インドの新たな国富と技術へのアクセスを軍改革遂行のために活用したいと思っているが、そこにはある種の緊張があり、変化のための新たな推進力が拡がって行くかどうかは定かではない。新たな国富と98年の核実験により、インドが戦略的抑制から脱皮し、大国の地位を占めるようになることも期待されたが、[17]依然として、軍事力近代化においては、政治的な方針が示されないとともに、脆弱な将来計画、軍種毎の軍事ドクトリン、戦略目標と技術開発における一貫性の欠如に悩まされ続けている。軍事的な進展を阻むこれらは、インドにおいて戦略的抑制という歴史的な性向が今もしっかりと根付いていることを示唆している。

軍事力において、全ての次元で常に成功を収めている国は存在しない。しかしながら、重要なのは平均的水準ではなく、他国、特に仮想敵国と比較した場合の相対的能力である。インドの場合は、パキスタン、次いで中国が対象国となろうが、域内の他の如何なる場所においても、特に非国家主体に対しても軍事力を使用する可能性がある。インドの軍事力は、こういったことも含めて理解される必要がある。

本書の構成

第1章においては、インドにおける軍事力近代化の鍵となる要因、即ち、戦略的抑制という根深い伝統、国防費増額の原動力となっている新たな国富、そして、拡大する先端技術へのアクセスについて見ていく。そして、新たな国富と技術が、伝統的な戦略的抑制を克服して戦略分野へ新たな息吹をもたらすようになるのか、言い換えれば、インドは軍事大国として振る舞うようになるのか、という疑問に対する回答を試みる。第2章では、改革に向けた努力を概観する。第3章と第4章では、各軍の近代化の方策　特に、脅威、ドクトリン、装備の三者を如何に関連付けているのかについて論ずる。第5章と第6章では、核プログラムと警察という暴力レベルにおいて対極にある能力について論ずる。その際、新たな国富を出発点として、インド国防機構における異なる機関や関係者の振る舞いを、伝統的な戦略的抑制を主体とした切り口で見ていく。そして、第7章でインドにおける軍事力近代化についての要約と結論を述べた後、最後に第8章において、本書における分析が米国に与える影響について言及する。

謝辞

インドにおける国防と軍組織の近代化は今まさに進行中の事象であるところ、この5年間における劇的な変化が、本書の出版を遅延させることとなった。

研究助手、研究生、そして本書に関わり、多大な貢献をいただいた方々全てに心より感謝申し上げる。中でも、Dhruva Jaishankar 氏（German Marshall Fund、George-town Univercity）には、インドの戦略アプローチを理解する上で多大な貢献をいただいた。そして、シカゴ大からの研究生――Tara Chandra, Jacob Friedman、Ryan Kaminski、Rohan Sandhu の4名、そして、公式に本プロジェクトに関わっていただいたわけではないが夫々の見解を提供いただいたAnit Mukherjee（Johns Hopkins School of Advanced International Studies）、Tanvi Madan（the Lyndon B. Johnson School of Public Affairs,University of Texas）の両名に感謝申し上げる。特にMukherjee 氏には、カルギル紛争後の軍事力近代化に関する研究を共有させていただいた。

多くのインド軍関係者――軍人と官僚、そして軍の問題点や政策過程に精通した、Dipankar Banerjee、P.R.Chari, Shekhar Cupta、Gurmeet Kanwal、Verghese Koithara、Raja Menon, C.Raja Mohan、Arun Sahgal、Arun Singh、Jaswant Singh、Narendra Sisodia といった方々にも大変お世話

になった。

Net Bargley、Jack Gill、Woolf Gross、Tim Hoyt、Rajesh Kadian の各氏には、本プロジェクトの初期段階において、非公式の意見聴取会を組織していただいた。Miichael O'Hanlon 氏、そして匿名の読者にも、膨大な原稿資料を意味のある本に纏める上でお力添えいただいた。多くの方々や組織から惜しみない協力をいただいたが、本書に記された事実誤認や見解に関する全ての責は一に当方が負うものである。

本書の執筆に際しては、MacArthur Foundation にも一部ご支援いただいた。

最後に、私たちの子供、そして妻の Roberta と Elana に対しても、その協力、忍耐、そしてユーモアに感謝を捧げる。

第1章 抑制と国富

独立後のインドにおける最も特筆すべき特性のひとつが、軍事戦略における確固たる抑制（restraint）である。軍事力を国家政策実現のツールとして使用するのを控えるということが、インドの政治を支配し、軍の近代化を含め軍事に関わる思考を律する上での前提条件となってきた。１９４８年にカシミール防衛のための軍の投入が当初遅延したことに始まり、24年間の沈黙を破って核実験に踏み切ったことに至るまで、インドは、軍事力を重大な危機に対処するための最後の手段として受動的に使用してきた。戦略的に大成功を収めた71年の印パ戦争におけるインドの大勝利は、数万の犠牲者と数百万の難民のインド流入を生起させたパキスタンによるベンガル人反逆者への抑圧に対処した結果もたらされたものであった。この際、インドがカシミール問題解決のために、その軍事的優位を西部戦線へ拡大しなかったことは特筆に値する。同様にインドは、74年に最初の核実験を行った後、その戦略的立場を変えることもできたであろうが、核兵器開発計画を24年間手付かずに置いた。もちろん、例外もあるし、そうした姿勢が能力に由来するのか意思によるものなのかは判然としない面もある。また、パキスタンはインドの抑制ということを決して認めはしないだろう。本章では、インドの新たな国富と先端軍事技術へのアクセスが、こうした戦略的抑制に変化をもたらし、伝統的大国がそうであるように、明確な戦略目標を達成するための手段として軍事力を保持するようになるのかどうかについて考えてみる。

その答えは自明ではない。インドの増大する国富は、戦略上の大望達成のための障害、すなわち財源不足を取り除き得るし、米国をはじめ西側技術へのアクセスは軍事力に変革をもたらし得るが、我々はそうはならないと見ている。軍事力の整備にあたって、軍事力近代化は、戦略を整合させるのに必要な政治的関心を得られないとともに、脆弱な計画策定、軍種毎に異なる軍事ドクトリン、一貫性を欠く戦略目標と技術開発の関係といったことに悩まされ続けるからである。対照的に、パキスタンや中国を含め、他の近代国家は、それぞれの安全保障上の問題に焦点を当て、着実に軍事力を整備している。

インドにおいて、変化に対する障壁は極めて高く、軍事改革を云々するのはその如何なる分野においても時期尚早である。軍には政治における中心的な役割が与えられていなかったがゆえに、軍事力造成のメカニズムを見直すために必要な制度・組織が発展しなかった。インドの増大する国富や西側技術へのアクセスにもかかわらず、根本的な変化を期待し得る根拠を見出すことはできない。脅威や国富が軍事力増強の原動力となるという従来の現実主義者の見解に反し、我々は、インドにおける軍事改革が、スローペースな軍事機構改革に歩調を合わせた漸進的なものになるであろうと考えている。その結果、インドの戦略的な選択肢は限られたものに止まるであろうし、軍の規模が拡大し、新しい組織、部隊、ポストが創設され、最新鋭装備が導入されたとしても、経費削減、組織間の調整、競合する利害などの問題を解決することはできないだろう。

他方、こうした戦略的抑制は、これまで必ずしも悪いことではなかったし、これからも発想としては誤った選択ではないかも知れないことを強調しておくことも重要である。多くの紛争を抱え、核の対峙が存在する地域においては、むしろ抑制は好ましく作用する。しかしながら、インドが大国になって、台頭する中国のカウンターバランスとなり、平和の受益者ではなく世界平和の供給者となることを望む者にとっては、こうした抑制は美徳とは映らず、政治的指針の欠如、一貫性のない軍事ドクトリン、機能不全の政軍関係、装備取得改革や政策決定過程への無関心といったことを強く批判するであろう。以下、インドの戦略的抑制の端緒とその方向性、そして、新たな国富と技術によってもたらされるであろう抑制における課題について見ていく。

抑制の変遷

47年の独立から62年の中印戦争までの間におけるインドの脆弱な軍事政策は、軍事が他の国家的関心事よりも優先順位が低く抑えられていたことを示している。その時代は、野心的な戦略目標の達成や力強い軍の再編を行う余裕もなかった。その代わり、冷戦が激しくなるにつれ、インド指導部は、非同盟政策による国益追求を志向したのである。よく言われてきたことだが、インドの立ち位置がヨーロッパ戦線から距離を置く米国の戦略になぞらえたり、ネルーの演説が縺れる同盟関係を警告したジョージ・ワシントンの辞任演説になぞらえたりされている。

50年代にインド軍に与えられた主たる任務は、国際的な平和維持活動であった。それは、インド軍の秀でた分野であり、韓国やコンゴにおいてプロフェッショナルかつ整斉と任務を遂行した。その時代の平和構築任務は、現代における国連憲章7章に謳われる平和構築任務とは異なるものであったが、インド陸軍は、その任務に、秘めた能力を発揮し得る絶好の機会を見出していた。しかしながら、国の防衛においては、政軍関係の機構、特に政治家のリーダーシップに問題を抱えていた。

旧宗主国である英国は、世界大戦中、ヨーロッパ、北アフリカ、ビルマの各戦線を戦い抜いて、香港からアデン湾に至るまでの国益を防護できるごとくインド軍を造成したが、インド独立運動家には、軍隊は抑圧と植民地支配の道具として、そして過大な財政負担を強いるものとしてしか映らず、そのほとんどが軍に対して極めて批判的であった。[1] 反英闘争では、英国による軍事力の使用にも矛先が向いていた。また、非暴力による独立運動の成功は、インドには国際社会における影響力発揮の手段としての強力な軍隊を造成する必要がないという認識を高めることとなった。

バル・ガンガダール・ティラク（Bal Gangadhar Tilak）、ゴパル・クリシュナ・ゴカーレー（Gopal Krishna Gokhale）といった初期の独立運動家は、軍を国内統治のための手段と見ていたが、マハトマ・ガンディー（Mahatoma Gandhi）やジャワハルラール・ネルー（Jawaharlal Nehru）という独立後のインドの向かうべき方向性に最も大きな影響を与えた二大巨頭は、軍事支出は大英帝国を防衛するために押しつけられた負担であるとみていた。38年にネルーは、インドは特段の軍事的脅威に晒されておらず、軍の唯一の役割は北西辺境における部族の制圧であるが、いずれにせよ、それらの部族は部族地域の外で近代軍と戦うにはあまりにも原始的すぎると書き記している。[2] 総じて言えば、ネルーとガンディーは、彼らの政治家人生において軍を使用することは適切でないとの点で一致していた。インド独立闘争の主流は非暴力主義を標榜していた。特にネルーは、高潔な信条は軍事力に勝ると信じていたが、この考え方は、ネルーにとって最大の好敵手であったチャンドラ・ボース（Chandra Bose）の考え方と正反対であり、ボースは政治の道具としての軍事力の使用についてネルーとは全く異なる見解を持っていた。ボースは、第二次世界大戦中、英国と戦ったインド国民軍（INA：Indian National Army）に対する支援をドイツと日本から獲得した。もしボースが戦争で命を落とさなかったら（45年に航空事故により死亡）、インドの歴史はかなり違うものになっていただろう。しかしながら、コングレス党の重鎮の中にも戦略や軍事に強い関心を持つ者もいた。中でも、優れた外交官であり学者であったパニカール（K.M.Panikkar）は、インドの新たな戦略環境、特に中国やインド洋に関する貴重な学術的著作を残している[3]。

インド政府は、こうした観念的な性向にもかかわらず、独立後数年間、繰り返し軍を使用した。48年から49年、インド軍はカシミール防衛のために行動した。この第1次カシミール紛争においてインド陸軍は、最高の軍事勲章とされるチャクラ・メダルを、それ以降の如何なる戦争においてよりも多く授与した。それ以前にも、インド陸軍は、印パ共同で創設したパンジャーブの印パ国境線に展開する国境警備隊に部隊を派遣している。この部隊は、結局、印パ分離に際して発生した民族浄化を止めることはできず、平和維持部隊の悲劇的な結末の事例として歴史に名を留めることとなった。

この他にも陸軍は、国内において3回ほど運用された。即ち、ネルー首相は陸軍に対し、48年、藩王国であったハイダラーバード（Hyderabad）とジャナガード（Junagadh）の併合を命じ、55年には、インド北東部におけるナガ部族の反乱鎮圧のための対擾乱作戦を命じた。この作戦は現在に至るまで継続している。また、61年には、当時ポルトガルによる植民地支配が続いていたゴア（Goa）を軍事力をもって解放した。

政軍関係

インド独立運動の指導者らは、大英帝国から引き継いだ植民地時代の州のほとんどと、軍、警察、官僚組織といった政治機構を存続させ、植民地時代の機構について、民主主義に適用する上での不完全さと矛盾を孕みながらも、これを維持していくことを追求した。軍に関しては、政治家、ゆくゆくは官僚による強力な政治の監督下におくことを条件に、これを維持することを許容した。軍は、その役割を大きく減じられるとともに、内閣の厳格なコントロール下に置かれた。独立後、空・海軍の司令官ポストが創設されたことにより、陸軍の地位が相対的に低下した。さらに、55年には、各軍の最高司令官は、指揮権をもたない参謀長としての権限のみを有するに至った。

軍事機構が維持されるということは、平等主義の憲法にかかわらず、陸軍内にカーストと言語の差別が残存するということを意味した。同時に、英国流プロフェッショナリズムに根ざす将校団が維持されるということも意味したが、そこでは科学技術に根ざしたドクトリン改革に重きが置かれ、特に国内紛争以降において顕著となった。英軍が導入した戦車戦や航空戦力が戦争に革命をもたらしたのと同じ様に、インド軍将校団も可能な限り高い技術を追求しようとしたが、それはまた、独立後の数十年間、英国から兵器を輸入することを意味した。インド軍将校は、パキスタン軍将校とは違い、西欧の伝統に従って、国内政治に係わることなく安全保障上の任務を優先した。

植民地時代から存在した３階層の上級機構も引き続き国防政策立案に携わることとなった。内閣政策委員会（CCPA：Cabinet Committee on Political Affairs）は、内閣の全ての上級大臣（senior minister）により構成され、外交及び国防を含む様々な分野での政策に責任を有し、国家安全保障において最も権威ある機構であった。第2の階層として、CCPAの下に、首相府秘書官、首相特別補佐官、及び財務、外交、計画、国防、国防製造、国防研究開発の次官により構成される、かつての国防大臣委員会（Defence Minister Committee）である国防計画委員会（DPC：Defence Planning Committee）があった。第3の階層には、軍事部門である参謀長委員会（CSC：Chief of Staff Committee）があり、さらに、国防省（MoD：Ministry of Defence）と、国防次官が委員長を務める国防調整実行委員会（DCIC：Defence Coordination and Implementaion Committee）があった。DCICは、国防関連の製造、研究開発、経費及び各軍からの要求の調整を行っていた。[4] この基本的な枠組みは現在も維持されている。

兵器調達については、公文書（国防調達規定、国防調達手順書）により、規定や手続きが定められ、逐次見直しもなされたが、根本的かつ構造的な欠陥のため、それらの仕組みはずっと機能してこなかった。財務省は独自の国防関連部署を持ち、しばしば財政緊縮の観点から国防省の予算に横槍を入れた。鍵となる未解決問題の1つが調達プロセスであるが、そのほとんどが先進工業国（西欧諸国及びソ連）からの輸入に際して行われる非現実的かつ曖昧なオフセット政策（国外企業の入札に際して、国内企業との間に一定程度の契約を課すもの）である。しかしながら、かかるオフセットを減じることを提唱した政治家や官僚の誰しもが、汚職容疑をかけられてきた。インドでは、全くもって、官僚の軍事専門家が不在である。政治家は、何か事が起きない限りは軍事に興味を示さず、政治家の秘書的な役割をもつ官僚は、軍事に関する実用知識に乏しいジェネラリストの集まりであり、軍に対する優位を維持することに腐心している。国際関係に係わる最大の組織的能力を有する外務省にも、軍事に明るい者はほとんどいない。軍は、高いプロフェッショナル意識と必要な専門性を維持しているにもかかわらず、ハイレベルの政策決定から除外されてきたのである。

独立後の新たな戦略

軍事に関わる計画については、当初、インド政府は、英領インド軍の最後の指揮官となったクラウデ・オーチンレック（Claude Auchinleck）元帥が提案した国防計画のほとんどを採用した。同計画では、20万の陸軍正規兵の他、予備役及び州兵、20個飛行部隊からなる空軍、２隻の空母を擁する海軍の保有を想定していたが、パキスタンからの陸上における現実的な脅威が生起したため、空・海軍に関わる野心的な計画は縮小せざるを得なかった。

ネルー首相は、こうした状況に対応して国防政策における新たなスタートを切るため、英国の物理学者ブラケット（P.M.S.Blackett）を軍事技術アドバイザーとして迎えた。[5] 同氏は、連合国側の中心人物であり、戦時中、暗号解読や核兵器開発を含む主要な軍事技術開発に携わり、46年にその功績を称えられ米国から勲章が授与された。そして、48年には物理学における戦前の業績によりノーベル賞を受賞した。ブラケットは、48年に報告書を提出したが、それは軍事技術の範疇を超え、インドの戦略的地位や軍事予算にまで言及する広範なものだった。同報告書は、インドは軍事的な野心を抑えるべきこと、大国間の軍拡競争に巻き込まれないように非同盟を貫くこと、軍事予算をＧＤＰ比２％以内に抑えることを提唱するとともに、核および化学兵器保有への反対を論じ、代わりに、産業・技術力の基礎を発展させることの必要性を強調していた。

　ブラケット報告は、インド政府内、特にネルー首相に大いなる共感を呼んだ。ネルーは、科学を経済発展のみならず社会の変化をもたらすものとして信奉する世俗的な穏健派だった。ネルーは先ず、パンジャーブ州においてインド初の巨大ダム・プロジェクト〝近代化の寺（Bhakra Nanga）〟に取り組んだ。インド政府は、予算上の優先を軍事的な備えよりも技術開発に移していった。ネルーは、多くの科学者をインドの国防を一新させることになる研究機関の発展のために雇い入れた。インド核開発の父と呼ばれるケンブリッジ出身の科学者、ホミ・バーバー（Homi J.Bhabha）博士は、ネルーの親友で、ネルーが恒常的に自宅を訪れる数少ない人物の1人だった。バーバー博士の教え子であったドーラット・シン・コサリ（Daulat Sign Kothari）は、国防研究開発機構（DRDO : Defence Research and Development Organization）の前身である国防科学機構（Defence Science Organization）の長官となった。国防研究が勢いづく一方で、インドは、幾つかの兵器調達の決定を行った。空軍は、50年にキャンベラ爆撃機・輸送機を発注した。55年の陸軍によるジープ調達は、兵器調達がらみの大きな汚職を初めて生起させることとなった。英国からの調達は、植民地時代に生じたインドに対する英国の負債から賄われた。また、インドは、初の核関連取引となったカナダからの原子炉購入を実行した。

　一方、通常兵器の分野においては、その能力が低下していった。国防費は、50年代を通じて、植民地時代の予算を下回るとともに、米ソはもちろんのこと、パキスタンや中国の予算よりも下回っていた。[6]しかしながらインド政府は、中国はインドとの戦争を望まないだろうと高を括り、印中係争地域に小規模の独立前方陣地を配置するという危険を冒した。陸軍は異を唱えていたが、ネルーは、クリシュナ・メノン（V.K.Krishna Menon）国防大臣とともにこれを退けた。その結果58年に、メノン大臣が軍の前方展開を支持した将校を昇任させたことに抗議して、シマヤ（T.S.Thimayya）陸軍参謀長が辞任するという政軍関係における最初の危機が生起した。ネルーは参謀長を慰留したが、結局その後、ネルーとメノンが重用してきたカウル（B.M.Kaul）将軍が陸軍参謀長へ任命されるというショッキングな人事が行われた。カウル将軍は、軍内にある至極まともな議論を無視して冷徹に前方展開を進めたのであるが、これについて、62年の敗戦について書かれた本の決定版を著したネヴィレ・マックスウエル（Neville Maxwell）は、将軍のしたことは陸軍本部における主導権争いであったと非難している[7]。

インドによる前進政策（forward policy）は中国を怒らせたが、中国がチベットにおける擾乱を収拾させた後、59年にダライ・ラマ（Dalai Lama）がインドに亡命するとさらにその怒りを増幅させた。そして、その3年後の62年、周到に準備した人民解放軍が遂にインド軍に攻め入った。中国は、北西地域において領有権を主張するほとんどの地区、即ち、カシミールの一部（新疆公路が通るラダック地区）を占有するばかりか、衝撃的なことに、東北辺境特別区（NEFA : North East Frontier Agency、後にアルナーチャル・プラデーシュと命名された）のほぼ全域に侵攻しこれを占領した（その後、中国は一方的に停戦し、アルナーチャル・プラデーシュからは一方的に撤退した）。敗戦後に纏められたヘンダーソン－ブルックス報告（Henderson-Brooks Report）によれば、カウル将軍配下の幕僚達がニューデリーから戦闘指導し、現地の実情を省みずに指揮官に失地奪回を命じたとされるが[8]、同報告書は今日に至るまで秘密扱いされており、公式記録は未だに明らかにされていない[9]。

軍事力の強化

62年の中印戦争における敗北によるショックの後、インド政府は、これまでの軍事費削減傾向を是正すべく素早い対応を見せた。敗戦後2年以内に、兵員を倍に増し、空軍を輸送志向型から戦闘志向型にするとともに、大国との関係を見直したのである。米ソ両国はインド防衛の盲点を埋めるべく参入した。ソ連は、MiG－21戦闘機を供給するとともに、インド国内に最新兵器製造のため幾つもの工場を建設した。[10]米国は、対中国正面に配置する8個師団新設のための装備を供給するとともに、装備品製造のための施設を建設した。しかしながら、米国は、65年の第2次印パ戦争時にはインドに対する軍事援助を停止したため、インドにとって米国は信頼できないサプライヤーと見られることになった。海軍は、陸上における国境防衛に焦点がおかれたことで減退した。

65年の印パ戦争は、政治的不安定と経済的衰退をもたらし、60年代後半における軍の装備改善のための努力を失速させた。米国は、印パ両国への装備品供給を停止した。一方、ソ連は、地域紛争へのエスカレーションを未然に防止するため、タシケント（Tashkent）での停戦合意を仲介し、結局、戦争は短期間で引き分けに終わった。この戦争でインド陸軍は、予備隊を拘置しないというリスクを冒しながら、パキスタンとの機甲戦の初期段階の数日間のうちにほとんどの部隊を投入した。もしパキスタン軍がグランド・トランク道（Grand Trunk Road）沿いにビース川（Beas River）を突破していたなら1日でニューデリーに到達していただろう。実際には、パキスタン第1機甲師団はアサル・ウッタ―（Assal Uttar）の戦闘でケム・カラン（Khem Karan）付近において統制を失っていたのだが、インド側は戦果を拡張することができず、その後、チャウィンダ（Chawinda）の戦闘で大敗を喫することになったのである。結局、インドはソ連の仲介を受け入れ、インドを取り巻く戦略環境は、何も変わることはなかった。64年にネルーが死去すると、69年まで後継者問題で国内政治が紛糾した。インドを独立に導き、20年間にわたって突出した政党として絶対的な政治力を誇っていたコングレス党は分裂した。この混乱により国内外からの圧力が増大したため、インド経済は急落した。この期間、米国は公法４８０（Public Law 480）の下で大規模な食料援助を行い数百万のインド人の生命を救うこととなった。インド政治指導者はインド国民の生存が米国に依存していることを辛くも思い知らされた。

70年、パキスタン陸軍が東パキスタンの反体制派ベンガル人の弾圧を行ったことは、インディラ・ガンディー（Indira Gandhi）首相にとって政治的混乱からの再起の機会となった。数十万のベンガル人が命を落とし数百万が国境を越えてインドに逃れる姿は、インドにとって東西パキスタン両正面からの脅威を取り除く絶好の機会に映ったが、インドは早急な軍事行動はとらなかった。71年初め、マネクシャウ（Sam Manekshaw）陸軍参謀長は戦争準備には9カ月要するとガンディー首相に進言し、首相はこれを了承した。戦争に突入する前、インドは、国際社会における均衡と継続的な兵器供給先を確保するため、ソ連との間に、印ソ平和友好協力条約を締結した。一方、米国は、事実上パキスタンの側にあった。戦争は71年12月に勃発し、２週間のうちにインド側の圧勝で終わった。印陸軍は、３方向から進撃し、東パキスタンの首都ダッカを容易に占領した。しかしながら、西部戦線においては、65年の印パ戦争の時のような引き分けに終わった。印陸軍は、真の脅威である西パキスタンへの戦力投入を行わなかったし、パキスタンのカシミール領有権主張を断念させるために、９万人の東パキスタン捕虜を戦線に投入することもしなかった。そうする代わりに、印パ両国は、72年に締結したシムラー協定において、カシミール問題を含めた両国間の係争の平和的解決につき合意した。その合意は明らかに実現しておらず、現在に至るまで、幾多の危機や紛争を生じさせることとなった。

何故インドは、戦略目標の完全達成を追求しなかったのか？　よく言われるのは、国際社会からの圧力の存在である。ニクソン大統領は、インドに圧力を加えるため、エンタープライズ空母群をベンガル湾に派遣した。西パキスタンの防御態勢が東パキスタンより遙かに堅かったという現実的問題もあった。パンジャーブにおける灌漑用水路が大きな機動障害になることがこの時判明したが、それは現在も大きな軍事上の課題であり続けている。東パキスタンには、西パキスタンのように国内の抵抗勢力も存在しない。東部戦線に戦力集中したため西部戦線への戦力投入は実行可能度が低く、継戦能力も低かった。それらの指摘はその通りだが、克服可能でもあった。軍需の供給や、米空母群に対抗してベンガル湾に潜水艦を派遣させるべく、何とかソ連を説き伏せることもできたであろう。もしインドの政治指導者がもっと野心的であったなら、それらのリスクを甘受したかも知れない。そうしたことをしなかったのは、インドの戦略的抑制志向を裏付けるものであると我々は確信している。インドは、パキスタンを破砕し得る優位にあることを認識しつつも、戦争を長引かせたくなかったのである。

71年の軍事的勝利の後、インドは、74年に平和的核爆発（peaceful nuclear explosion）と称する核実験を行い、非在来型の能力を華々しく誇示した。核実験実施のタイミングについては諸説あるが、インディラ・ガンディー首相にとっての国内政治上の事情が大きかったとの説が主流である。いずれにせよ、実験後少なくとも10年間は、インドの核兵器開発プログラムが完全に凍結されずともペースダウンしたことは特筆に値する。実際にはインドは、その後24年間、新たな核実験を行う必要性があるとは考えなかったのだが、その24年間はインドにとって、繰り返される挑発によって戦略上の覚悟が試される年月であったし、ソ連の拒否権発動により国際的制裁発動を受けずに済んだ期間でもあった。

何故インドの核開発はそのレベルに留まり先に進まなかったのか？　核兵器は、中国、あるいは米国の砲艦外交への有効な抑止力となり得たであろうし、もしインドが更なる核実験を行って核兵器を製造したとしたら、核拡散体制の早期変化を促すこともできたであろう。ソ連は核保有国インドを快く思わずとも、インドの核政策を指図する立場にはなかった。西側諸国との関係は核実験後の制裁のため最悪だった。これ以上何を失ったというのだろう？　これも過度なリスク・テイクをしない戦略的抑制志向に根ざすものであると信じる。98年の核実験については後に述べるが、このことによっても、軍事における自己抑制という見方がさらに強まるのである。

戦略的攻勢の頓挫

戦略的抑制というコインの裏側には、戦略的攻勢を試みた時の失敗という現実が垣間見られる。62年の中印戦争は、事前に必要な軍事的措置を採らなかったネルーのナイーブで不用意な部隊の前進政策によりもたらされた。威圧的な中国に対するネルーの時宜を逸した戦略的攻勢の試みは悲惨な結果に終わった。インドにとって成功例と言える71年の第3次印パ戦争では、ベンガル人に対するパキスタン陸軍による悲惨な残虐行為があったが、それでもインドは、パキスタンに対する優位性をさらに拡張しようとはしなかった。

インドは、80年代半ばまで戦略的攻勢に打って出ることはなかったが、その後に試みられた戦略的攻勢は全て頓挫している。84年にインドは、カシミール北部に位置する、管理ライン（LOC : Line Of Control）の線引きがなされていない係争地域において、標高約８０００メートルにある戦略的要衝――シアチェン氷河地帯（Siachen Glacier）でパキスタン軍に対して攻勢に出て成果をおさめたが、それはその後、却ってインド軍を疲弊させることになった。事実上の印パ国境である管理ラインにおける緊要地形の争奪戦は、99年のカルギル紛争で核エスカレーションの危機を生起させるに至った。90年代に入ってから、インドはパキスタンとの間で、少なくともシアチェンを非武装化するための合意形成を目指してきたが、パキスタンがこれに乗ってくることはないだろう。

インディラ・ガンディーがシク教徒の分離主義者に暗殺され、息子のラジヴ・ガンディー（Rajiv Gandhi）が首相になると、歴代首相の誰よりも戦略態勢強化に力を入れた。そして、パキスタンの核開発が進展しているとの報に接するや、核開発プログラムを再開させた。ラジヴ・ガンディー首相は、クリシュナスワミー・スンダルジ（Krishnaswami Sundarji）陸軍参謀長とアルン・シン（Arun Singh）国防担当閣外相（minister of state for defense）に、初めて人口増加率を上回る成長率をみせたインドの急速な経済成長に見合うだけの軍の近代化を命じた。インドはソ連から、ＭｉＧ－29戦闘機、Ｔ－90戦車、そして潜水艦を調達するとともに、チャーリー級原子力潜水艦を借り受けた。また、フランスからミラージュ２０００を、ドイツからディーゼル潜水艦を、スウェーデンから榴弾砲を調達した。しかしながら、スウェーデン・ボフォース（Bofors）社との取引における汚職疑惑は、89年の総選挙において敗北する要因となった。

新たな軍事力の獲得により、ラジヴ・ガンディー首相は、2つの劇的な戦略的攻勢を試みた。その第1弾は、86年にスンダルジ将軍が計画したパキスタン国境線沿いにおける大規模な軍事演習を認可したことである。ブラスタックス（Brasstacks）と呼称されたこの演習は、終わりが定められておらず、現実のパキスタン侵攻に転じる可能性があったと後に報じられた。この時の首相に対する軍事的な助言について、公になったものはないが、スンダルジ将軍は退役後、その著書の中で、ブラスタックス演習は、パキスタンの核開発計画を無力化するとともに、カシミール問題を強制的に解決する最後の機会であったと述べている。結局この時は、パキスタンによる核兵器使用の脅しによって、インド側は引き下がることとなった。90年にも、インドがパキスタンとの核均衡という新たな現実を認めざるを得なくなるという、その時と同じ様なことが生起した。結局、軍の近代化プログラムを含むインドの通常兵器における優越は、ほとんど意味のないものとなった。現実的にも、その後インドが戦った紛争は、対擾乱であり、先端の兵器や技術よりも兵員数や組織機構の優位性を必要とするものであった。

ラジヴ・ガンディー首相による戦略的攻勢の第2弾は、87年に平和構築のためスリランカに陸軍の部隊を派遣したことであった。この派兵はスリランカ政府とタミル・タイガー（タミル・イーラム解放の虎）（LTTE：Liberation Tigers of Tamil Eelam）の間の平和合意を促すためのものであったが、合意が実現しなかったばかりか、擾乱に苦しめられ、独立後のインド陸軍始まって以来の犠牲者を出し、インドにとってのヴェトナムといった様相を呈した。

それ以来、インドは擾乱とどう戦うかという問題に苦しめられてきた。印パ双方が核均衡の現実を受け入れたことで、パキスタンは低強度紛争をエスカレートさせ、核理論で言うところの安定－不安定パラドックスが生じた。カルギル紛争（Kargil War）の後、パキスタンは公然とカシミールのテロを支援するようになり、20年来のカシミールでのテロを増加させたが、それはインド陸軍をして、パキスタン軍と戦うという本来任務を見失わせた。今や抑制は他に選択の余地がない選択肢となり、インドの政治指導者は誰一人としてインドの都市に対するパキスタンによる攻撃のリスクを採ることができないのである。

遂に越えた核の敷居

インドは98年、遂に核における抑制から脱して核実験を行ったが、これは、脅威認識からではなく、国際的な核兵器不拡散政策がそうさせたのであった。冷戦後、米国は、平和の配当の一環として、核兵器不拡散体制の刷新に力を注いだ。クリントン政権は、核兵器不拡散条約（NPT：Non-Proliferation Treaty）の無期限延長、包括的核実験禁止条約（CTBT：Comprehensive Test Ban Treaty）の締結、そしてカットオフ条約（FMCT：Fissile Material Cut-off Treaty）の制定を目指したが、それにより、74年の実験以来自制してきたインドの核オプションが閉ざされる畏れがあった。インドは、95年に核実験を試みたが、米偵察衛星に察知されいったん引き下がった。しかしながら、98年に保守的な新政権が誕生すると、米偵察衛星による偵知を避けつつ実験準備を進め、同年5月に核実験を行った。実験は、国際社会から批判を浴びたが、国内では広く支持された。

国内外の戦略家達は、核実験を、国際社会の現実を直視したインドが遂にその戦略的抑制を放棄する兆候であると見た。しかしながら、インドの核実験は、新たな戦略方針に基づくものと言うより、米の核兵器不拡散政策に対する受動的で防衛的な意志決定によるものであった。インドはパキスタンがインドの核実験に対抗して核実験を行うであろうことを十分予期していたが、パキスタンの核実験は長らく続いたインドの戦略的優位を無効にするものであった。また、中国については、核実験が印米関係再構築を促すことになったのとは異なり、核兵器によって強まるインドの脅威への反応が明確ではない面もあるが、いずれにせよインドの潜在的軍事力への警戒を呼び起こした。

核実験は、インドの戦略環境を一変したが、それは戦略的抑制の放棄とは関わりはなく、予期されたものではなかった。核実験後、米国は、インドに対して広範多岐にわたる制裁を課すとともに、インドが再び核に蓋をしておくように仕向けることを追求した。タルボット（Strobe Talbott）米国務副長官は、ジャスワント・シン（Jaswant Singh）印外務大臣との数次にわたる協議を持ち、核兵器を正当と認める代わりに、インドが核兵器開発プログラムを後退させるよう説得を試みた。パキスタンにおけるイスラム過激主義の台頭は、地域唯一の民主主義国家であるインドの立場を有利にするものだった。核実験の1年後に生起したカルギル紛争において米国は、パキスタン側でなくインド側についたが、これは史上初めてのことだった。これまでずっと行ってきたパキスタンへの支援（65年の中印戦争では中立）から脱したことは、印米の戦略関係再構築への戸口を開くこととなった。起伏の激しい印米関係の再構築はインドが核実験の実施を決めた時には予期できなかったことであり、こうした観点からも、核実験や意図しなかった印米関係の再構築は、インドが戦略的抑制を放棄しようとしていることを示唆するものではない。核実験後も核兵器保有の拡大に慎重であることを見ても、インドの抑制志向は明らかである。また、インドの核兵器の運用態勢は、先行不使用（No First Use）政策を裏付けるものであるし、それはインドの慎重な民主主義における政軍関係とも符合する。なお、インド国内外における情報の多くは、インドがパキスタンに比し、保有核兵器数、運搬手段、指揮統制体系のいずれにおいても後れをとっていることを示唆している。

今日の戦略的抑制

インドの現在の外交安全保障政策は、引き続きインドが戦略的抑制を志向していることを示唆している。86年にスムドロング・チュ（Somdurong Cho）危機（印中係争地域のアルナッチャル・プラディシュの一部において中国側地上部隊が越境進入、中国側は否定）が生起したが、インド側はあくまでも中国との交渉を追求し、88年には遂にラジヴ・ガンディー首相が北京を訪問した。この和解により中印境界における緊張は緩和し、中印境界への軍事費投入は減ぜられ、対中国に指向されていた山岳師団は対擾乱へ振り向けられるようになった。90年代に入ると、インドは中国との政治・経済関係も重視するようになり、中国はインドにとって最大の貿易相手国となった。98年の核実験によってもその方向性が変わることはなかった。核実験に際し、ジョージ・フェルナンデス（George Fernandes）国防大臣は中国の脅威に言及して核実験を正当化しようとしたが、12年が経過した今でも、中国に脅威を及ぼしているインドのミサイルは1つもない。インドの戦略コミュニティーにおいて中国の脅威に警鐘を鳴らすタカ派は、本来同じ立場であるべきインド人民党（BJP : Bharatiya Janata Party）からさえも隅に追いやられている[11]。戦略コミュニティーの主流派は、中国からの脅威は直接的なものではなく、中国のパキスタンとの特別な関係の中にこそ存在すると信じている。だからこそインドは中国との和解を追求したのである。中国はこれに応じ、99年のカルギル紛争において中立姿勢をとり、それ以来カシミール問題から距離を置いている。09年に印中間に若干の諍い（北東部における中国側の越境の増加を巡るもの）が起こった後、インド政府は印中国境配備のための4個山岳師団の新設という陸軍の要求に応じるとともに、空軍が北東部における前進基地の再運用の措置を採った。しかしながら、インド政府内に、対中軍事優位を追求するというコンセンサスは存在せず、中国と軍拡競争する意志が存在しないのは明白である。[12]

インドはこれまでのところ、米国との関係進展における反中国の意味合いを逸らそうとしているが、一方で、ダライ・ラマの亡命を受け入れ続けている。インド国内における米国との原子力協力合意を巡る様々な議論、特に中国との関連においてなされる議論の内容は、インドの核兵器備蓄を大幅に拡大する能力の維持についてである。左派はこの合意に反対しているが、それは中国との戦略的均衡を追求しているからではなく、米国が信用できないからである。米国との密接な関係が中国を敵対的にする畏れがあると主張する者もいる。極右の者だけが中国を敵にしたがっているのだが、そのほとんどの者はそのことによってインドがある意味米国と対等に渡り合えるだろうことに興奮を覚えているのである。インドと中国は、国境紛争について、妥協する気配も中断する気配も見せずに協議を続けると同時に、貿易と投資を前に進めている。テレジタ・シャファー（Teresita Schaffer）（南アジア専門家。元駐スリランカ米大使）は、印中米の〝好循環〟三角関係を提唱している。

インドの世論は、政府の諸活動が示しているのと同様に、抑制志向がほとんどのインド人に初期設定されていて今でも根深く存在していること、そして、その曖昧な脅威感は政策や戦略に方向性を与えるようなものではないことを示唆している。シカゴ国際問題研究所は、07年にインドの外交安全保障政策を把握するために優れた調査を行ったが[13]、それによると、インドへの脅威のうち、テロ、イスラム原理主義、印パ間の緊張が、中国の軍事大国化よりも全て上位にあった。また、ＡＩＤＳや鳥インフルエンザなどの疫病がテロの次にランクされていることは、インドにとってパキスタンの脅威に匹敵するものであると見なされているに等しい。最も印象的なのは、経済成長など〝生活レベル〟へのインド人の関心が、地域の安全保障問題への懸念がインドよりも少ない中国人に比べて非常に高いレベルにあるということである。インド人が国益への重大な脅威とみなす５つの問題のうち４つが地域の安全保障問題に直結するものであった。[14] その後、インドの主要紙インディア・トゥデイは、ムンバイ・テロの発生を受け、インドの安全保障機構改革を前に進めるべく、自身の対テロ戦争を宣言している。[15]

インドが戦略的抑制から逸れるとすれば、パキスタンとの通常戦力のバランスがその変化の中心にあるに違いないだろう。パキスタンは、インドが戦略的抑制を志向しているとは決して思っていない。パキスタンはインドの台頭を己の力の衰退と見る。インドでは、継続する印パ間の対立が、軍の政府に対する要求のあり方を規定する。99年のカルギル紛争ではインド陸軍の不用心が露呈した。パキスタンに強制的な圧力をかけるために行われた01年〜02年のパラクラム作戦（Operation Parakram）の失敗の要因の1つは軍事的な選択肢不足であった。08年のムンバイ・テロに際しては、インド政府は陸軍に対し、パキスタンに対処するための軍の動員を求めなかった。一方、軍は、核エスカレーションなしにパキスタンとの瀬戸際作戦を遂行できる道を探っている。陸軍が導入を所望する装備のリスト（army's wish list）は、制限的な奇襲攻撃はパキスタンからの核による反撃を生起させないという認識に立っていると見られる。パキスタンは、インドの効果的な軍事力近代化を妨げながら、大国としての地位を達成しようとするインドの努力を危うくすることで力の均衡を図り、インドを混乱に陥れているが、それでもなお、両国間にある大きな国力の不均衡にもかかわらず継続する印パ間の対立は、むしろインドが戦略的抑制志向にあるという見方を強めるのである。

我々は、インドとパキスタンの軍事力バランスについての他の多くの分析と同様の見方をしていない。それらの分析は、実際に現出するインドの能力や企図というよりも、作られたイメージといった傾向が強く、地形、政治情勢、核能力、さらに、インドの戦略的抑制志向といったことをほとんど考慮に入れていない。ＢＢＣ軍事特派員ジョナサン・マーカス（Jonathan Marcus）による09年の分析は、その典型であり、インドはパキスタンに対して圧倒的な優位にあるとしている。マーカスは、インドの軍事的台頭説と軍事的台頭における軍事力の中心的役割を額面通りに受け取っているし、印中対立という問題を取り上げることなく、抑止に根ざした消極的戦略はパキスタンに由来するとしている。[16] 01年〜02年の印パ危機についての著作を持つ米分析家のアンソニー・コーデスマン（Anthony Cordesman）は、印パ間の戦略バランスについてより精緻な分析をしており、インドは核対立のリスクなしにパキスタンに圧力をかける術をもたず、インドの通常戦力における優位はもはや意味をなさないこと、〝パキスタンによる核戦争のレトリックと象徴的なミサイル実験〟はインドの抑止に成功したこと、そして、インドの機甲戦力の多くはお蔵入りしており近代的でもないことを指摘している。印パ両軍とも、発展途上国のレベルからすれば相当な能力を持つ部類に入るが、双方とも、在来型の先進技術を作戦に効果的に取り込む能力を示していないし、戦闘指導、統合作戦、戦闘力の総合一体化といった能力も劣っている。[17]

インドの軍事力増強の進展速度が遅いのは貧困ゆえであるというのが、これまでの一般的な説明であった。インドの国家主義者による植民地時代の英国のインドにおける軍事政策への批判では、人民に対する宗主国からの不当な負担が強調された。インド新政府は、国防ではなく開発が国家に安全をもたらすと信じていたし、48年のブラケット報告は、国防支出をGDP比2％以下に抑えることを推奨した。50年代の予算減少は、62年の中印戦争発生時にインド軍の対中態勢不備の大きな要因であった。60年代に国防支出がGDP比4.5％まで増加したが、60年代末期から70年代においては経済が停滞したため減少に転じた。80年代は、インド経済成長の最初の波が訪れ、国防支出がGDP比最大5％を越え、軍事力近代化の時代となった。91年の経済危機により国防予算は削減されたが、GDPもまた減少したため、対GDP比は同レベルを維持した。[18]

国富の増大

ここ数年の爆発的な経済成長は、前例のない国防予算の増加をもたらした。00年度の国防予算は118億ドルであったのが09年度には300億ドルにまで増加したが、これは前年度比34％という最大の増加率であった。07年度以降は着実な増加を見せている。07～09年度のように驚異的な増加率ではないにせよ、国防予算の増加傾向は継続するだろう。[19] このような劇的な予算増は、インド軍が自国の戦略態勢を変えるような顕著な能力向上を示すのではないかとの期待を高める。

現在の国防予算のGDP比は約3％であるが、それは、90年代のGDP比よりは高いものの、最

表 1-1　インド国防支出における各軍のシェア(06-07 ～ 09-10 会計年度)

軍　種	2006-2007	2007-2008	2008-2009	2009-2010
陸　軍	46.29	49.96	51.53	53.72
海　軍	18.95	17.33	15.11	14.54
空　軍	28.39	25.74	25.54	24.3
研究開発費	6.27	6.66	6.05	5.99

出典 :Ministry of Defense, Annual Report, 2009-10, p.19 (http://mod.nic.in/reports/welcome.html)

初の軍事力近代化の波があった80年代のGDP比よりは少ない。07年度においては、国防予算は前年度比2%削減されており、急速な経済成長にもかかわらず国防予算は増えなかった。[20] 国防予算GDP比は、国防予算額そのものの比較よりも経済力を考慮した評価法であるとされているが、それは必ずしも正しくない。軍事支出は経済規模と相関関係があるはずとの仮定は、そもそも脅威に対処するための軍事力という概念と合致しないし、経済規模が大きくなれば守るべきものも大きくなるということは必ずしもない。それでもなお、財力と軍事力が長期的に見て相関関係にあることは国際関係論における中心的な命題である。

表1－1が示すように、09年度の陸軍の予算は、全国防予算の54%を占める。同じく、空軍は24%、海軍は15%、研究開発費は6%であった。07年以前の10年間において、海軍予算が18%を占めるまでになるなど、陸軍予算は空・海軍予算に食われて減少傾向にあったが、07年度以降はこの傾向が反転した。空軍は、インドの主要な戦力投射手段であるが、海軍に比較すれば緩やかなものの、07年度以降減少傾向にある。陸軍予算の増加は、人件費の増大に依るところもあるが、インドが依然として陸軍国であることを示唆しているとともに、将来の軍再構築における困難性を物語っている。

表1-2　各国の国防支出の比較（2005年実質米ドル）

年	インド		中　国		パキスタン	
	国防支出 (百万米ドル)	GDP比 (%)	国防支出 (百万米ドル)	GDP比 (%)	国防支出 (百万米ドル)	GDP比 (%)
1988	11,440	3.6	n.a.	n.a.	2,896	6.2
1989	12,219	3.5	12,276	2.6	2,894	6
1990	12,036	3.2	13,147	2.6	3,054	5.8
1991	11,238	3	13,691	2.4	3,270	5.8
1992	10,740	2.8	16,534	2.5	3,472	6.1
1993	12,131	2.9	15,331	2	3,467	5.7
1994	12,185	2.8	14,607	1.7	3,379	5.3
1995	12,550	2.7	14,987	1.7	3,435	5.3
1996	12,778	2.6	16.606	1.7	3,430	5.1
1997	14,144	2.7	16.799	1.6	3,285	4.9
1998	14,757	2.8	19,263	1.7	3,281	4.8
1999	17,150	3.1	21,626	1.8	3,311	3.8
2000	17,697	3.1	23,767	1.8	3,320	3.7
2001	18,313	3	27,515	2	3,553	3.8
2002	18,256	2.9	33,436	2.1	3,818	3.9
2003	18,664	2.8	36,405	2.1	4,077	3.7
2004	21,660	2.9	40,631	2	4,248	3.6
2005	22,891	2.8	44,911	2	4,412	3.5
2006	23,029	2.6	52,199	2	4,463	3.3
2007	23,535	2.5	57,861	2	4,468	3.1
2008	24,716	n.a.	63,643	n.a.	4,217	

出典：Information from the Stockholm International Peace Research Institute（SIPRI）（www.sipri.org/databases/milex）. Data not available is indicated as n.a.

00年度における主要装備・設備費は27億ドルであったが、08年度においては１００億ドル、09年度においては１２０億ドルで全予算の40％を占める。人件費の国防予算に占める割合は最も高い。軍事評論家は、人件費への割当が多すぎ、軍事力強化に必要な新兵器システムや設備に充てる予算が少ないことを批判する。09年における34％の予算増分の半分以上は政府勧告による給与増がもたらしたものである。義務的経費と装備・施設費の割合が６：４というのは、過去10年の７：３よりは改善しているが、90年代のそれより遥かに悪い。

　図１－１が示すように、インドの軍事予算は、韓国より多く、

図 1-1　各国の武器輸入総額の比較（1980 － 2009 年）

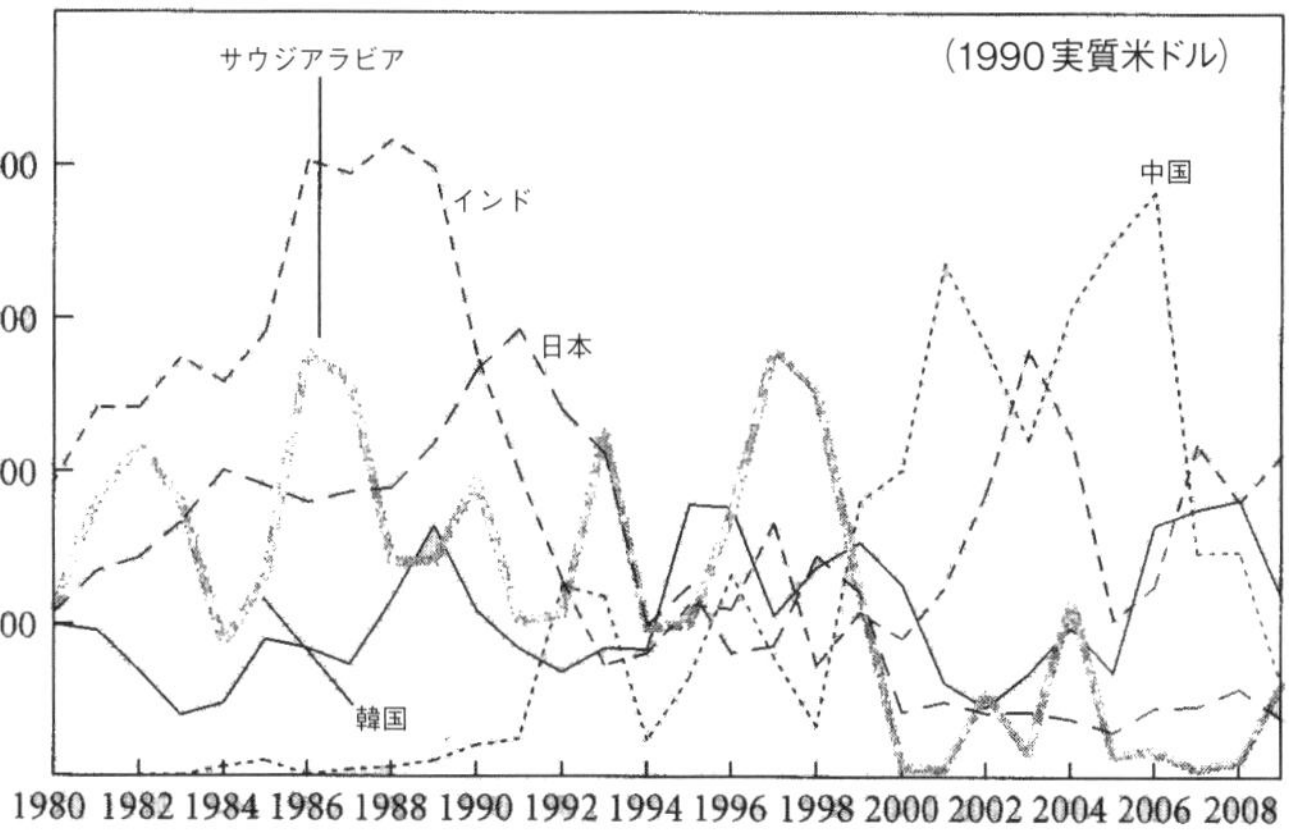

出　典：SIPRI(Stockholm International Peace Research Institute, Arms Transfer Database(www.sipri.org/databases/armstransfers)

サウジアラビアと同程度であるが、09年に７００億ドルと報告された中国の予算に比べると半分以下である。ＧＤＰ比で見れば、インドと中国の軍事予算は同じような感じだが、予算額では中国はインドを遥かに凌ぎ、両国の軍事力の差は埋まるどころか拡大している。パキスタンの軍事予算は、ＧＤＰ比ではインドよりも大きく、戦略的膠着状態の維持を可能ならしめている。絶対的な額ではパキスタンの軍事予算は常にインドより少ないが、これまでパキスタンは印パ国境における軍事的均衡の維持を図ってきた。過去、パキスタンの軍事予算はＧＤＰ比約６％程度であったが、97年以降は大幅に減ぜられた。07年には約３％であったが、それでも政府予算の５分の１を占めている。

　これらの数字は、インドとパキスタン両国におけるそれぞれの軍事支出に充て得る財政力のギャップが拡がっていることを示している。インドの国粋主義者は、インドが冷戦時代のレーガン米大統領のように敵に軍事支出を強要する戦略を採用していると仄めかしている。インドはそういった戦略を採り得るのであろうが、最近の印パ危機における帰趨は、両国の軍事支出の差は必ずしも軍事力の差ではないとインド政府が考えていることを示唆している。

インドは長らく、世界最大の武器輸入国の１つであった。ストックホルム国際平和研究所（SIPRI : Stockholm International Peace Reserch Institute）の統計によれば、03～07年度におけるインドの武器輸入額の世界の輸入総額に占める割合は約８％であった。これは、中国の12％とアラブ首長国連邦の７％の中間に位置づけられるもので、インドの武器市場は前例のない好況を呈している。インド空軍は、１２６機購入することが見込まれるという多用途戦闘機（MRCA : Multi' Role Aircraft）の最大の顧客になろうとしているし、既にロッキード・マーチン社の中距離輸送機Ｃ－１０３Ｊを６機契約し、さらにボーイング社の大型輸送機Ｃ－17の導入を検討している。また、空中給油機及び早期警戒機の導入及びジャギュアー（Jaguar）戦闘機とミラージュ戦闘機の改修を検討している。海軍は、既に対潜哨戒機Ｐ－８Ｉを６機契約するとともに、価格や規格上の問題が再燃しているものの、ロシアの退役艦・空母アドミラル・ゴルシコフの導入を進めている。さらに、空母２隻を含む多数の水上艦艇や潜水艦の国産化を検討している。陸軍は、新戦車、軽牽引砲、自走砲、歩兵装甲車、戦術防空、輸送ヘリ、攻撃ヘリを欲している。三軍ともに、ミサイル・弾薬、無人機、電子線能力、空域コントロール・システム、通信の能力向上を求めている。表１－３は、全て網羅しているわけではないが、インド軍が導入を所望する兵器の包括的なリストである。

表1－3インド軍の導入所望装備リスト（主要兵器システム）

兵器システム	数量	契約企業/契約見込企業	契約額/見積額
戦闘機	126	ボーイング（米）、ロッキード・マーチン（米）、ダッソー（仏）、ユーロ・ファイター（米）、サーブ（スウェーデン）、ミグ（露）	120億ドル
大型輸送機	10	ボーイングC17（米）	60億ドル
中距離輸送機	6 +6option	ロッキード・マーチンC－103J（米）（発注済）	10億ドル +10億ドル
空中給油機	6	エアバス330（EU）、ボーイング、IL－78	10億ドル
海上早期警戒機	6	ノースロップ・グラマンHawkeyeE－2D（米）	20億ドル
長距離海上偵察機	6	ボーイングP－8（米）（発注済）	40億ドル
攻撃ヘリ	22	アグスタ（伊）、ロングボウ・アパッチ（米）	10億ドル
中型輸送ヘリ	390	ヒンドスタン航空機（HAL）（印）	n.a.
軽戦闘ヘリ(陸/空軍)	179	ヒンドスタン航空機（HAL）（印）	n.a.
軽観測ヘリ	325	ユーロコプター（EU）、カモフ（露）	7.5億ドル
海軍ヘリ	17	米FMS（米海軍、シコルスキー、ロッキード・マーチン）	n.a.
空母	3	改修アドミラル・ゴルシコフ（露）（契約済） インドにて新規建造（2隻）	27億ドル
潜水艦	6	スコーピン（仏）、キロ（露）	40億ドル
原子力潜水艦	4	インドにて設計中	n.a.
駆逐艦、フリゲート艦	15	インド（マザゴン・ドックその他）にて建造中	n.a.
主力戦車	124	アルジュン（印）×124両、T－90（露）×両数不明	n.a.
軽戦車(装輪/装軌)	200	ジェネラル・ダイナミックストライカー（米）	10億ドル
野戦砲 (軽、牽引/自走)	450-480	軽榴弾砲：BAEシステムズ、SWSディフェンス（スウェーデン） サルタム・システムズ（イスラエル） 牽引／自走砲：シンガポール・テクノロジーズ、BAE	25億ドル
各種無人機	n.a.	イスラエル・エアロスペース・インダストリーズ、ハネウエル（米）、印企業	各種
地対空ミサイル(QRSAM)	発射機56 ミサイル1485	ラフェール（仏）、MBDA（EU）、レイセオン（米）、ラインメタル（独） KPBTula（露）	12億ドル
地対空ミサイル(空軍)	n.a.	バラク8（イスラエル）（契約済）	11億ドル
戦域防空(陸軍)	n.a.	ロッキード・マーチンPAC－3（米）、S－300S－400（露） アロー（イスラエル）の一部	n.a.
戦術通信(陸軍)	n.a.	ターレス、アルカテル（仏）、EADS（EU）、シーメンス（独） エルビット（イスラエル）、シンガポール・テクノロジーズ エリクソン（スウェーデン）、ジェネラル・ダイナミクス（米）、印企業多数	10億ドル
戦域統制システム	n.a.	n.a.	25億ドル
ネットワークセントリック・パイロット・プロジェクト(各軍)	n.a.	n.a.	10億ドル
目標曳航・輸送・指揮連絡・航空写真偵察機	9	エルタ（イスラエル）、エンブラエル（ブラジル）、ゴルフストリーム、セスナ、レイセオン（米）、ドーニエル（独）、ボンバルディア（加）、ダッソー（仏）	5億ドル
接近戦闘用小銃	n.a.	n.a.	11億ドル
対戦車ミサイル	n.a.	ロッキード・マーチン／レイセオンジャヴリン（米）	n.a.

出典：Dhruva Jaishankarの支援により各種報道を集約。Manohar Thyagaraj(U.S.-India Business Alliance)とWoolf Gross(Northrup Grumman)による確認とリストへの追加に特に感謝

先進技術へのアクセス

71年の印ソ平和友好協力条約締結以来、ソ連はインドへの主要な兵器供給国であった。インドは西側諸国からも兵器を導入したが、インド軍の8割以上がソ連製兵器で占められていた。ソ連との取引要領は、低価格、支払猶予、ルピー決算というインドにとって極めて有利で、脆弱なインド経済に付きまとう支払破綻に対する懸念に煩わされずに先進的な通常兵器を導入することを可能にするものであった。ソ連は、兵器売却だけでなく、ライセンス生産や一定の技術移転にも協力的だった。インドは、MiG戦闘機、T‐72、戦闘装甲車などをライセンス生産した。ソ連は、冷戦中、核技術移転を行わなかったが、80年代にインド海軍への原子力潜水艦のリースや兵器級プルトニウムの生産が可能な重水炉を売却したりした。

冷戦終結は、印ソ軍事取引への政治的正当性を失わせた。冷戦終結後の混乱期、インド政府筋は、特約が切れたスペア・パーツを求めて、ロシア、ウクライナなど旧ソ連やソ連圏にあった国々を行脚した。西側諸国の水準からすればまだましであったが、ロシア製兵器の価格は上昇した。ロシア製兵器の質は西側のそれに相応するものではあったが、インドの安全保障上の脅威は、最先端の通常兵器を必要としなかった。インドは、ロシアと冷戦後、戦闘爆撃機スホーイ30（Su‐30）と空母アドミラル・ゴルシコフという2つの大きな兵器売買契約を取り交わした。しかしながら、印露間の契約上の係争が増えてきており、08年1月にタイムス・オブ・インディア紙は、材質上の欠陥の疑いからインドが改修されたキロ級潜水艦の引渡しを拒否したと報じた[21]。その前には、空母ゴルシコフの契約価格15億ドルに対してロシア側が12億ドル上乗せしようとしたため、インド側が激しく抵抗した経緯もある。両国政府は、商業上の利益を強調しつつ隔たりを詰めようと努力しているが、印露間の軍事取引における特別な関係は明らかに衰えつつある。

91年以来、イスラエルは、徐々にインドとの軍事取引を増大させ、今やインドはイスラエルの最大の顧客となった。インドは、ユダヤ人国家に対する政治的禁忌を翻しただけでなく、両国間に横たわる政治的不安定性を脇に置いて、同じ民主主義国家として戦略的な一致を見るに至っている。[22]インドは、喉から手が出るほど欲しい対テロ技術をイスラエルが持っていることを認識している。一方、イスラエルは米国との特別な関係を通じて開発した技術の中継点となっている。例えば、早期警戒機やミサイル防衛において、少なからぬ争点もあるが、インドの開発努力が実らないため、少しずつ、取引が具体化しつつある。[23]

イスラエルとロシアは、参入しようとするプロジェクトにおいて国防研究開発機構（DRDO）との一部共同開発を提案することで契約を勝ち取ってきた。そして、それらの軍事取引は、電子関連の軍事新装備・技術へのアクセスの機会をインドに提供してきた。また、非常に重要なことに、イスラエルは、カシミールにおいて越境テロを減少させることができると考えられている境界壁構築の実現可能性に関わるインド政府の決定に影響を及ぼした。さらに、イスラエルは無人機（UAV）の主要な供給者であり、それはインド軍の偵察行動の要領を変えた。他方、DRDOとロシアのミサイル製造企業との合弁事業は、ブラモス（Brahmos）巡航ミサイルを開発し、軍への導入の準備を整えている。これに関しては、公開情報が欠如しており詳細は明らかではなく、合弁事業の体裁を取りつつも実はロシアが実質的な開発を行ったといったことがどの程度行われていたのかは分からない。インド国産原潜アリハント（Arihant）についても同様であり、おそらくこれも元々ロシア製であろうが、これまでの経緯に鑑みればプロジェクトの成功は悲観的である。インドはこれまで、ＭｉＧ戦闘機やＴ－72戦車を旧ソ連からのライセンス生産を行ったが、その経験を軽戦闘機（LCA : Light Combat Aircraft）やアルジュン（Arjun）戦車の開発・国産化に活かすことに失敗している。インドは、米国からの調達も開始し、米企業は製品をインド国防省と軍に強引に売り込んでいる。多目的戦闘機の巨大な取引における最終的な候補5社のうち２社が米国企業である。インドは既に米国から強襲揚陸艦トレントン（USS Trenton）と特殊部隊特別仕様のＣ－１３０輸送機６機を購入したが、これらはインドに適度な戦力投射能力を付与するものである。インドの軍事力近代化における米国の役割については、第８章で見ていくことにするが、インド政府筋は、米国との関係改善の一助となる支持層を米国内に保持することの重要性を理解しているということをここでは指摘しておきたい。インド商業会議所連盟（FICCI: Federation of Indian Chambers of Commerce and Industry）はその好例であり、ＤＲＤＯの研究を商業ベースにのせることを企図して、科学技術省とテキサス・オースティン大学の技術革新センターとの連携を模索している。[24] それらの商業的結びつきは、印米関係の安定化をもたらすものである。米国と取引するということは、インドにおける取り組みや政策プロセスの変化を意味する。インドはこれまで長い間、米国を気まぐれなサプライヤーと見なしてきたが、米国と取引をするようになって、米国への信頼に根本的な変化が生じてきていることを示している。米企業との取引は、インドの意志決定システムを、際限のない根回しから、決定権者に委ねる形へ変えていくことが求められよう。そうした変化は、インド政府関係者に政策失敗の個人的責めを負わせる一方で、恐らく汚職の温床となる可能性もあることから、かかる意志決定に関わる政府関係者は個人攻撃から保護されなければならないだろう。

米国やイスラエルとの新たな関係は、インドにおいて軍事力近代化を推奨する者たちを楽観的にさせる。そうした者達は、科学技術が軍のシステムを機能させる要領を根本的に変えるものであると見ている。例えば、UAVの運用により、戦術情報の上級部隊司令部における同時使用が可能となり、指揮組織がフラット化されることが予想される。技術へのアクセスは、元々ある研究開発組織を更に有効に機能させるための再編を可能にするものだが、それには組織の順応性が必要不可欠である。技術移転に必要な透明性は、インド組織にとって知的所有権保護の大きな動機付けとなり、研究開発におけるインド民間部門の参画と相まって、極めて大きな相乗効果をもたらすことになろう。

インドの近代化推進者から見れば、イスラエルとの軍事取引は、インド自身の能力向上を図るために協力関係を利用するという試みの成功例である。そうした者達は、米国との関係も同様のパターンになれば良いと思っている。非対称性がゆえに、取引における作用は米国とのそれとは異なるのであろうが、イスラエルとの取引や米国との核合意が示すように、得られるものは相当大きいであろう。そうした協力関係が、単なる既製品への要求ではなく特定の技術への要求を満たし得るものなのか、あるいはどの程度満たすものなのかは分からないが、多くの者がそれはワシントンと如何に緊密な関係を構築するかに掛かっていると信じている。インドは米国の技術を享受できたとしても戦略的独立性の保持を希求しているため、印米の競合する国益は摩擦の種になるだろう。一方が戦略的協力関係を求めているのに対し、他方は技術へのアクセスによる利得を求めているからである。

インドは軍事取引における価格決定に係わる政治的な本質を十分認識しているが、西側諸国には、政府が取引を認可してから私企業が価格を設定するという複雑な二重構造が存在する。インド当局は、政府の選択権と社会主義的思考から、根本的にこうした考えに馴染まない。インドにとって、ソ連との取引は楽だった。価格が魅力的だったことを差し引いても、意志決定プロセスが単純であった。取引実施と価格水準は政治家が決めた後で、詳細を官僚が詰めれば良く、もし価格交渉で揉めれば政治家に差し戻せば良かった。契約を履行する上でかなり問題もあったが、両者の軍事取引に対する強い熱意、特に政治レベルでの熱意が失われることはなかった。最近規制緩和が行われるまでは、ヨーロッパの企業も同じような状況にあった。信頼できるハイレベルの官僚によって交渉が妥結を見た後で、政治家がこれを精査する。政府承認と価格決定は同時進行なのである。一方、米企業との価格交渉は、政府間交渉とは切り離して行われることが求められる。政府承認は必ずしも好意的な価格設定を保証するものではないし、逆もまた真なのである。

抑制からの脱皮？

インド軍は未だかつてない近代化に取り組んでいるし、軍事大国への基盤も整ってきた一方で、インドの戦略的企図は固まっていない。インドが歴史的な戦略的抑制から脱皮するには、新たな財源と技術を越えるものが必要である。純粋に財源的な面で言えば、劇的とも言うべき最近のインドの経済成長の一方で、具体的な指標は依然として低レベルにある。インドの技術・製造基盤は依然として地味であるが、特にインドが自立した防衛産業を志向していることを考慮すれば、なおさらである。世界銀行によれば、インドの1人あたりの名目GDPは約1000ドルで、統計可能な170ヶ国中130位である。購買力平価はこれより高いが、その順位は統計機関によって幅はあるものの140~160位とさらに悪くなっている。インドが、十分な財源を最先端の軍事技術革新に配当することを期待するのは誤りであろう。せいぜい、我々が話題にできるのは、科学技術開発に配当された財源内での予算の組替えぐらいであり、穏当な結果しか期待できないだろう。

さらに、インド軍は、ここ数年間、より多くの兵器や装備を着実に購入しているが、最近では、配当された予算が各軍の消化できる以上の額になっている。創設以来初めて、軍は消費しきれない資金を持っているのであるが、これはインドの調達システムの不備を意味することなので決して良いニュースとは言えない。インド政府は、国民の監視に耐えうる合法で透明な調達要領を確立できていない。ラジヴ・ガンディー首相が89年に選挙で敗れたのは、武器取引にまつわる数々の汚職疑惑ゆえであった。インド政府は、調達システムを見直すのではなく、調達ペースを落とす方向に向かったので、各軍は配当された予算を使えきれずに国庫に返納することになっているのである。

核兵器を除いては、インドの装備研究開発の歴史はこれまでずっと不幸なものであった。国防開発機構（DRDO）は、インドで最も予算的に恵まれた組織であるが、インドの戦略的な立ち位置を変えるような兵器開発に何1つ成功していない。実際のところインドは、恐らく、ミサイル開発において北朝鮮や中国から実質的な支援を受けているパキスタンにさえ遅れをとっているだろう。DRDOが20年来取り組んできた軽戦闘機（LCA）の開発・製造に失敗している一方で、国営の航空機工廠ながら、ＤＲＤＯより閉鎖性の少ないヒンドスタン航空機（Hindustan Aeronautics）が手がけた軽ヘリコプターの開発・製造は成功の部類に入る。インド宇宙研究機構（ISRO: Indian Space Research Organization）は、ＤＲＤＯよりも開放的で、より大きな成功を収めている。原子力委員会（Atomic Energy Commission）のみが、ＤＲＤＯよりも閉鎖的でありながら成功を収めている唯一の組織である。インドが装備研究開発において成功するためには、国家的な価値観と私企業に対する接し方の双方を改める必要がある。例えば、もしインド空軍がわずか数機の軽戦闘機しか導入しないのであれば、１機当たりのコストは米国製戦闘機と並ぶものになろうが、１人当たりのＧＤＰが米国の15分の１程度の国にとって、それは手が出せないほど高価なもののはずである。インド政府は、軍事技術の研究と革新に最大限の関心を払ってきており、他の如何なる分野よりも軍事研究・開発に予算を投じてきた。そして、それらのプロジェクトのために外国からの支援を求めてきたが、技術革新を有益なものとし得る戦略的独立性を護ることにも熱心であった。ＤＲＤＯの失敗にもかかわらず、インド政府は、その目標に固執するばかりか、失敗に責めを負うべき組織の改革を避けてきたのである。

兵器購入におけるインドの戦略的な目的は釈然としない。軍が導入を所望する兵器のリストで目を引く、空母、戦闘機、戦車といった兵器は、戦略的抑制というよりも、戦力投射に関わるものである。幾つかの兵器は代用性があるが、それらは限られている。インド防衛において空母が如何なる意味を持つというのか？　１２６機の多用途戦闘機（ＭＲＣＡ）は、インドの防空能力を強化するとともに、恐らくは最小限核抑止（minimum nuclear deterrence）にも寄与するものなのであろう。いずれにせよ、戦闘機とミサイルのトレードオフに関わる論理的な分析は公に行われていない。1つだけを排他的に選択するようなことはないだろうが、少なくともトレードオフについて理解することはバランスのとれた投資を行うために重要である。このことは、他国の空軍参謀長と同じようにエア・パワーの戦略的役割を強調しているインド空軍参謀長に特に当てはまることである。インド空軍は、著しくミサイルに無関心（これまでのところ陸軍の管轄）であり、航空機を志向している。ジョン・ルイス（John Lewis）とキ・リタイ（Xue Litai）は、中国が、熟慮の末、在来型のエア・パワーを犠牲にしてまでも、ミサイル戦力の強化を重視したことを指摘している。[25]

そうしたトレードオフについての研究は、恐らく秘密文書の中にはあるのかも知れないが、前述した取引がここ数十年間において平時における最大の武器取引であることに鑑みれば、それについての公の議論が存在しないことは驚きである。それでもインドには、そのように多数の新戦闘機の必要性についてのコンセンサスが存在するのである。それはインドが運用に供し得るミサイルの開発能力がないことを反映しているのかも知れないが、何故そうなのかという疑問は残る。戦闘機購入の遅れは、汚職疑惑が政府崩壊に繋がるかも知れないという恐怖に起因している。こうしたこと全てや実はインド空軍が運用に供し得る戦闘機をさほど多く保有していないという事実は、現実と希望の乖離が拡大しつつあることを示唆している。

最も重要なことには、恐らく、戦略的抑制はこれまでインドに好ましく作用してきた。インドはこれまで自分より力のある国と戦ったことはないのである（中印戦争は短期間で一方的なもの）。イスラエルもヴェトナムも、そしてパキスタンでさえも、自分より大きな国と相対するために改革しなければならなかったのだが、大国、自己満足、現状維持を是認するインドにとって、改革は、危険を孕むものではないにしろ、非常に困難なものである。そうであるなら何故変わらなければならないのか?

現実主義者の立場は、インドにおける戦略的関心は大きくなっているとともに、隣接する国の危険は増しているのであるから、国の防衛態勢を向上させなければならないというものである。この議論における含蓄は、インドの政治指導者は、組織改編と省庁間の連携を強いることにより、近代化プログラムをしっかり管理しなければならないということである。拡大しつつあるインドの戦略コミュニティーは、こうした変化を強く求めている。しかしながら、力強い軍改革を主張するブラフマ・チェラニー(Brahma Chellaney)やバーラッド・カルナド(Bharat Karnad)といった学者や一握りの退役将軍などは、主流になるどころか徐々に隅に追いやられてきている。攻勢的な軍事力を主張する者達は、堅牢な軍事政策を標榜するBJPにおいてでさえ、影響力を得ることが難しくなっていると感じている。

対照的に左派は、軍事力増強を、金の無駄、中国に対する不必要な挑発、そして気まぐれな米国との不快な交わりだと信じている。この議論における含蓄は、インドの政治指導者は、軍と増え続ける高価な兵器購入から一歩引き、それらを減らすようにしなければならないということである。この議論の支持者は、(特に米国のためにする)中国との軍事的対峙は避けるべきとするとともに、パキスタンに対しては、非軍事的な和解をより強く追求している。現政権は国防予算の大規模な増額を認めているが、現与党のコングレス党、特にマンモハン・シン(Manmohan Singh)首相はこの部類に属する。コングレス党は他の如何なる政党よりも政権を担った期間が長いことに鑑みれば、独立以来、多くの期間インド政府がこうした立場に立っていたことは驚くにあたらない。一方、ＢＪＰも政権政党であった時代に、総じて言えば戦略的抑制の継続を選択していたことは興味深い。

我々は、将来にわたってインドが、目的のない軍事力増強を行う国であり続けると確信している。国防問題における個々の政治家の振る舞いは最善のものではないかも知れないが、集合体としての英知は長らくインド政治には存在した。そうした英知は、軍事力増強の敷石をなすものであるが、確固たる戦略的主張に基づく制度的な力にはなり得なかった。統合ドクトリン策定、国防計画策定における政治的決定を伴う軍の統合、そして明確な国家戦略目標の公表といった制度的な改革なしには、増加する資産を主要なライバルとの軍事均衡を変えるに十分な軍事力増強に繋げることはできない。

インドの戦略的抑制は、国家安全保障機構改革の進捗速度、方向性、そして範囲を規定するものであり、新たな国富や技術を軍事力へ転化する動力伝達装置として作用する。インドの軍事的な能力の適否は、軍事機構における重点を、研究開発から調達へ、あるいは、給与や募集から軍の運用へと転じることができるかにかかっており、それは、政軍関係における最も広範な概念形成行為である。

インド政府は、規模の拡大、部隊・組織新編、ポスト新設、装備調達のスリム化においては比較的成果を収めてきたが、予算の優先順位、省内・省庁間の連携、民間参画に関わる、染みついた体質の改善、意志決定の透明性といったことはできていない。インドの政軍関係は、有効な軍事計画を犠牲にした上での軍に対する政治の優越と性格付けることができよう。カルギル調査委員会（Kargil Review Committee）の言によれば、独立以来最も重要な改革努力は、〝難解な国家安全保障政策に関する知見のない政治指導者が、イスメイ（Ismay）卿が築いた枠組みとマウントバッテン（Mountbatten）卿の提言を受け入れたことである。62年の大敗、65年の引き分け、71年の大勝、核の脅威増大、冷戦終結、ここ10年間におけるカシミールにおける代理戦争の継続、軍事における革命といったことにもかかわらず、52年もの間、ほとんど何も変わっていない[1]。」

ここで我々は、インドの改革につき、2つの異なる分野において議論したい。1つは、装備取得要領であり、これには、過去20年間にわたり装備調達を遅らせてきた国内の研究開発と汚職の問題を含む。2つめは、国防参謀長（CDS : Chief of Defense Staff）ポストの新設（統合部隊を統括する統合参謀部長［CIDS:Chief of Integrated Defense Staff］［中将職］は０１年に新設されたが、軍のトップとして三軍を統括するとともに政治的助言を行う地位にある国防参謀長は未設）、海空戦力重視の戦力リバランス、各軍司令部の政府への統合など、高次元の国防政策についてである。いくぶん本書の目的範囲を超えるが、インドが如何にして社会と軍——特に18世紀のクライヴ（Clive）卿による創設当時の組織を引きずっている陸軍——との関係という問題に取り組んでいくのかという問題もある。それは特に、カースト制度や社会階級、他民族性といったことが陸軍を形づくる上で果たしてきた役割において明白である[2]。これについては、第３章と第７章でも触れる。

インドにおける装備調達

近代兵器の調達は、そもそも難しいものである。兵器は、複雑性、多目的性を増すとともに、高価になってきている。最新兵器は、数十年にわたるライフ・サイクルを持つため、兵器の選択は一定期間における軍の有り様を規定することとなる。兵器製造において最先端技術が使われる場合、その新兵器に係わる経費、用途どころか、その兵器がいったいどのようなものになるのかすら不明確である。兵器選定を適切に行うためには、将来の脅威見積もりだけでなく、その脅威に対してどのように対処していくかについてのコンセンサスが必要である。同種兵器の異なるモデルの評価ではなく、ミサイルか航空機かといったカテゴリーの異なる兵器の選択においては、そのトレードオフを理解しなければならないのはもちろんのこと、戦略的に道理がかなっていなければならないが、それは容易なことではない。製造業者は何とかして自社製品の優位性を売り込もうとするので、野外試験で示された性能と取引価格を調和させるのは難しい。また通常、近代化は平時に起きることなので、戦場での評価という恩恵に与かることができない。

さらに、武器市場の構造は特異である。市場価値は大きいのだろうが、取引数量や取引者数は限定的である。多くの国において、価格設定に有利な立場にあるとともに取引を恣意的に停止することのできる政府が唯一の顧客である。製造業者が現顧客以外の国など第三者と取引しようとする場合には、当該業者の属する国から承認を取り付けることを求められる。市場において政府がもつ非対称な力に鑑みれば、兵器製造における民間投資は、つまるところ開発過程における政府助成に帰着する極めて作為的な条件の下で行われる。ほとんどの国で、研究開発の大部分を政府が財源を供する研究所が行っている。政府は、原価加算と独占的な契約を、製造ラインへの投資を行う企業に約束する。価格決定メカニズムは、技術移転を伴う国際取引においては、さらに複雑である。売り手は、技術移転によって生じる将来における損失を価格に転嫁しなければならないが、現行の取引を危うくしないように価格を維持しなければならない。それゆえ、低価格な個人装備火器以外の通常武器市場における価格決定メカニズムは優れて政治的であり、同盟関係こそが兵器に対する支払い価格を決定付けるのである。近代兵器を製造する事実上すべての国が、300ドルの便座といった都市伝説のようなものに関わっているはずである。

インド政府は、そうした全ての問題の負の側面にどっしりと腰を落ち着けており、健全なインド固有の防衛産業の不在に苦しんできた。インドは独自に、トラックやジープ、小銃や火砲、そしてそれらの弾薬の全てを、最も精緻なものは除いて独自に製造してきたが、火砲を徹底的に運用したカルギル紛争中は、高価な精密誘導弾薬や高標高仕様の被服、さらには棺桶すら、必死になって捜し求めた。インドは、ソ連からのライセンス生産で、戦車や航空機を組み立ててきたにもかかわらず、最近までほぼ全てが国営であった国内製造業は、核兵器を除き、軍事力整備に対する有為な貢献をし損なってきた[3]。数十億ドルにも及ぶ兵器の研究開発は、インドの安全保障環境に影響を及ぼすことができるような意味のあるものを何も生み出していない。インド国内研究において国家安全保障に対して最も貢献したものは核兵器であるが、それは軍関連の研究組織ではなく核関連の組織によって生み出されたものであった[4]。

調達要領

インドにおける装備調達に関わる意思決定については、相互に関連する5つの疑問が頭をめぐる。1つ目は、財源がどこからくるのかということであるが、急速な経済成長はこの長期にわたる問題を幾分は和らげている。2つ目は、どの兵器をどれくらい取得するか、そして、軍種間及び機能を異にする分野におけるバランスを如何に取っていくかということである。例えば、沿岸防衛、海上封鎖、制海権におけるバランス、あるいは、空軍における防空、対地支援、戦略爆撃のバランスといったことである。3つ目は、兵器を自国生産するのか購入するのかということである（これはインド国内における研究に特有の機能不全から生じる疑問である）。4つ目は、もし兵器を輸入し軍事技術を海外から導入するとしたら、経済的、技術的、理論的、戦略的に整合のとれた意思決定がなされるのかということである。5つ目は、巨大な額の金銭的利害関係が汚職を誘発する中、政治家、軍関係者、官僚に対して兵器選定において自信をもって判断できるようにするクリーンな調達システムを構築することができるのかということである。80年代半ば以来、インドの装備調達にはボフォース榴弾砲にからむ汚職の亡霊が付きまとっている。

インド国防省高官は、合法的な装備調達ができないという国家的な不能を嘆くとともに、それが軍事力近代化と適正な国防予算の根拠付けを阻む障害になっていると言う。さらに複雑なのは、国防予算の管轄官庁が二重になっていることである。つまり、財務省のある部署は、国防予算に対する付加的なチェック機能を有するのである。

装備調達においては、各軍が機能上の必要性を決定した後、研究と製造を担当する国の機関との調整という次の段階に進む。多くの組織を傘下におく国防研究開発機構（DRDO）は、各軍からの装備要求を真っ先に拒否する権限をもつ特権的な組織である。DRDO長官は、国防大臣に科学顧問として仕え、国外調達に対して拒否権を発動できる地位にある。多くの場合、DRDOは、現実性のない国産化を進めるものの、それができず兵器を供給できないことが判明するまで海外調達が控えられる。供給者と評価者という二重の役割が、その数々の失敗に対する説明責任を減じている。

国防研究開発機構（DRDO）

国防研究開発機構（DRDO）は、50年に及ぶその歴史の中で、システム統合や対潜ソナーといったマイナーなプロジェクトにおける成功を除いて、主要兵器をただの1つも各軍に供給できていない[5]。軽戦闘機（ＬＣＡ）については、第４章で詳述するが、80年代に開発に着手したものの、インドの技術レベルを遥かに超えており、ＤＲＤＯから提携を持ちかけられた米企業は、その能力にそもそも懐疑的だった。ＤＲＤＯは、海外に主要なパートナーを持たないままプロジェクトを進め、03年を開発目標として公表した。しかしながら、10年の時点で、インド空軍が導入しようとする航空機を全く造り上げることができていない。インドは現在、１２６機もの多目的戦闘機（ＭＲＣＡ）を１００億ドルで海外調達しようとしているが、これは、発展途上国における最も大きな武器取引の１つになるであろう。ＤＲＤＯが手がけた２つ目の主要プロジェクトがアルジュン戦車であり、ソ連製戦車Ｔ－72とＴ－90を補完する企図があった。アルジュン戦車プロジェクトにおける陸軍のキーパーソンであったバッバル（D. K. Babbar）准将は、〝アルジュンには未来がない。未だにまっすぐ弾を撃てない。Ｔ－90の方が遥かに優れており、アルジュンを撃破できる。アルジュンでは如何なる国境線も越えられないだろう〟と言っている。また、陸軍参謀長シン（J. J Singh）大将は、〝最適条件での運用が可能であるかそのうち分かるだろう〟という婉曲な言い回しをしている[6]。

インドが誇示してきた誘導ミサイルのプログラムについては、当初うまく行っているように思えたが、核実験後10年以上たった今でも、射程１５０㎞で、実運用にはあまり適さない液体燃料のプリトビ（Prithvi）・ミサイルしか配備を終えていない。射程１５００㎞のアグニ（Agni）・ミサイルは、実戦配備に供し得る数量の生産には至っていない。ミサイル・プログラムの技術基盤となった宇宙プログラムにおける成功に比較すると、ＤＲＤＯの失敗は明白である。ミサイル・プログラムの焦点は、今や長距離核ミサイルから対空ミサイルに移り、インドの戦略家は、中国に追いつくどころか、パキスタンとのミサイル開発競争にも敗れることを懸念している。それでもなお、ＤＲＤＯは各軍からの如何なる調達要求も拒否できる権限を持ち続けている。この組織は、古典的な〝取っ掛かり戦略〟を得意としており、安上がりで確実性のある成果物によって足がかりは勝ち取るものの、後になって救いようのない高値を吹っかけるのである。ＤＲＤＯは、軍側が兵器システムの規格を順次引き上げてくるため、軍が設定した期間内での達成が困難になっていると反論する。同筋には、軍が海外調達を志向していることを公に批判する者がいるが、政治家も軍高官も武器取引に関わる賄賂を期待していることを秘かに仄めかす者もいる。政府による寡占は不透明性を増大し、それが特定事項を決定する上での判断を困難にしている。核開発における原子力委員会の成功についてでさえ信頼できる公の評価は存在しない。核プログラムは秘密扱いである上、民生用核プログラムに組み込まれている。秘密扱いとする必要性は理解し得るにしても、監査の欠落は、費用対効果に対する真剣な評価を遅延させている。

ＤＲＤＯの失敗の理由は多岐にわたる。貧弱な計画、過度な楽観主義、各軍との調整の欠如といったことが主要な開発プロジェクトにおける経費超過や期限の遅延を招いているとする報告もある。[7]しかしながら、最も大きな理由は、組織における政治的リーダーシップの不在である。

DRDO高官は、組織の能力についての誇張された、あらゆる点で楽観的な声明の発出に没頭し、他方、政治家は、軍事技術や武器の複雑性を差し引いたとしても、戦略や軍事に関する知識が欠如しており、それが数十年もの間、ＤＲＤＯの自主裁量を許してきた。政治家に適切に助言すべき立場にある官僚も専門家というには程遠く、研究開発は事実上、無責任状態で行われてきたのである。政治家サイドは軍に対して、適切に決定された規格を受け入れさせるのではなく、ただ単に初期要求が満たされれば国内開発兵器を受け入れるよう強要してきた。他方、ＤＲＤＯサイドは、研究開発に都合が良いように、海外調達に拒否権を発動したり遅延させたりして、兵器近代化に関わるアジェンダを設定できる。そもそも、軍とＤＲＤＯが演じているように、軍人と技術者のプロ意識は対立するものである。即ち、軍人は供給者が誰であろうと入手可能な最も優れた兵器の導入にこだわる一方で、科学者は、たとえ軍側が欲するものを製造できずとも国産技術力の発展により大きく重きを置くのである。

伝統的にインド国産兵器の質は極めて貧弱で、パイロットは国産機より輸入機を好む。陸軍も、国内で組立てられた戦車には、たとえそれがソ連製ライセンス生産ではあっても、長い間悩まされてきた[8]。何故水準以下のもの造りしかできないのかの理由は明確で、インドの環境適応能力が不完全かつ不適切であること、特にＤＲＤＯが絡むとそうであること、国営製造企業が労働組合との衝突に悩まされてきたことや国際的な品質試験規格を満たす必要がないこと、異なる国からの寄せ集めの構成品を統合するのは容易ではないことなどである。そして、技術が複雑になるにつれ、品質に問題を抱えたまま、コストばかりがますます増大するのである。

数十年にわたって輸入は代替手段と呪文のように唱えられてきた国では、武器輸入の強要は政治的に厄介の種である。インド政府は、失敗の連鎖にもかかわらず、研究開発費への寛大な予算配当という莫大な対価を支払うことによって武器輸入への抵抗を抑えてきた。軍の要求と研究機関からの兵器供給を調整すべき立場にある政治家の不能と後ろ向きな姿勢は、インドにおける軍事力近代化が組織化されたものでなく、限られた戦略的価値しか持たないことを意味する。

元財務次官のヴィジェイ・ケルカー（Vijay Kelkar）が主催するハイレベルの委員会が２００４

年に設立された。同委員会は、広範な問題を取り扱い、武器取得プロセスのプロフェッショナル化や民間企業の防衛産業への参入のための段階的措置が採られることを促した。同委員会は、兵器工廠の民営化、半民半官事業の奨励、そして、選別された一部企業を公企業として取扱うべきことを提言した。また、政府が武器取得の15ヵ年計画を策定して企業と共有すること、特定装備や特定国への武器輸出制限を取り消すこと、そして、武器輸出を促進するための機関を設立することも提言した。

ケルカー報告以降、米国の公的・私的な関係機関が、インドへの技術移転や兵器国産を可能にする技術の商業的な売り込みを試みた。最も意欲的な事業体が、米防衛産業の主要企業（ロッキード・マーチン社）、テキサス・オースティン大学、インド商工会議所連盟（FICCI）及び科学技術省という4者間の合意によるものである。名目上、ＦＩＣＣＩは、インドの技術の国内外企業へのマーケティングを援助し、ロッキード・マーティン社は、テキサス・オースティン大学が行っているインドのもつ新技術の輸出機会拡大のための〝インド改革成長プログラム（India Innovation Growth Program）〟を支援することになっている。ＦＩＣＣＩと並ぶインドの主要な産業機構であるインド工業連合（CII: Confederation of Indian Industries）は、兵器製造における私企業の役割増大のためのプログラムを実行している[9]。

06年、印国防省は、装備取得プロセスの合理化と透明性向上のため、防衛装備取得要領（Defence Procurement Procedure）と防衛装備取得マニュアル（Defence Procurement Manual）を公表した[10]。それ以降同省は、現状に沿うように同文書を改定してきたが、幾つかの特定の問題は解決が困難であるとの認識を同省は持ち続けている。同文書は取得プロセスの詳細な手引書であるが、製造業者はインドの武器市場の規模と構成を測りかねているため、投資を躊躇している。インド政府の兵器購入所望リストの中身はよく知られているが、具体的にどのアイテムが最初に当局の承認を受けるのかを知るすべはない。優先順位なしにマーケット分析を行うことは不可能である。マーケットは、年毎、恣意的に決められているが、どの高官が軍内や省内において影響力を持っているのかで変わってくる。さらに、オフセット・プロセスが如何に作用するのかが明確でない。〝オフセットはあればあるほど良い〟というのは仕組みとしては欠陥であろうが、製造業者は参入の真のコストを知らずに賭けに出たり真剣な賭けを行ったりすることはできないのであるから、そうした建前は結局、代償を払わされることになる。つまるところ、インド政府は汚職の問題を根本的に解決できないでいるのである。

最近では、少なくとも、DRDOにまつわる問題が直接的に言及されるようになった。ラーマ・ラオ（P.Rama.Rao）元科学技術省次官が議長を務める委員会が08年に取り纏めた報告書は、DRDOに関して、保有する研究施設の幾つかを他省庁に移管し、能力を発揮し得るであろう8~10の真に必要な分野のみを所管させることを提言したのだが、同委員会による25の提言がアルジュン戦車や軽戦闘機といった主要プロジェクトの失敗に対する仔細な調査を回避して纏められたものであるということが、発表に際して発出されたプレス・リリースから読み取れる。[11] 1年後、国防次官が議長を務める上級の委員会が取得改革を監督するために組織され、多くの提言が採用された。それらには、DRDOの傘下にある51の研究施設のうち兵器とはほとんど関連のない生命科学関連施設など11施設を廃止すること、そして、残りの40施設を防衛技術の各分野（艦艇、航空機、陸上戦、兵装、電子戦）に集約することが含まれていた。[12] これは、兵器研究開発への民間企業参入のためのドアを開放しておくことを意味し、恐らくＤＲＤＯを統御可能な規模と所掌範囲にするための重大な試みの第一歩になろう。

黎明期にある軍産複合体

インドにおける兵器の自給自足政策は、そもそも国外との提携を困難にするものであったし、人道的問題や紛争国との武器取引の禁忌は、インドが製造する数少ない輸入可能な兵器の市場を制限するものであった。インドの国内産業基盤は脆弱なままであり、技術上の副産物が生まれる機会はほとんどないが、それでも民間企業は装備研究開発・製造ビジネスへの参入を望んでいる。最も大きなインド企業連合の1つは、ＫＰＭＧという国際コンサルティング企業からインドとの武器取引の可能性についての調査を請負いこれを実施したところ、幾つかのインド企業が契約を勝ち取るのに有利な立場にあることを見出した。[13] 民用のオフロード車から派生した軽軍用車を開発していたタタ自動車は、英陸軍の主力軽車両であるディフェンダーを印陸軍に売り込もうとしていた英ランドローバー社を買収した。また、防衛分野における海外合弁事業が急速に形成されつつある。09年、ＢＡＥシステム・ヨーロッパ社は、装甲車の入札に参入するため、インドの自動車メーカーのマヒンドラ・マヒンドラ社と提携した。同年、ボーイング社は、長距離海上偵察機8機の取引を21億ドルで契約した。同年5月、エアバス・グループ——ＥＡＤＳ社は、ラーセン&トゥブロ社との間で、電子部門を主体とする防衛分野における6年間にわたる総額1億ドルの契約への入札に参入するための合弁企業を設立することに合意した。この取引はインド政府によっていったんは却下されたものの、10年2月には、合弁企業の国有率に対する要求を満足する新たな持ち株比率をもって再度参入した。[14]

91年の経済自由化以来、インドは科学技術の可能性への認識を深めた。科学技術は常にインドの門戸開放の手段であったが、電話の繋がりが悪いというのがインドの現実であった。インドが、国際競争への適応、特にソフトウエアの分野において成功したため、そうした技術の新たな購買層が国中に出現した。インド軍将校は、その自認する才能を科学技術分野へ活かす潜在的能力を有する中間層から採用されている。それゆえ、軍における技術向上の原動力は、国家的な技術発展の動向の一部を成すものであると言える。こうしたる防衛分野における起業マインドを具現するためには、国内の軍産複合体に対する規制緩和が必要であるが、同時に起こり得る汚職への懸念があり、それは望めないであろう。

汚職問題解決能力の欠如

06年、軍事力近代化というある意味難解な問題が、汚職をテーマとした映画という媒体を通じてインドの大衆文化に入り込んだ。〝サフラン色に染めろ（Rang de Basanti［Colors of Spring］）〟というタイトルの人気ボリウッド映画は、インド空軍パイロットの事故死の原因となった防衛汚職を糾弾するというものであった。パイロットの婚約者と友人達が国防大臣を糾弾、暗殺した後、放送局を占拠して真実を放送するという物語で、数十年にわたり汚職が最大の問題であると認識してきたインド人中間層の心を強く捉えた。

インドにおける兵器調達プロセス、特に海外からの調達におけるそれは、汚職の亡霊により何年も彷徨い続けた（〝サフラン色に染めろ〟はＭｉＧ－21の非正規部品輸入がテーマ）。独立後間もなく、クリシュナ・メノン（Krishna Menon）駐英インド大使が〝ジープ・スキャンダル〟に巻き込まれた。大使は罪を問われることから免れたが、個人的、あるいはイデオロギー的理由から大使を嫌っていた者達が大使の名声を貶めるためにこのスキャンダルを利用した。内閣に亀裂が生じたが、ネルー首相は古い友人である大使を庇った。その後、60年代の武器取引においては汚職の噂がなかったことは特筆に値するが、これは恐らく、切迫した軍事的脅威が、無駄遣いや汚職の存在をかき消していたためであろう。

最も手痛い汚職事件は、80年代、インドが軍事力近代化努力の第2期にあった頃に生起した。ラジヴ・ガンディー首相は、親密な関係にあったアルン・シン国防担当閣外相とスンダルジ陸軍参謀長の補佐の下、軍事力近代化に邁進した。結局、ラジヴ・ガンディー首相が締約したほぼ全ての武器取引が精査されることになったが、最も劇的だったのがスイス製のボフォース野戦砲の取引だった。資金源と汚職的な行為に対する意見の不一致により、北インド出身のやり手の政治家政治家シン（V.P.Singh）は閣僚を辞し、政府改革を掲げた対政府キャンペーンを開始した。ボフォース・スキャンダルは、結局、ラジヴ・ガンディー首相に89年の選挙における敗北をもたらし、政権を失ったコングレス党は04年の選挙まで政権に復帰することはなかった。ボフォース社によるガンディー一族、あるいはコングレス党への賄賂疑惑の真相は未だ不明であるが、不正はあったというのが大方の見方である。ここ数年間にも汚職スキャンダルが生起した。最も深刻なスキャンダルは、テヘルカ（Tehelka）誌によって暴露された事件がらみでＢＪＰの要人と軍高官が告発されたこと、そして、陸軍高官による土地がらみの詐欺事件であった。[15]

汚職への懸念は、非生産的な投資を続けることを余儀なくさせる一方、国による研究開発を政治的に安泰なものとする。民間企業の防衛産業への参入は始まったばかりであるので、武器を購入するということは、通常、外国の売り手との取引を意味するところ、研究開発の擁護者は、外国を儲けさせることへの反対と国産技術発展への支持を持ち出すことによって、ＤＲＤＯに対する支援を正当化するのである。インド国内には、左派が欲得尽くで節操がないとする西欧の民間企業に対するある種の不快感も存在する。皮肉なことに、米企業に公正な商取引の義務を負わせる法律は、他の主要な武器製造国からの企業を管理する法律よりも厳しい。ロシアは、汚職が少ないと認識されているため、他の取引者よりも多くの恩恵を受けてきた。ソ連（今はロシア）の国営兵器製造企業は、公明正大な活動をすると評されているのである。

現実はもちろん疑わしい。ロシアとの武器取引も他と同様に腐敗しているのである。70年代から80年代にかけて、キックバックや政治的に好ましいインド企業との取引が横行したが、それは、党の資金源になるとともに、政府や党寄りの労組との甘い取引でもあったのである。イスラエルも同様に幾つかの事案に関与しており、09年６月、インド政府は、インド武器製造所会議議長が絡んだ賄賂事件に関係した幾つかの会社との取引停止を決定した。この汚職疑惑は裁判や有罪判決もないのに取引を停止するという深刻なもので、イスラエルのＩＭＩ（Israeli Military Industries）社やシンガポールのＳＴ（Singapore Technologies）社は契約を解消させられた。ＩＭＩ社は５つの武器・弾薬製造工場をインド国内に建設する契約に署名したばかりで、特殊部隊や陸軍はかなりイスラエル製装備に依存していたのにもかかわらずである。[16] 他のイスラエル企業（イスラエル・エアロスペースとラファェール）も汚職疑惑をかけられたが、それら企業は軍事力近代化に必要不可欠であったとされ取引停止とはならなかった。[17] シンガポール企業は、火砲の性能向上を手がけることになっていたが、当初契約が無効となり、新たな契約に向けたプロセスが動き出している。

そういったスキャンダルは、国産のための研究開発や製造に関わる組織が、国による相当の支援が継続的に行われてきたにもかかわらず、実質的に如何なる兵器の国産にも成功していないことに原因がある。武器取引における手数料が物事をスムーズに運ぶための当然の対価としてインド納税者への付加価値を高めるものであると考えられるなら、研究開発で成果を上げる能力がないということは、納税者が投資に対する見返りを何も得ていないということになる。それゆえ、国産するのか購入するのかの決定は、全ての武器取引が悩まされてきた汚職の可能性から切り離すことができないのである。インド国内には汚職に対する大きな憤りがあり、誰しもが武器取引における汚職が決してよいものであるとは考えていないが、もしインドが真に優れた兵器をタイムリーに取得することを欲するのであれば、それは不可避な小さな代償であろうと多くの防衛専門家は指摘する。現在は国防関連の製造に携わっているインドを代表する民間企業のトップの1人は、最近のＤｅｆＥｘｐｏ展示会において、〝火砲に罪はないことを理解すべき時だ〟と指摘した。アーナンド・マヒンドラ（Anand Mahindra）は、自身の会社が国内製造することを計画しているボフォース野戦砲について誇らしげに話した。[18] ボフォースという名前は、高官の間で、今やまさに汚職の代名詞となり、軍が必要とする調達の適時適切な実施が2つの政権にわたって妨げられてきた。経験豊かなインド事情通であるファイナンシャル・タイムス・ニューデリー特派員は、取得プロセスの見直しについてのマヒンドラ氏の請願を回顧しつつ、インド軍のことを〝恐らく世界の大国の中で最悪の装備をもつ軍隊〟であると言っている。[19]

ハイレベルにおける国防政策の策定

政軍関係とは、軍に対するコントロールにおける強弱のバランスを意味するが、インドはこのコントロールが相当強い部類に入る。インドは近隣国に比較して軍が一歩下がっていることを好意的に見られるが、実はこのことが戦略的意思決定の質を蝕んできたのである。国内外の関係者にとって、インドの安全保障・国防政策決定プロセスの刷新は、長きにわたって大きな関心事項であった。90年代初めに、ジョージ・タンハム（George Tanham）がインドの戦略文化について調査した際、調査内容のかなりの部分が政軍関係の機能不全を懸念するものであった。インド自らによる軍事力近代化は30年にわたって行ったり来たりの繰り返しであったと批判されてきた。最近では、新たなテロの脅威へ即応するとともに外交の一貫性に対して有効な手段を提供すべき立場にある安全保障を担う権力機構の無能という病弊が、政軍関係における大きな問題となっている。インドは、パキスタンやバングラデシュで見られるような軍による統治から民主主義を護ることを声高に主張するが、一方で、僅かの例外を除いて、国を取り巻く戦略情勢を変えるために軍事力を活用することに後ろ向き、または無能なのである。

英国統治時代は、総督・将軍評議会（Governor-General's Council）というハイレベルの会議において軍事的助言が吸い上げられていたが、独立後のインドでは、主要な政策決定システムにおける軍の発言権は制限されている。これには以下のような2つの経緯がある。1つは、後に国防省となる軍事部門の最高責任者が官僚たる国防大臣となった際に、軍の地位が貶められたことである。軍の提案が軍の成員ではない者によって構成される政策決定会議において精査されることになるなど、軍を国防大臣の名の下で官僚に従属させるべく、国防省は規模と影響力を拡大していったのである。もう1つの制度的変化は、総軍司令官のポストを廃止し、方面軍を創設したことであった。現実はそうでなくとも理屈の上では、総軍司令官を輩出し続けてきた空・海軍より遥かに巨大な陸軍は、空・海軍並みになったのである。

それ以来、政軍関係における最上位階層の変更について検討されることはなかった。62年の中印戦争に敗れた後、陸軍は、北東地域の対処に専念させるべく東部コマンドを新編した。それ以来、最も重要な方面軍である北部コマンドは、事実上、シュリーナガル（Srinagar）の第16軍団司令部から切り離されてカシミール・コマンドとなった。01年にはインドで初の統合コマンドが、ベンガル湾のアンダマン諸島において創設された。その後、戦略軍コマンドが核運用のために創設されたが、実際は運搬手段を運用する2つ軍種（陸・空軍）に作戦統制権が残されたままであるし、核弾頭は科学者が所掌している。これらの制度変更がもたらすものは、国防参謀長ポストの新設が実現しなければ、瑣末なものとなろう。

国防参謀長ポスト新設の要求は繰り返しなされてきた。そうした要求には、80年代とカルギル紛争後になされた、アルン・シンが議長を務める2つの委員会による提言が含まれる。BJP政権はそうしたポストの新設を検討すべしとしたが、実現しなかった。国防参謀長が三軍の調整にあたるべしとの提言は、自らの優越を覆すことになるかも知れない強大な軍隊出現を恐れる官僚によって反対されてきた。また、これまで遥かに強大な陸軍と分かち合ってきた〝同等性〟を失うことを恐れ、空・海軍も反対した。代わりに、98年の核実験後、インドは、外交政策と国防問題の調整を担当する国家安全保障顧問（NSA : National Security Adviser）というポストを新設したが、これは、軍の機構改革というよりも官僚の力を強化するものであった。

インドにおけるシビリアン・コントロールについては、明文化されたものではないが、ほとんど軍事に無知な政治家と、それより少しはましな知識を持っていて、強大な陸軍にも勝る組織的な経験と結束力を誇る官僚との間には、確固たる合意がある。つまり、シビリアン・コントロールは、政治指導者が国防問題をよりよく理解するために行使すべき権力に根ざすものではなく、軍を支配下におく必要性という官僚的な思惑に由来しているのである。

政軍関係は、軍事取引に絡む賄賂や汚職といった偏狭な政治的打算の影響を受け易い。政治家の目から見れば、装備品製造施設、駐屯地、その他目立たないが高額の防衛関連支出を構成する巨大な利権は、絶好の機会をもたらすものである。これは、フェルナンデス元国防大臣を取り巻く数々のスキャンダルを見れば明らかであるが、他の歴代国防大臣も自己の政治的立場を有利にするためにその地位を利用してきた。軍はこのことに気付いているものの、それを公にすることは滅多になかったが、免職させられた退役海軍将官の独白記は、明らかに自己弁護的性格が強いとは言え、軍と政治家そして国防省の悪しき関係についてかなり詳細に記されており、強い調子でこれを非難している。[20]

政策と予算の策定プロセスも有効に機能していない。軍は政策や予算に係わる提言や要望を上程することができるようになっているものの、国防省と財務省の官僚のなすがままである。三軍の参謀長はそれぞれの軍の優先順位を反映させようと試みているのであろうが、彼らもまた予算を巡って競い合う立場にある。戦略的な脅威と国防予算との適切な関連付けができるメカニズムも存在しない。

高級幹部の昇任は年次序列によって決められているのだが、これは、将校団にとっては納得し得るものであるが、例外的に極めて能力の高い将校の登用が運によって左右されることを意味する。将校団と政治家の双方に益がある年次序列が両者に好まれており、年次に依らない能力主義による昇任は稀である。つまり、昇任候補者はその将来に何があるのかを正確に予測でき、一方、政治家は、想像性や創造性は期待できないのかも知れないが、従順な将校団とうまくやっていけるということである。想像性や創造性といったものは、政策決定プロセスの中心にある政治家や官僚にとっては高く評価される資質ではなく、軍内においてそうである以上に、従順というのは個性よりも高い評価を得るのである。

カルギル紛争後の改革

99年5月から6月の間に生起したカルギル紛争は、最も真剣で長期間にわたる高度な国防機構改革の契機となった。カルギル紛争が軍の考え方に及ぼした影響は次章に委ねることとし、本章では、インドにおいて最も影響力のある戦略家であるスブラマニアム（K.Subrahmanyam）の統括下で行われた公的な調査によって浮かび上がった広範な問題について議論する。これまでこの種のことには透明性がほとんどなかったのであるが、カルギル調査委員会報告は、インド議会に提出されただけでなく、一般刊行されてベストセラーとなった。[21]

カルギル紛争は、インドの政治的勝利に終わったが、危機とそれに引き続いて生起した小戦争とも言うべき紛争は、パキスタンへの新たな平和攻勢を試みていたインドとその政治指導者に衝撃を与えた。パキスタンによる管理ライン沿いの越境進入は全面戦争へ拡大することなく退けられたものの、カルギル紛争は、インドにおける軍事機構の欠陥と問題のある政軍関係の帰結と見るべきである。しかしながら、保守的なＢＪＰ政権は、パキスタンによる裏切り行為を例示することにより巧みにメディアを操作し、パキスタンの背信行為をことさら喧伝した。

カルギル調査委員会は３つの提言を行った。１つには、国家安全保障のマネージメントと意思決定、２つには、能力強化、特に情報、軍事技術、対テロ能力の強化、３つには、シンクタンク、報道機関、民間のさらなる取り込みなどによる開かれた国防政策を策定することである。

カルギル調査委員会は、陸軍の対処は、迅速で力強く満足のいくものであったと結論付け、陸軍の反応が遅く、回避し得た犠牲者を出し、兵士が適切な寒冷地仕様の被服と武器を与えられていなかったといった議論は退けている[22]。むしろ同委員会は、脅威を特定する上での組織的な失敗を強調し、インド軍全般にわたる能力向上を提言した。陸軍は、１５５ミリ榴弾砲のさらなる調達の途上にあったが、そのことが最終的にインド側に勝利をもたらすことになった。航空戦力の投入については、越境が最初に確認されてから３週間後に認可されたものの、航空機に損耗が出てからは、ＬＩＴＥＮＩＮＧ統合ポッドが搭載されるまで停止しなければならなかった。空地の連携については、当初貧弱であったが、作戦が進展するにつれ改善されていった。紛争後、陸軍が近接航空支援用装備の調達を強力に進めていったのは特筆に値する。インドは紛争に勝利し、一貫してその勝利が疑われたことはなかった。紛争はインドの実効支配領内で生起したのであるし、越境者は紛争間、国際社会の支援のみならずパキスタンの支援でさえ得られなかったのであるから当然であろう。インドは戦場における圧倒的優勢を享受した。カルギル紛争は、軍と戦略コミュニティーから予算増額と近代化への新たな要求をもたらしたが、インドの経済力の向上とともに、それらの要求は政府内で取り上げられることになろう。

00年に現実主義の政党であるBJP率いるインド政府は、国家安全保障全般を見直すとともにカルギル報告による提言の実行を監督するための閣僚委員会（GoM：Groupe of Ministers）を組織した。同委員会の作成した報告書は一般開示されているが、一部は秘密を含むとして開示されていない。

閣僚委員会は、首相、内務相、財務相、国防相、外務相により構成され、必要に応じてブラジェシュ・ミシュラ（Brajesh Mishra）国家安全保障顧問が参加した。[23] カルギル報告はカルギル作戦前後における一貫性の欠如や誤りに言及するものであったが、この閣僚委員会報告は、カルギル報告よりも短いものの、より広範な内容を含むものであった。同報告は、情報、国境警備、治安、そして国防機構の再編という4つの分野をそれぞれ所掌するタスクフォースにおける検討結果を取り纏めたものである。このうち、国防機構再編検討タスクフォースはアルン・シンが取り纏めた。閣僚委員会報告における検討過程は公にされていないが、プロセスへの参加者は、政府から軽く見られていることには失望しつつも、同報告の提言は極めて広い視点から議論されてきたと公言している。そして、欲求不満を抱えながらも、最近の批評の見出しになっているような問題、すなわち、ボフォース恐怖症、軍－官僚複合体（Military-babu Complex）、偏狭な政軍関係、即応態勢の整っていない軍といったことについて書き記した。[24]

閣僚委員会は27回にわたって会合を重ね、導いた結論はカルギル報告を遥かに凌ぐものとなった。報告書は、国家安全保障のマネージメントのための組織機構や業務手順の大部分が50年以上前から続いているものであり、そのほとんどが歪をきたしていることを指摘した。そして、近隣諸国の軍事力近代化、国内における擾乱の深刻化、グローバル化、新たな科学技術、冷戦後の世界における米国による寡占状態、非国家主体の出現などの新たな情勢の推移が、国家安全保障問題と軍事力行使における新たなアプローチを必要としていることを強調したのである。概観すれば、パキスタン、中国、治安、薬物、不法移民、カースト制度、共産主義、そして、様々な分離主義者、テロリスト、ナクイサライト（Naxalites）、反乱勢力、イスラム過激主義者以外反乱分子などの左派過激主義がもたらす危険な状況を描いているが、少なくとも公表されたバージョンではそれらの脅威に優先順位はつけられていない。

関係委員会報告書には容赦のない分析が並べられている。国防省の３つの部局は部局内においても部局間においても連携がとれておらず、軍事に関して政府に助言するために必要な統一された一貫性のある仕組みが欠落している。三軍間のドクトリン、政策、運用における競合は、〝統合マインド〟や統合計画策定の支障となっている。計画策定と予算編成の関連性は概して弱く、国防省には効率的な取得要領が欠落していた。また、包括的な安全保障ドクトリンがなく、長期的予算見積もりもほとんどなく、研究開発と製造そして使用者である軍との関係は機能不全状態にあった。さらに、兵員採用政策に影響を及ぼすであろう、軍と急速に変化するインド社会の関係、兵器の進化、そして民間企業と兵器製造の関係といったことに十分な注意が払われてこなかったことについても指摘されている。

閣僚委員会の提言において最も明快、かつ驚嘆すべきことは、それまで〝付加的〟あるいは〝従属的〟な組織とされてきた三軍の司令部を政府内に正式に位置付けるべしとの提言である。軍や政府内においては伝統的に極端に階層性が強いという認識、そして、予算の責任や意思決定を十分に分権すべきとの認識から、現状からの変化を促すべく、インド政府は心得を変えたのである。

2つ目には、閣僚委員会は、国防大臣に対する唯一の助言者としての国防参謀長ポストの創設を提唱していることである。国防参謀長は、4ツ星の将軍または提督が三軍から交互に選任されるべきで、任期を終えた後それぞれの軍へは復帰しないとされた。ミニチュア版の統合参謀部(IDS : Integrated Defence Staff)は創設されたが、未だ国防参謀長は任命されていない。現在の統合参謀部は一定の調整を行い、インドの他の如何なる政府機関より〝統合〟マインドの枠組みに近いものを持っているものの、国防政策の策定・実行における影響力はほとんどない。17の軍コマンドのうちアンダマン・ニコバル・コマンド(Andaman and Nicobar Command)と統合戦略軍(Joint Stragetic Forces)の例外を除いては、統合軍は存在せず、同一配置されている異軍種の部隊は1つもない[25]。報告書はまた、各々の軍が独自に行っている情報活動の機能を調整すべく、国防情報庁(DIA : Defence Intelligence Agency)の創設を提唱するとともに、防衛関連の契約と輸出制限の緩和に向けた新たな取り組み、長期の国防計画、防衛研究・開発の大改革を含めた国防調達・製造の刷新なども提唱している。

長らく軍事改革を研究してきた退役陸軍人のアニット・ムカージー(Anit Mukherjee)は、新たな庁、軍コマンド、ポストの創設といった提言は速やかに採用されたと証言している[26]。98年の核実験後に創設された国家安全保障顧問のポストは、現在は強化されて、国防問題担当主席首相補佐官(primary executive assistant to the prime minister on defense matters)の地位が与えられている。また政府は、国防情報庁、国家技術調査機構(National Technical Research Organisation)、そして、国境管理のためのタスクフォースを新設した。ただし、国防情報庁は新設されたものの、引き続き戦略情報、そして戦術情報でさえも提供し続けている非軍事情報機関に比べると、その権威は未だほとんどないに等しい。しかしながら、国防情報庁は国防画像解析センター（Defence Image and Processing Centre）や国防情報戦庁（Defence Information Warfare Agency）などの新たな組織をその指揮下においている。なお、国防情報庁の任務は、三軍の情報を取り纏めて、上位組織、即ち国防省に提供することとされている。

情報収集手段として、新たに衛星情報機能が加えられるとともに、無人機が導入された。さらに各軍は、それぞれのシンクタンクを設立するとともに、それぞれの軍の見解を国内発信するために退役軍人を助成することにより、発信能力向上の努力を強力に推し進めている。最近、国防省は、国防調達審議会（Defence Procurement Council）、国防調達委員会（Defence Procurement Board）、国防研究開発委員会（Defence R&D Board）といった、常に批判と腐敗の元となっていた複雑怪奇な組織による装備取得の合理化を図るための調達マニュアルを発刊して公の活用に供したが、取得要領の変更が恒常的に行われ、そうした変更に従わなければならない軍・政府関係者のみならず、取引希望業者にも混乱を与えている。[27]

しかしながら、多くの重要な問題において、変革がさらに難しいということが明らかになっている。さらなる統合に向けて、アンダマン・ニコバルにおける統合コマンドの創設（01年）、統合参謀部の創設（01年）、戦略軍コマンド（Strategic Forces Command）の創設（03年）といった暫定的な措置が採られた。統合参謀部は、創設後3年が経過し、計画、情報、統合作戦を所掌する部署を持ち、一歩ずつ前に進んでいるものの、ほんの一握りの参謀しか配置されていない。各軍または各軍に跨る問題に取り組むためのシンクタンクは予算化された。[28] 戦略軍については、三軍のいずれからの将軍が指揮官を務めるが、核兵器は、空軍、陸軍（ミサイル）、科学者の三者が分掌しており、戦略軍の管理下にはない。採られた一連の措置は、うわべ上の調整手段を提供するだけであり、全ての段階における官僚の強大な発言力の維持を企図するものであった。今でも、組織分断と不文律は残存しており、国防参謀長、あるいは統合参謀本部の要員が、真の統合メカニズム確立は言うに及ばず、統合された計画策定プロセスについて各軍を説得するようになることを期待するのは現実的ではない。

　各軍本部は未だに政府から切り離されており、事実上、2つの平行する官僚組織が国防政策を進めている。即ち、各軍本部の参謀が計画や政策を練り、それを国防省がもう一度初めからやり直すのである。官僚は概して洗練された意思決定に必要な軍事的識能を持っていないにもかかわらず、国防省は計画策定に携わった軍人が関与できない独自のファイルを持っている。こうした広範にわたる機能不全の制度を鑑みても、変革の可能性は程遠いものと思われる。

　装備取得のプロセスについては、多くの企業が国家産業財（Raksha Udyog Ratta）に指定されてきており、今では国防契約参入資格業者として認可されている。こうした入札の認可についての提言は、米コンサルティング企業アーサー・D・リトル（Arthur D.Little）社によって14年前になされたものである。最後に閣僚委員会報告は、国防大学（NDU：National Defense University）の設立を提言している（NDC：National Defense College は既に存在する）。NDUは、軍人と官僚とでは異なる世界に生息しているようにさえ見える分野をはじめ、安全保障と軍事に関わる学術研究を支え、学術コミュニティーとの架け橋となり、あらゆるレベルでの民間と軍の意思疎通に関心を払うことを担う大学とされているが、未だ実現していない。関係委員会報告は、官僚と軍人の当局者間の相互作用が欠落していることについて一部詳細に立ち入りながら、軍側には〝官僚側の責任と制約〟について学ぶよう指示している。

興味深いことに、閣僚委員会報告は、内閣事務局による四半期ごとのレビューの他、それぞれの省が実行状況を確認するための部署を立ち上げて自発的に報告することを提言している。情報筋によれば、この措置は国防省において実行に移されたが既に頓挫した模様である。情報の分野においてこの措置がとられているかどうか判断し得る根拠はない。歴史的に、予算審議こそが国防・軍事をコントロールする主要な手段であるが、議会による真剣な監視が欠落しているインドでは、重要な改革が実行に移されているかをモニターする制度を立ち上げることが必要であろう。

情報改革

計画策定の観点からすれば、情報分野における改革は、インドの軍事改革における喫緊の課題である。インドでは、情報当局が国内担当と国外担当に分かれており、調査分析部（RAW：Research and Analysis Wing）が国外における戦略・政務情報を、情報局（IB：Intelligence Bureau）が国内治安関連を所掌している。軍事情報については、それぞれ特定の部署が担当している。[29] 外務省においては、分析・情報の機能が欠落している。総務省や財務省も情報担当部署を持つべきであるが、そうはなっていない。

植民地統治に特有の事情により、インドにおける情報収集は、歴史的に、政治的統治力に関心が強い警察官吏の領域にあった。ＩＢは、インドで最も歴史ある情報機関であり、政治の道具かつ統治力であると同時に安全保障の手段でもあった。ＩＢが犯した幾つかの誤りの中に、パンジャーブ州におけるコングレス党を政治的に支援するため、80年代初頭にシク教徒反乱勢力の武装化を秘かに行ったとされていることがある。また、ＩＢが犯した政軍分野での最も大きな誤りは、62年の中印戦争を生起させる要因となったミューリック（B.N.Mullick）局長のネルー首相への助言であろう。ミューリック局長は、中国政府は恐らく軍事手段に打って出ることはなく、インド軍の前方配置を甘受するだろうと助言したのである。しかしながら、冬が近づき前哨陣地への再補給が困難になってくる時期であったため、中国側は早い段階から軍事的な対応を行い、インド軍前哨陣地に攻撃を仕掛けた。多くのインド軍兵士は孤立的な防御戦闘を強いられ、結局、インド側は敗北した。

このＩＢによる情報活動の失敗は、60年代後半にＲＡＷを設立する契機となった。基幹要員の大部分は、警察と軍から引き抜かれた。徐々に生え抜きの要員を増やしていったが、プロ集団とは言い難い。要求される教育資格は語学程度であるし、利害関係の相違から軋轢を生む可能性がある情報収集と情報分析を分離するための努力は全くなされていない。最も重大なことには、国外情報組織が、軍事に関わりをもたず、あるいは軍事関連の知識がほとんどないままに、政治レベルでの仕事をしているのである。一方、軍事情報機能については、各軍がそれぞれ統括しているが、軍の情報組織には戦術レベルを超えて仕事をする権限はほとんどない。

３つの情報機関における連携の欠如は、62年の中印戦争、ＲＡＷが支援する反政府勢力タミル・タイガーを見誤った88〜89年のスリランカにおける軍事作戦、さらにカルギル調査委員会が指摘したような、ヒマラヤ山岳地域におけるパキスタン軍による限定的侵攻などを生起させた一連の情報活動における失敗の原因となった。中印戦争がそうであったように、その失敗は2つのレベルで生起している。1つは、たとえナワーズ・シャリーフ（Nawaz Sharif）パキスタン首相がインドとの関係改善に動き出していた時であったとしてもパキスタン軍の真意を政治指導者に対して信念をもって報告しなければならなかったのだが、それができなかったことである。中印戦争の時と同様に、情報分析官は政治的判断に対して確信をもって議論することができなかった。もちろんそれはどんな状況であっても難しいことであろうが。さらに大きな情報における失敗は、侵入を偵知するためのシステムの不全であるが、これは、戦略レベルというより作戦・戦術レベルの失敗である。そしてその失敗は、08年に生起したパキスタンを発起地とするムンバイ・テロにおいても、兆候偵知とそれに基づく適切な対処の失敗という形で繰り返されたのである。

軍事情報における数々の失敗の一方で、RAWやIBからの直接的な支援なしに、軍の情報機関が独自に機能発揮することを期待するのは無理がある。合同情報委員会（JIC：Joint Intelligence Committee）は、62年の中印戦争の後、英国の組織を模倣して内閣府に設置され、07年には委員長ポストが専任ポストとなった。同委員会は、重要な政策決定から遠ざけられた者らの受け皿となってきた経緯があるが、今では、国家安全保障顧問への報告権限をもつとともに、国家安全保障会議（NSC:National Security Council）事務局を（次長を通じて）監督する地位にある。軍から各情報機関へ要員を出向させる仕組みはあるが、出向者は往々にして軍における昇任対象から除外される。その結果、出向者は情報機関要員として必要とされることを習得し、情報機関への転籍を好む傾向がある。一方、恐らくより大きな問題は、情報機関が、軍の情報機関から真剣に情報を得ようとすることがほとんどないことである。情報の流れは、軍は情報要求を上げて情報機関がそれに応えるという、ほぼ一方的なものである。さらに重要なのは、情報機関の長は、毎日または毎週、首相に対してブリーフィングを行っているということである。当然のことながら、その内容は軍事よりも政治や戦略に偏重している。軍の情報機関は、危機が切迫した場合を除き最高意思決定者に情報を提供する場を持たないため、遅きに失するのである。

インドの情報機関は、表向きは戦略情報の提供が任務であるとしているが、実際は相当に謀略活動を志向している。情報収集・分析と謀略活動の間に、西側情報機関の中に存在するような壁はない。インドの情報機関は、そのような壁は高度な専門性の障害になるし、壁のない一体的なアプローチが望ましいと考えているのであろうが、確かに、そのような組織構成は、作戦目標（謀略活動の目標であり軍事作戦目標ではない）の達成に最も適する面もある。事実、インドの情報活動における成功は謀略活動においては広く認められる。インド平和維持軍（IPKF：Iidian Peace Keeping Force）の大敗北は、情報収集・分析の失敗に負うところが大きいのだろうが、スリランカにおけるタミル人による擾乱を支援するという役割における情報機関の活動は効果的であったし、71年の印パ戦争に向けて東パキスタンのムクティ・バヒーニ（Mukti Bahini）を武装化・組織化する上で、情報機関は素晴らしい役割を演じた。インドの情報機関がインド国内におけるテロ攻撃への報復システムを完成させたという最近のパキスタン統合情報局（ISI：Inter-Services Intelligence）による未確認報告は、活動地域は限定的であるかも知れないが高度に洗練されたインド情報機関の謀報活動の存在を示唆している。

しかしながら、同じ情報機関が、パキスタンからの解放を成し遂げた後のバングラデシュにおける政治動向を予測できなかったし、スリランカでは、タミル・タイガーの組織化を支援したにもかかわらず、タミル・タイガーに関する的確な情報を提供することができなかった。カシミールでは、カシミール独立のために戦う固有のカシミール人と、カシミールのパキスタン併合を望むパキスタンが支援する擾乱勢力との分離を、ほぼ20年にわたる内乱を経た後でなければ達成できなかった。パンジャーブ州でも同様の失敗を犯しており、ビンドラーンワレー（Bhindranwale）の蜂起とそれに引き続く黄金寺院の軍事拠点化、そして、ロンゴワル合意（Longowal Accord）が及ぼすであろう影響を明確に予測できなかった。問題は、情報機関は戦略的役割を果たすべきであるのに、謀略活動を主体とした限られた方法で任務を達成しようとしていることにある。政治的動向の予測、敵の企図と能力の正確な見積といった情報収集・分析における実績は極めて貧弱である。情報システム自体に亀裂が生じていること、そして、軍の情報活動の領域が極めて限られていることに鑑みれば、これら情報機関の演じた劇的な失敗は不可避だったであろう。

軍や国防省と同様、情報機関においても、秘密主義と勢力争いが改革を妨げ、それが情報共有を制限するとともに情報使用者への情報提供を困難にしている。ＲＡＷは米国や英国の情報機関の不完全な模倣であり（ＲＡＷはＣＩＡの支援により設立された）、政策立案者や軍を支えることができていない。さらなる集権化ではなく、外務省内に米国務省情報調査局のような独自の戦略情報組織を創設するといった、情報分析多様化の機は熟している。

軍と一般社会の関係における変革

国内政治と複雑に絡んでいることや、軍（この場合は陸軍）と政治家がそのことには触れないことで見解を一にしてきたことなどからほとんど注意を払われてこなかったが、変革が必要な分野が1つある。それは、クライヴ卿によって18世紀半ばに形作られたもので、現在の陸軍がもつ特異な組織構造である。空軍と海軍は〝近代的〟、能力主義、そしてもっぱら世俗的な採用・昇任システムを有しているが、陸軍においては、未だにその歴史的起源の痕跡が残っている。

クラウヴ卿は、フランスの〝セポイ・システム〟を模倣したが、それは時の試練によく耐えた。反乱はほとんど生起せず、セポイ（今はジャワン（jawan）と呼ばれている）は賞賛に値する働きをした。セポイは、地方採用であったがインド国内外のどこででも任務につくことができ、能力主義により採用・昇任する将校団の指揮を受けた[30]。陸軍は、1857年に起きたセポイの反乱の余波の中でさらに磨きをかけるとともに、2度の世界大戦の過程で外征軍へと変容していく中での大規模な組織拡大にも持ちこたえ、兵員250万以上にも達する、歴史上、最も大規模な志願制の軍隊へと成長した、間違いなく歴史上最もプロフェッショナルな大軍の1つであった。陸軍は今では、将校については中間層から、兵士については建前上小作人から採用していることになっているが、急速な社会変化に伴い、その人的構成を見直す必要性に迫られている。そうした見直しは、官僚側からは提起されないだろう。何故なら、官僚は、陸軍における採用、組織、人的構成といった問題を陸軍自身に任せることにより、彼ら自身に纏わる植民地支配後における労使間の既成事実を維持しているからである。そしてまた、陸軍側からも提起されることはないだろう。陸軍は、叛乱に紛糾し（第6章で詳述する）、パキスタンと中国との長い国境線の防衛に悩まされ、そして今ではますます増加する友好国軍隊との合同演習へも対応しなければならない多忙な身にあるからである。軍と政治家との間で一致している唯一の点は、軍人の給与問題が重要であるという認識である。軍人の給与は、官僚側は高すぎると思っているが、軍側は安すぎると思っており、各軍参謀長は声を揃えて、06年の第6給与委員会（The Sixth Pay Commission）（官吏と事務官の給与水準を5年毎に決定する中央政府の組織）の決定に対して異議を唱えた。軍参謀長が結束して行うという、これまで例を見ない異議申し立てに対して、政府は動かざるを得なかった。

給与に係わる政府の措置には同意したものの、各軍はいずれも、将校不足（陸軍）、教育水準が高まってきている兵士と将校団との関係、女性兵士の増加、イスラム教や多様なカーストや宗教に属する者の取り扱いといった問題には取り組んでいない。これらの問題については、公に入手可能な資料がないことなどから、未だ研究途上にあるが、最近開催された軍社会に関するセミナーでは、それらは唯一の問題ではなく、他の重要な問題がいたる所にあって解決法が見出せていないと締めくくられていた。[31] 我々はそれらの問題の全てに立ち入ることはできないが、ここでは、取り上げる価値のある幾つかの問題について言及したい。

インド陸軍は、定員の30％にあたる約1万3000人が未充足という極めて深刻な下級将校不足に苦しんでいると報じられている。定員が未充足なのは、社会的低階層にまで将校要員の対象を広げることによって、現存の軍の結束力を脅かしたくないと軍首脳部は考えているからである。将校団を拡充する最も自然な方法は下士官を将校に登用することであろうが、それは将校団組織の調和を危険に陥れるだろう。そうした懸念は、キッチェナー（Kitchener）が初めてインド人を将校として登用した時にはなかったものである。将校不足が軍に及ぼす影響は至当に認識されているものの、陸軍はそれを変えることができないように見受けられる。下級将校のリーダーシップは軍の実戦能力の大きな源であるから、そうした陸軍の不作為は重大な問題である。最前線で指揮をとる下級将校の死傷率は高く、それゆえ、実任務の遂行に際し、下級将校不足の問題が拡大することも予期される。

この状況はさらに悪化している。それは、下級将校から下士官への指揮の委任に陸軍が前向きでなく、恐らく実現しないと見られるため、また、年金受給権が発生する20年以上の勤続をほとんどの者が希望するため、陸軍そのものが高齢化しているためである。軍内からの登用や指揮責任の下位委譲は合理的な解決策であろうが、どちらも実現しそうにない。法的に下士官から将校への登用が禁止されているわけではないが、慣習がそれを拒んでいる。現に中間階層の将校団は、下士官から将校に登用された極僅かな例外的将校を受け入れるのに、社交上の問題を抱えている。[32] 将校になるのを希望する兵士の子息が増えてきていることは状況改善の兆しであるが、将校団は未だ、軍のリーダーシップをとる上での〝器〟について保守的な考え方を持っている。そのような姿勢は、インド社会に深く根付いているカースト、階層、民族に対する感覚も反映しているところ、軍隊は社会実験の場ではないのであるから、その採用、訓練、昇任の慣習を変えることはできないだろう。それゆえ、将校の定員を完全充足しようとすることで、陸軍は却って不利益を蒙るのである。[33]

将校不足の影響について論じたが、一方で、陸軍はこれまで何十年にもわたってそのような将校不足に甘んじてきているのは、将校不足の問題はでっち上げられたものだからであるとの見方がある。より多くの将校を必要とする陸軍が、事実を誇張して将校不足問題を作為してきたのではないかとの見方である。他方で、若年将校の不足は実際に作戦遂行能力を制限するという国内外の著名な軍事専門家の見方や、それを裏付ける事象もある。そうした見方の典型的なものとしては、対擾乱作戦や国境付近での実任務に就く際に当該部隊の定員を充足することで更なる人員不足を生起させているということや、複数の任務を兼務させる補職をしなければならない理由の1つには明らかに採用の問題があるといったことである。

インドを取り巻く軍事的脅威が変わらないと仮定した場合、何らかの方法で将校を充足できないのだろうか？　兵曹からの昇任を増やせるかも知れない（インドではほとんどそういった話は聞かれない）。女性の採用をもっと増やせるかも知れない（これもほとんどない）。士官候補生学校（インドではチェンナイ（Chennai）に一校あるのみ）や米ＲＯＴＣに相当する予備士官候補からの登用といった十分に活用されていない採用形態もあるかも知れない。

また、兵士と将校の中間に位置づけられるが将校待遇のＪＣＯ（junior commissioned officer）制度についても再考する余地があるだろう。この制度は、２００年以上前から存在し、文化的な架け橋として重要な役割を果たしていたものであるが、多くのＪＣＯは高齢で、高標高における作戦行動に適さない者も見受けられる。ＪＣＯは今でも文化的な架け橋として機能しているのか？　ＪＣＯを正規将校に登用する機会を与えてはどうか？　ＪＣＯは今でも英国統治時代のような尊敬を受けているのか？　教育水準がここ数年急激に高まっており、グルカ部隊においてでさえ、高齢のＪＣＯの教育レベルは、大学入学資格を有する今時の多くの若年兵に比べてますます相対的に低下している。研究者の一部は、実際にＪＣＯは陸軍近代化の妨げになっていると見ている。ＪＣＯは、最新技術に習熟しておらず、語学力も高くなく、今や出身社会階層における兵士と将校の差が狭まってきているので、文化的な架け橋としての役割も必要なくなっている。ＪＣＯは空軍と海軍には存在しない。何故陸軍だけが必要としているのか？[34]

インドの鈍重な官僚制度と伝統的な現状維持志向からすれば、政府の最近の急激な変化には驚嘆するが、改革し、変革し、そして困難な問題に斬り込みながら急速に近代化する民間企業には到底及ばない。インド政府は、未だに各軍の要求と研究開発とを何とか調和させる良い方法がないかどうか探っており、研究開発機関がこれまで数十年にわたって繰り返してきた失敗にもかかわらず、これを公的な監査に付すことに前向きでない。その代わり政府は、経済発展に伴い、多くの新しい兵器の外国からの調達を認可しようとしているが、こうした海外調達と各軍または各軍に跨る機能上の要求との調和を図る努力は見られない。空軍の近接航空支援任務への後ろ向きな姿勢により、陸上部隊が固有の航空兵器を欲するなど、軍種間の諍いが続いている。また、国内における擾乱とテロの脅威が高まっているにもかかわらず、警察の近代化には、08年にムンバイ・テロが生起する前は、軍事力近代化に充てられた予算のうちのごく僅かしか配当されなかった。

他のほとんどの国と同じように、インドは、組織の抜本的な再編や改革よりも部署の付加や拡大の方が容易であると思っている。近代化の努力は、広範囲にわたって硬直的である。兵員の数は増え、新たな兵器が導入され、新たなコマンド軍が創設されたが、これらの措置は、組織の根本的な見直しを伴うものではなかった。

第3章　陸軍の近代化

インド軍がどの程度近代化を実現できるかは、一に陸軍が三軍体制における地位の低下を受け入れることができるかどうかにかかっている。陸軍は他軍種を、規模、予算、作戦の全ての面において侵食している。装備・施設整備費においては海軍と空軍に既得権を侵されつつあるが、それでも陸軍の予算は国防予算の半分を占めている。ここ10年間、陸軍は、優れた近代化陸軍の証である、機動力、精密誘導兵器、電子戦、通信、個人装備（特に対擾乱作戦に従事する兵士用）といった全ての分野における能力向上を試みてきた。さらに、陸軍は、主要国陸軍との軍事交流を作戦行動規定の見直しに繋げており、例えば、06年に米陸軍が新たな対擾乱作戦教範を策定した後、インド陸軍はこれに酷似した文書を発簡した。しかしながら、これらの変化における戦略的なインパクトはほとんど見受けられない。陸軍は、今日の戦略環境にあまり関連のない数百両もの新戦車やその他過去の遺物的な装備品の導入を、どう正当化するのだろうか？

本章では、先ず、インドにおける過去の軍事的な変化を見ることにより、それをもたらした要因について考察した後、インド亜大陸の核化に引き続いて発生した一連の印パ間の危機について検討する。それら危機の教訓から、陸軍はコールド・スタート（Cold Start）という新たなドクトリンを導き出し、それが陸軍近代化の課題であるようにも見られるが、実際のところそれは、強力な政治的な指針を伴わない陸軍の独善的な行為である。

軍事力の回復と強化

独立当初のインドにおける国防を巡る主な動きは戦略的であった。独立後、インド政府は、政策において軍事力に重きをおかないことを決め、同時に、国土開発と外交に集中するために軍事を脇に追いやった。62年の中印戦争で中国に敗れると、インド政府は独立後初めて、組織的な軍事再編に取り組んだ[1]。国防予算はほぼ倍増し、65年の印パ戦争の後に3・3%まで減じられたものの、63〜64年度の予算はGNP比4・5%に達した。ただし、インドの国防予算は、この増額によっても、近隣諸国や世界水準に比べれば低く抑えられていた[2]。ほんの数年間のうちに、陸軍は10個師団から25個師団へと急速に拡大し、高性能の戦車、野戦砲、個人装備火器を含む多くの新たな装備品を取得した。陸軍は、8個山岳師団を新設したが、その多くは後にヒマラヤ地域へ配置転換した。それらの装備品の購入費は、中印国境の防衛警備と中国による侵攻の抑止を企図する米国が負担した。

陸軍の指揮機構も再編された。西部コマンドがニューデリーで創設(48年)されるとともに、東パンジャーブ・コマンドが印パ分離における秩序回復のため創設され、不運なパンジャーブ国境警備隊を指揮下に置いた。第1次印パ戦争(47〜49年)は、北部コマンド創設の契機となった。また、62年の中印戦争は、東部コマンドのカルカッタ(Calcutta)(現コルカタ)からラクナウー(Lucknow)

への移転を促した。組織再編により、指揮官がより前線の近くに配置されることになったが、意思決定システムを大きく変えるものではなかった。

62年の中印戦争後における陸軍の拡大は、65年と71年における印パ戦争への備えとなった。65年の印パ両軍の戦闘は結局膠着状態となり、戦略上の問題に対する何等の解決にもならなかったが、71年の印パ戦争では、インド陸軍は東部戦線において電撃戦によってベンガル人を西パキスタン支配から解放し、新国家バングラデシュの建国を助けた。一方、西部戦線においては、インドは有利な戦況に乗じるようなことはしなかったため、パキスタンは戦争前の状態を保持できた。インドの軍事的勝利の下、印パ両国は、72年、カシミール問題の平和的解決を謳ったシムラー協定（Simla Agreement）に署名した。その後は、印パ双方とも、国内問題に忙殺された。そして、79～80年の間にパキスタンは、アフガンにおけるソ連との代理戦争を戦う米国の最前線における同盟国となったのであった。

近代化の第2幕

パキスタンがそうした状況にある間、80年代におけるインド陸軍の最大の任務はシク教徒の分離主義者に対する対擾乱作戦であった。84年のアムリトサル（Amritsar）黄金寺院への攻撃行動——ブルースター作戦（Operation Bluestar）の実施は、シク教徒全体を敵に回すことになり、また、陸軍内におけるシク教徒の反乱をもたらすことになった。そして、インディラ・ガンディー首相がシク教徒の警護官により殺害される1つの要因となった。概ね同じ時期にインド軍は、標高2万メートルのヒマラヤ山脈上に位置し、同地域の緊要地形であるシアチェン氷河地帯を巡って、パキスタン軍に対して当該地域に限定した軍事作戦を行った。インドは、高標高のパキスタンに対して有利な地形を占有することができたが、それ以来、人的・物的に相当のコストをその緊要地形の保持に費やすこととなった。これらの限られた例外を除き、新世代の政治家や軍首脳部の出現と経済の浮上を見るまでの間、インド陸軍は、人畜無害な存在として軽視されたが、80年代半ば、他軍種とともに近代化の第2幕を開けた。

インド軍史上、最も野心的な参謀長の1人であるスンダルジ将軍の下で、陸軍が戦略的抑制から脱皮することが期待された。戦争様相の変化とパキスタンの核化が切迫していることに鑑み、将軍は、パキスタンによる核使用を断念させる先制攻撃を可能とする装甲機械化部隊の創設を主張したのである。軍事力近代化とこの主張に基づく戦略は、ラジヴ・ガンディー首相と、首相の親友であり、担当大臣として国防省にも強い影響力を持っていたアルン・シンに支持された。そして、陸軍に、新戦車、戦闘装甲車、近代的野戦砲、対地ミサイル、防空システム、及び初装備となる戦闘ヘリコプターが導入された[3]。中でも最も特筆すべき装備はボフォース榴弾砲であった。ラジヴ政権の重鎮により首相のボフォース取引がらみの汚職が告発されたため、89年の選挙でラジヴ・ガンディー首相が敗北を喫することになった曰く付きの装備である。

80年前にキッチェナーが行ったように、スンダルジ将軍は、軍を攻撃部隊と防御部隊に再編した。かつてのインド歩兵部隊は、徒歩と車両により行進していたが、将軍は、歩兵をBMPと呼ばれる歩兵戦闘装甲車に搭乗させ、大規模な歩兵と機甲兵の協同をインド軍始まって以来初めて取り入れた。キッチェナーがそうだった様に、将軍もまた、陸軍全てを改革することはできないことは認識していた。将軍は、選択と集中により、パキスタンの縦深に突入可能な機甲部隊と機械化歩兵部隊から成る機動攻撃部隊を創設した。それらの部隊は歩兵師団（改）（RAPIDS:Reorganized Plains Infantry Divisions）と名付けられ、山岳地域における防勢作戦に使用されることを企図して改編された山岳歩兵師団（改）（RAMIDS :Reorganized Mountain Infantry Divisions と呼称）によって補完された[4]。

技術の近代化と部隊再編は、攻勢志向が顕著なドクトリンに資するものであると同時に、ドクトリンから益を得るものでもあった。軍事的敗北を機に行われた60年代の軍改革とは異なり、スンダルジ将軍による軍事力近代化は、パキスタンの核開発によって生じる危機を予期して打ちたてられた新ドクトリンを包含するものであった。将軍は陸軍参謀長として、再編後の陸軍による対パキスタン作戦能力を検証するため、ブラスタックス演習の実施を決心した。

ブラスタックス演習は、独のシュリーフェン・プランや機甲部隊が砂漠地帯を機動した第２次世界大戦における北アフリカ作戦、エジプト軍を破った67年のイスラエル軍による攻撃といった大規模な機動戦の現代版であり[5]、こうした大規模の機動戦には、軍組織の刷新が必要である。ブラスタックス演習のために、インド陸軍は、第２次世界大戦後に行われた如何なる国よりも大規模な地上部隊による同時機動を行った[6]。40万の兵員が、段列列車と予備役召集を伴って、パキスタン・シンド州に隣接するインド西部国境地帯にあるラージャスターン砂漠に攻勢態勢で集結した。パキスタン政治指導者は、これをパキスタン侵攻のためのインド側の試みととり、恐怖におののいた。

インドの政治指導者がブラスタックス演習を進めることを認可したことの意図は必ずしも明らかではないが、少なくとも、政府中枢で演習実施の検討に関与した高官の１人は、軍事的・政治的な目的に〝制限はなかった〟と証言している。後にブラスタックス危機と呼ばれるこの演習に参加した幾人かの関係者は、インドが核による報復を恐れることなしにパキスタンをこの地上から永久に葬り去れることができたとしたなら、ブラスタックス演習がまさにその好機であっただろうと回顧している。[7] 演習はパキスタンによる軍事的反応を誘発することを意図していたのかも知れない。そうであれば、インドがパキスタンとの国境線沿いに大規模な攻撃部隊を展開させたことも頷ける。さらに、管理ラインを越境したり、パキスタンが実効支配するカシミール地域の一部を奪回したり、核兵器用の核分裂物質製造施設とされたパキスタンの核施設を攻撃するといった選択肢もあった。それらの選択肢は戦略的攻勢というべき大胆な行動であり、陸軍はその実現に資する戦略を有していたのである。

演習は印パ間に軍事的危機を生じさせた。パキスタンは、軍事的緊張状態にあったパンジャーブに展開するインド軍に対処するため、北部の予備兵力を移動させた。当時パキスタン核開発計画の責任者であったカーン（A.Q.Khan）博士は、インド人ジャーナリストの質問に答え、もしパキスタンが攻撃されたらパキスタンは核による報復攻撃を行う能力も意図もあると発言した。この脅しがインド政治指導者に対してどれくらい有効に働いたのかは分からないが、インド政府はブラスタックス演習の実施を保留することとし、ラジヴ・ガンディー印首相とウル・ハク（Zia ul-Haq）パキスタン首相はクリケット観戦において会合し、緊張緩和を演出した。

ブラスタックス危機が去った後、スンダルジ将軍の軍改革の論理は破綻した。パキスタン側は、核開発プログラムを加速させ、核の敷居を跨ぐことにより、亜大陸における大規模な通常戦力による戦争を想定し得ないものとした。インドが通常戦争を戦い得るというドクトリンの前提が成り立たなかったという事実こそが、ドクトリン主導の軍再編のリスクである。確かに、スンダルジ将軍の先制攻撃への信念は、政治指導者がそれを命ずることを躊躇わないことが前提であり、それは誤った考えであった。政治指導者の優柔不断さに失望した将軍は、退役後、1編の短編小説を執筆し、パキスタンの核保有によってもたらされるであろうことに対するインド政治指導者のあまりの無知ぶりを描いた。将軍は、パキスタンの核保有は、インドが有する戦略的優位性、即ち国の規模、保有する富、痛みを伴いながらも着実に独自の科学技術力を進展させようとする戦略などを全て無効にするものであると主張した[8]。

スンダルジ将軍が電撃戦を遂行すべきとした陸軍は、3つの不正規戦を同時遂行することで、対擾乱に向けて方向転換した。陸軍は、既にパンジャーブとアッサムにおける対擾乱に紛糾していたが、加えて、スリランカにおける平和構築任務に取り組むこととなった。スリランカでの作戦は失敗し、結局、インド陸軍は多くの犠牲を出して90年に撤退した。今日に至るまで、スリランカで失った兵士の数は、インド独立後に陸軍が他の如何なる国際任務において失った数よりも多い。その頃までには、パキスタンへの先制攻撃の機会は過ぎ去っていた。90年に生起した印パ間の軍事緊張においても、パキスタンは核兵器を保有しそれを使用する意図があることを知らしめ、インドはまたしても引き下がった。その後のインド陸軍は、カシミールにおける対擾乱作戦や、それまでの陸軍改革とは異なる方向へ組織を向かわせるような紛争に取り組むこととなった。陸軍がまたしても方向転換できたことは、その粘り強さを表している。陸軍は、たびたびその任務を変更しなければならなかったが、それには時間を要し、コストがかかることが明らかになった。

軍事力近代化の視点からすれば、そこから読み取れることは悲観的である。ドクトリンは陸軍の変革を促すのであろうが、政治指導者の総体的な戦略的抑制志向は、変革の行方が定まらないであろうことを示唆している。近代化の第三の波は、スンダルジ将軍のパキスタンへの先制攻撃の考えによってもたらされたが、インドの政治指導者は機会を活かす行動を採らず、パキスタン側が89～90年に確固とした核能力を喧伝するに至り、先制攻撃のコンセプトは用をなさないものとなった。それ以来、陸軍は抑止体制構築に向かっていったが、90年代における国防予算の削減と軍事に対する政治家の無関心がその障害となった。

カルギル紛争とその余波

通常戦争が生起し得なくなると、パキスタンはカシミールにおける擾乱を公然と支援するようになり、インド陸軍の役割は、対擾乱作戦に軸足が移っていった。99年におけるパキスタンのカルギル侵攻により陸軍は、情報だけでなく、通常戦争への備えも十分でなかったことに気付かされた。陸軍自身の評価によれば、陸軍は、対擾乱作戦にばかり焦点を当てていたため、〝防勢思考〟に陥っていたのである。[9] カルギル紛争がもたらした動揺は陸軍の近代化における新たな考え方を生み出した。[10]

カルギル紛争により、陸軍における機能の調和と国防機構のより広範な改革を支持する新たな層が生まれた。カルギル紛争生起の原因と戦争遂行の詳細を明らかにするために、政府はカルギル調査委員会を立ち上げた。委員会は、国境警備隊（BSF：Border Security Force）や中央予備警察隊（CRPF：Central Reserve Police Force）といった準軍隊（central paramilitary）組織に対して、対擾乱作戦の責務をもっと与えるべきであると提言した。[11] さらに、近代化の財源案出のために陸軍兵員数を減ずることに警鐘を鳴らした。また、当面の措置として管理ラインに沿って配置した冬季の前哨陣地を保持し続ける必要はあるものの、1インチたりとも侵食されずに保持し続けることを期待することは不可能であるとし、その代わりに、管理ラインの侵害に対する懲罰付与を可能とする制約がより少ない軍の態勢保持を提言した。この提言には、情報収集から迅速な軍の動員に至る広範な機能における軍の能力向上や、越境が実際に生起した場合にインドとパキスタンを公平に扱おうとする国際社会による仲介努力の拒否といったことが伴っていた。

さらに委員会は、陸軍の能力について、他の政府機関との連携の改善、航空及び電子的偵察の拡大、科学技術による性能向上（特に個人装備火器及び装具）といったことを具体的に提言した。これらの提言は、その後10年近くにわたって軍事支出を増大させることとなった。核実験が行われた98年には、軍事支出が増加の兆しを見せ、インド経済もまた、初めて急速な成長を見せ始めていたが、同提言のおかげで、軍事支出は過去10年間で初めてＧＤＰ比３％を超えた。しかしながら、準軍隊の顕著な増強にもかかわらず、陸軍を対擾乱任務から開放するのは困難であることが明らかになってきた。

01〜02年の危機は、カルギル紛争の教訓をさらに際立たせた。01年12月13日、テロリストがインド国会議事堂を襲撃した。インド政府は、この襲撃はパキスタンによるものであると非難し、テロとの戦いにおいてブッシュ政権が宣言した原則に倣って、パキスタンとの国境に軍を大規模に展開させた。01年12月13日〜02年１月２日の間にインドがパキスタンを攻撃する寸前だったことは、広く共通の認識となっている。軍の動員展開は約1年続いた。[12] 陸軍はこの動員を〝パラクラム作戦（Operation Parakram）〟と名付けたが、ブラスタックス演習のように〝演習〟と呼称しなかったこととの意味は大きい。結局、インド政治指導者が戦争を決断しなかったため、危機は緩和し、膠着状態へと入って行った。

多くの軍事専門家が、インドによる強要（compellence）（軍事力の使用、もしくは軍事力による威嚇により、敵に行動を強いるまたは行動を止めさせること）の試みは、幾つかの点で必要最小限のものが欠落していると認識している。軍の動員に要した時間は奇襲効果を奪い、巨大な部隊規模は機動展開を困難なものとした。パキスタン側にしてみれば、政治的な対応を取るための時間稼ぎができた。攻撃部隊が前線で攻撃発起の態勢をとるまでに、ムシャラフ（Pervez Musharraf）パキスタン大統領は、インドにおけるテロを扇動するパキスタンといった国際社会の見方を鎮めるための演説を行った。全軍動員が行われる前に国境付近に配置されていたインド軍部隊は、限定的な機動力と火力しか保有せず、越境の阻止という国境防衛への備えしかしていなかったため、攻撃力に欠けていた。[13] パキスタンは、通常戦力でのインド側の優越を無力化するとともに、国際社会における議論を有利に進めることによって、インドを抑制的立場に追い込む方策を見出していたように見受けられる。

制限戦争の再発見

打開策を見つけ出すため、陸軍の作戦計画担当者は、米ソが核対峙していた時代の初期段階における中央ヨーロッパでの米ソ両軍の軍事態勢、つまり、危機が生じた場合には、防勢態勢から速やかに攻勢態勢に転移できる態勢に立ち返った。防勢から攻勢の態勢に速やかに転移できる能力は、相手国をして前兆なしに攻撃されるのではないかという不安を抱かせることができるゆえ、抑止効果を増大させた。印パ間の将来の戦争は、核兵器の存在と国際社会の状況に鑑みれば、短期間で急激な変化を伴うものになるだろう。[14] インドには、パキスタンの侵略を思いとどまらせるための信頼できる能力が必要であった。[15]

当時の陸軍参謀長パドマナバン（S.Padmanabhan）大将は、ドクトリンと戦略の再考に着手した。陸軍は先ず、よりコンパクトで俊敏な部隊を管理ライン沿いに高い即応状態を保持させて配置することを検討することから始めたが、後に、さらなる攻勢構想に行き着いた。抑止を確実にするためには、政治家と官僚の躊躇と小心を迂回して自動的に発動される報復行動でなければならなかった。[16] その陸軍ドクトリンは、後に〝コールド・スタート〟と呼称されるようになったもので、パキスタンとの来るべき戦争は突然始まり、核エスカレーションを回避するため、陸軍は機敏に攻勢に出て、同様の機敏さで防勢に転移する必要があるという考え方による。[17] そうした信頼に足りる軍事能力により、管理ラインの越境、カシミール擾乱への支援、インドに対するテロ攻撃といった低強度の挑発行為も抑止できるであろうと考えたのである。

こうした制限戦争を巡る議論は、ロバート・オスグッド（Robert Osgood）が制限戦争の定義を〝国家意思の完全な屈服を目的とするものではなく、敵対する両国がともに保有する全軍事力より遥かに小さな力を行使し、市民生活と軍隊がほぼ無傷で済むもの〟としたように、[18] 50年代に欧米の戦略理論家によって提唱された制限戦争論の解説になぞらえたものであった。制限戦争論（中国の兵法やクラウゼヴィッツがルーツ）が核対峙下にあったヨーロッパ正面で有効であったように、核対峙下にある印パ間にも有効であり、核の傘の下で通常戦力による制限戦争を戦うことは可能であった。[19]

コールド・スタート・ドクトリンは、04年4月28日の陸軍指揮官会議において、パドマナバン大将の後任の陸軍参謀長ヴィジ（N.C.Vij）大将によって公表され、コンパクトで機動力に富む諸兵種協同部隊、近接航空支援、核攻撃を回避し得る迅速な機動が強調されていた。報道陣との会話において、ヴィジ大将は、長期戦の時代は終わったとし、〝我々の将来戦は、如何なる場合であっても、短期で激烈なものとなるだろう〟と述べた。[20] 周到に準備された機動展開の時代は終わった。スンダルジ将軍の戦争計画においては、国境からかなり離隔した中央インドに配置されていた部隊を機動展開させるのに1週間以上の期間を要したが、この機動展開は、パキスタンに対応のための時間的余裕を与えるのみならず、国際社会による介入の機会を与えた。ブラスタックス演習後に国境沿いで生起した如何なる主要な危機においても、ブラスタックス演習の時と同じような危機に発展する可能性があったのである。さらに、その時間的な遅れと動員展開する部隊の大きさが、戦略的に抑制志向にあるインドの政治指導者をして、早期かつ決定的な攻撃開始を躊躇わせたのである。陸軍は、全面戦争へ突入することなしにパキスタンに挑発行為の代償を払わせるために、直ちに国境を越えて攻撃する能力を欲していた。パキスタンはこれまで、通常戦と小規模通常戦の間にあるカルギルでの紛争を望ましく思ってきたのだが、インド側は今や、戦争領域を制限戦争と全面戦争との間に拡げ始めたのであった。

コールド・スタート・ドクトリンは、最大8個までの統合戦闘群（IBG : Integrated Battle Group）による機動作戦構想であり、各ＩＢＧは、統合近接航空支援により支援された、機甲、機械化歩兵、砲兵による諸兵種協同部隊（師団が基幹部隊）である。ＩＢＧは、国境線沿いに配置され、そのうちの１個または複数が所在地点から直ちに攻撃発揮することが可能なように配置される。ＩＢＧは、パキスタンの攻撃に対処する在来の陣地防御や阻止のための部隊ではなく、国境線沿いに配置された全ての部隊がパキスタン側の攻勢へ対処する能力と攻撃能力を併せ持つ部隊である。いったん、ＩＢＧがパキスタン側に侵攻したならば、戦略予備の機甲部隊主力が機動を開始し、１個または複数のＩＢＧを増援、もしくはパキスタンの弱点正面から攻撃突破する。恐らくは、インドに侵攻するパキスタン部隊の阻止にも運用されるであろう。これらは全て、インドの軍投入当初におけるパキスタンによる核使用を回避するための方策であろうと推察される。

　コールド・スタート・ドクトリンは、国境線から遠く離れて配置された大規模であるが鈍重な攻撃部隊による〝オール・オア・ナッシング〟の態勢に代わるものであり、理論上は、１～８本の機動軸上に攻撃を迅速に発起できる態勢を確立することにより、パキスタン側の防御を極めて困難ならしめようとするものである。インドは、パキスタンによるテロ攻撃に対する懲罰戦略の一環として、カシミールやパンジャーブのテロリスト訓練キャンプ、パキスタンの軍事施設、インフラ、小都市などを攻撃できるであろうし、インド側からパキスタン側へ国境（または管理ライン）を越えて逃れようとするテロリストを追随して攻撃する特殊部隊を支援するため、比較的規模の大きな部隊を越境させることもできるだろう。

　04年の初め、コールド・スタート・ドクトリンは集中的に検証された。陸軍の上級部隊指揮官による評価は、たとえパキスタン側が公言しているレッドラインを越える行動（パキスタン領への攻撃行動）が含まれるシナリオであっても、有効性は証明されたというものであった[21]。ただし、この演習は、官僚の政策担当者が1人も参加せずに実施された。インド軍のパキスタンへの越境を命ずる政治指導者の意思を検証するための人員は誰一人参加しなかったようであったし、少なくとも公表ベースでは、パキスタンのあり得べき反応に対する検討が行われたとはされていない。

陸軍においては、南西部コマンドの創設はコールド・スタート・ドクトリンの進展を象徴するものであるとされ、攻勢部隊の前方配置やＩＢＧの支援施設が建設中との証拠もあるとされている。しかしながら、省庁間及び政軍間の軋轢は、ドクトリンを遂行する上で大きな障壁である。ある研究者は、〝陸軍は、このドクトリンを統合ドクトリンの枠組みとするとともに、統合コマンドが設立されるものと仮定して攻勢部隊を統合戦闘群と呼称するなど、独自の統合作戦構想を主張しているようであるが、空軍による激しい抵抗に直面しており、よく知られた非生産的な縄張り争いに泥濘している可能性が高い〟と指摘している。[22] また、コールド・スタート・ドクトリンを発動するためには、兵器の質と指揮能力の向上が必要である。これら全てのことは、新たな戦争戦略の完全な実行にはかなりの年数を要するであろうことを示唆している。

コールド・スタートのための装備

コールド・スタート・ドクトリンは、鈍重な陸軍が鋭敏な軍隊へと生まれ変わるための自助努力に依拠すると同時に、それを促すものである。一種の強要戦略（sttategy of compellence）であるこのドクトリンは、政治指導者に対する意味のある対パキスタン選択肢の提供を目指しているが、政治指導者が容認し得ないであろう高いリスクを包含しているように見られる。インド政府が、陸軍の計画を無視するのを決め込むことを止めて、より攻撃的な政策のために戦略的抑制を捨て去る理由はほとんど見当たらない。これは、政治指導者が軍事力の使用に慎重な態度をとる一方で、軍は粛々と準備するという当然のことであろうとの見方もできるが、戦略とドクトリンの一貫性の欠如は、軍の近代化が、パキスタン問題に対する政府の有効な選択肢にほとんど繋がらないであろうことを意味する。

陸軍近代化の主な目標は、パキスタンとの紛争を想定した高い機動性である。08年に出された陸軍の要求提案は、輸送ヘリを主体とするヘリコプター400機で、総額20億ドルであった。この取引に競合する主な業者は、ベル、シコルスキー、アグスタといった欧米企業の模様である。陸軍は、パキスタン正面に配置するために、既にロシアからT－90を330両発注済みであるのに加え、更に数百両をライセンス国産する計画である。[23] さらに陸軍は、09年1月、20億ドル相当の155ミリ自走榴弾砲の入札を行い、スウェーデン、イスラエル、南アフリカの企業が参加している。[24]

あまり表には出てこない近代化プログラムとして、将来歩兵システム（F-INSAS : Future Infantry Soldier as a System）があり、携行火器や暗視装置から防弾ジャケットなどに至るまで、各兵士の装備所要について検討されている。このプログラムは、陸軍の主要な作戦行動である対擾乱作戦に対して最も大きな影響を及ぼすであろうが、08年のムンバイ・テロ発生以後のテロ脅威の増大にもかかわらず、プログラムに対して断片的な要求しかなされていないことに鑑みれば、現場における必要性と供給のバランスが適切に図られるのは厳しいであろう。マウー（Mhow）にある陸軍大学校（Indian Army's War College）がＦ－ＩＮＳＡＳの主要な提唱者であるが、供給側にこれを担ぐ（戦闘機の時のような）勢いがないように見受けられ、ほとんどの対擾乱装備は、外国からの調達となるだろう。さらに、１００万近くの兵員に装備させるという潜在的な必要性は大きすぎて、十分な予算増額は困難であろう。

陸軍は、高い機動性を実現するため、指揮統制システムを改善している。世界で最も大きなソフトウェア特注請負会社であるタタ・コンサルト社（TaTa Consultancy Services）は、陸軍の新たなデジタル通信ネットワーク構築の契約を勝ち取った。報道によれば、このネットワークは大隊本部レベルまで展開されるが、衛星や無人機などの偵察手段や他軍種とも連接される必要がある。防空ネットワークは、最も重要な統合戦術機能であり、この計画を牽引している。空軍は、最近、陸軍の計画は兵站への顧慮を欠いていると認識するに至った。陸軍が兵站を顧慮しないのは、大きな兵站支援が必要となる広域に及ぶ作戦を想定していないからであるが、新たな機動力を手にしたとしても、最もスピードの遅いシステムが戦場機動速度を律することを認識すべきである。

軍改革と近代化の双方において有望な進展がある。90年代以降、インド政府は米国へのアプローチを続けてきているが、それは陸軍の戦略家（及び空・海軍のカウンターパート）が、かつては自らがしていたような米国寄りとの批判を受けることなしに、米ドクトリンを模倣することを容易にしている。[25] こうしたインドの新たな姿勢は、米国による砂漠の嵐作戦や砂漠の盾作戦の好例により進展した。陸軍の学校や研究機関では、〝軍事における革命（RMA：Revolution in Military Affairs）〟を調査・研究した。クリントン政権の末期には、いわゆるキックレイター（Kickleighter）提案と称される米海軍と印海軍の協力が始まった。ゆっくりではあるが着実な軍間協力は、インドが米国のやり方をさらに見習っていくことに行き足をつけただけでなく、インド側の事情の範囲において米国を見習うことを政治的に許容できるものにしていった。

陸軍が仕掛けた罠とシビリアン・コントロール

コールド・スタート・ドクトリンの中心的な構成要素は時間であり、決心と行動における時間差は、週や日ではなく時間や分単位である。ドクトリン支持者は、〝前もって政治的な許可を与えることを政治指導者に強要し、それにより、軍に戦争開始段階から全ての戦闘力を使用する裁量を与えなければならない〟と論じている。[26]

軍は、主に退役軍人を代弁者として表に出しつつ、コールド・スタート・ドクトリンに関わる議論を促進した。このドクトリンのおかげで、陸軍の指揮官やタカ派の官僚は、軍の使用を躊躇する官僚の裏をかく主張ができた。[27] そのような彼らの態度は、官僚（特に臆病者だが高圧的な官僚）への苛立ちと、01〜02年の印パ危機をもたらすこととなったパキスタンの実力、即ち、カルギル紛争の時と同じ様にインドを防勢に追いやったり、テロリストや過激主義者を支援したりすることでインドを挑発し得る能力への怒りから来ていた。多くの現役及び退役軍人との話を通じて、相当数の軍高官が、コールド・スタート・ドクトリンを、パキスタン軍の作戦行動だけでなく自国の官僚に向けられたものとして捉えているのではないかと思われた。

コールド・スタート・ドクトリンに対する政治的評論は、その内容の乏しさばかりが目に付く。このドクトリンに批判的なある者は、〝陸軍は、外交と危機管理の窓を無意識のうちに狭めている〟と書いている。[28] 本書を著すために08年に試みたインタビューにおいて、この問題に精通したインドの最も古参で経験に富んだ政治家達は、インドはパキスタンの対抗手段がどこに配置されているのかを把握できていないためにパキスタン攻撃に伴うリスクをとることはできないという見方をしており、さらに、インドは、危機に際してパキスタンは合理的であろうと考える傾向があるが、決して理性的とは言えないパキスタンのことを理解していない、それなのに軍はパキスタンが正しく振舞うであろうと見積もっているのだと述べていた。

ガルミート・カンワル（Gurmeet Kanwal）退役准将は、コールド・スタート・ドクトリン支持者であるが、この戦略において、パキスタンが核の敷居を越えず、かつ国際社会が停戦を呼びかける前に迅速に軍事目標を達成するためには、高いレベルの将帥が要求されると指摘している。[29] このシナリオにおいては、戦争か平和か、あるいはエスカレーションか撤退かといった政治家や官僚が躊躇する選択肢は陸軍が握っている。実際、少なくとも理論上は、防勢態勢にある軍を攻勢転移させる、つまりエスカレーションさせるかどうかの決定は現地部隊指揮官が担っているのであるから、政治家や官僚の躊躇は、コールド・スタート・ドクトリンを認可すればますます強まるだろう。したがって、その行動がもたらす予測困難な結果に対する国際的、政治的、戦略的な影響を完全に理解し得る極めて高い将帥が要求されるのである。核搭載ミサイルを陸軍が管理するようになって以来、エスカレーションの判断を為政者の手中に留めることが極めて重要になっている。陸軍将官が命令を遵守しないようなことはないにしても優れた創造的能力を有していると は見られていない中で、全てのエスカレーションに関わる判断を、単一軍種の1人の将校、もっと言えば冒険主義的な将官（例えばスンダルジ将軍のような）に委ねるような状況が生起するかも知れないのである。

さらに大きく捉えれば、陸軍は、歴史上初めて公然と重要な外交政策に対する批判的な意見を表明し始めたと言える。陸軍最高位にある者がシアチェン氷河におけるパキスタンとの〝致命的な〟解決策に反対するだけでなく、匿名の陸軍〝報道官〟がジャンムー＆カシミール（J&K : Jammu and Kashmir）における非軍事化構想に反対した。陸軍は、これまで中国とパキスタンから4回も越境侵攻されたことに鑑みれば、管理ライン沿いに非軍事地帯を設定するような措置は如何なるものも受け入れられないとして、外務大臣が外交日程のため出国する4日前になって、パキスタンとのそうした如何なる合意にも反対することを表明したのであった。[30]

陸軍が進むべき道

陸軍が変化を模索していることに疑いの余地はない。陸軍の機関紙やセミナーでも軍改革や関連事項が取り扱われている。陸軍将校は、かつてはRMAの範疇で様々な技術や組織の刷新について一括りで学んでいたが、今では〝ハイブリッド〟戦を口にし、陸軍が通常戦力から〝多様で広範な領域にわたる脅威〟に対処し得る軍へ脱皮する必要性を説いている。[31]

陸軍の改革には、5つの分野における問題解決を必要とするであろう。陸軍は、驚くべき広範囲な任務を与えられているのだ。1つは、代理戦争への対処であり、今は恐らくパキスタンが背後にいるが、将来は中国が背後にいる代理戦争もありえるだろう。この種の戦争においては、対擾乱作戦のための特殊な訓練が重要である。2つには、国内の擾乱における警察や準軍隊への増援、必要な場合の直接介入への備えである。3つには、ヒマラヤ山脈における中国の通常戦力による挑発への備えである。4つには、陸軍が戦略として採用したがっている、パキスタンが偵知できない迅速で主導的な機動である。そして最後に、陸軍が担う、地上発射の核弾頭ミサイルにより核抑止の一翼である。このように、陸軍という一軍種が、擾乱から核戦争に至るまでの戦争スペクトラムの全てまたは一部を担っているのである。

戦略的な政策の原動力たるべき政治家は、インド陸軍が指向していると見られる根源的な任務である抑止の必要性を理解していない。政治家の立ち位置は、00年のフェルナンデス国防大臣による不用意な発言から看取できる。同大臣は、インドの国防方針は、〝防勢防御(defensive defense)〟に基づく、非攻撃的かつ非挑発的なものであると述べた。[32] 抑止は、もし行動を起こした場合に、相手方の抵抗行動が成功する(防衛による抑止)か、相手から懲罰を受ける(懲罰または報復による抑止)かという、相手方から受ける脅威によってもたらされる。[33] しかしながら、強要(前述したとおり、相手方にある行動を強いるまたは止めさせるための武力の行使または武力による威嚇)がフェルナンデス大臣にはよく理解されていない。最近の紛争においては、インドは、強制力を発揮しようと努めたし、今では、パキスタンを抑止しパキスタンの攻撃を防御しようとする一方で、強制力発揮を可能とする戦略実現のために陸上部隊を再編成しようとしている。

技術的な進展があろうとなかろうと、コールド・スタート・ドクトリンが、エスカレーション・ラダーを認識でき、好まざるエスカレーションはこれを回避するかコントロールできるであろうとの仮定に立っていることを陸軍は認めなければならない。このドクトリンは、パキスタン側はインドの攻撃軸を偵知できないだろうし、パキスタン側にインドの侵攻が制限されたものになるとの確信があればその侵攻を許容するだろうとの仮定に立っている。過去の情報における失敗に鑑みれば、作戦の秘匿が極めて重要であるが、それは、陸軍部隊間、陸・空軍間、軍・シビリアン間における密接な連携を困難にするだろう。

コールド・スタート・ドクトリンは、機動戦の戦略理論を体現するものである。エドワード・ルットワク（Edward Luttwak）が考察したように、機動戦ドクトリンは、消耗戦とはレベルの違う大きな危険と果報の双方を与える。[34] 機動戦の脆弱性は、判明した敵の弱点に対して如何に正確に力を指向できるかにかかっているとルットワクは指摘する。[35] 機動力を強調するコールド・スタート・ドクトリンは、陸軍自身に過激とも言うべき変化を要求する。機動戦は、主体性を発揮するとともに、その給与レベルを超えた責任を喜んで引き受けることができる高度に訓練された兵員、若年将校、古参軍曹を必要とする。将校や軍曹は、鈍感な努力家ではなく、問題解決者であることを求められる。また、機動戦には、階級階層を超越した情報活動というこれまでとは異なるアプローチが必要である。

この新たな能力と顕示された行動意思は、将来におけるパキスタンによる越境テロの試みを抑止するはずだが、それには、空軍、そして恐らくは海軍との密接な連携、統合戦へのアプローチ、合理的な意思決定プロセスも要求される。陸軍は、陸上作戦における〝統合精神〟の必要性を主張しているが、一方で、国防参謀長の指名に抵抗している。アンダマン・ニコバル・コマンドのようなインド本土以外の統合コマンドにおいては陸軍以外から司令官になる可能性はあろうが、それ以外の将来創設されるであろう統合コマンドにおいては陸軍将官が司令官となる可能性が高い。インドにおける改革は、米国におけるゴールドウォーター・ニコルズ法（Goldwater-Nichols）の下でのそれとはかなりかけ離れており、現在の統合参謀組織は単なる象徴的なもので、陸軍は、空軍に協力させる範囲を超えた統合には抵抗するだろう。

パキスタンの反応

パキスタン陸軍は、ほとんど例外なく、コールド・スタート・ドクトリンとインドによる先制攻撃を極めて深刻に受け取っているが[36]、政治的には、パキスタンの外交官や将軍にとってこの戦略は、実はインドがパキスタンへの先制攻撃を目論む侵略的な国であるということを国際社会に喧伝する材料となる。ディーパク・カプール（Deepak Kapoor）印陸軍参謀長は、あるスピーチにおいて、インド陸軍には二正面作戦遂行能力があり、パキスタンと中国との制限戦争で勝利することができると述べたことがあるが、その際、パキスタンの政府関係者や戦略家の多くが、これこそがインドの侵略的意図の証拠であるとして、過激な反応を見せた[37]。カプール参謀長の発言がパキスタンの過激な反応を呼び起こす一方で、インドのジャーナリスト、シェカール・グプタ（Shekhar Guputa）は、インドでは将軍によるそのような発言を真に受ける者はいない、何故なら権力は政治家が握っているからであると指摘した[38]。もしそうなら、コールド・スタート・ドクトリンはパキスタンの指導者にとって恩恵なのであろうが、その過激な反応はパキスタンに広く存在する猜疑心を物語っている。

パキスタン側は、軍事的な対抗計画を策定することもできるだろう。コールド・スタート・ドクトリンは先制攻撃の検討を必然的に伴うものだが、一方、パキスタンの専門家の1人は、〝インド側の大規模な奇襲能力に鑑みれば、パキスタン軍は、インド側がＩＢＧをパキスタンの防御陣地に進撃させる態勢をとる前にこれを撃破する選択肢を予め完全に排除してはならない〟と書いている。[39]

さらに、コールド・スタート・ドクトリンは、パキスタン側の情報要求を幾何級数的に増大させている。パキスタンは、奇襲防止のため、（如何なる技術的・人的手段をも結集して、）8個ＩＢＧに対して全天候型の監視・偵察を24時間態勢で実施しなければならない。そのような機微な軍事的活動は、パキスタンとインド双方における適切な情報活動と迅速な意思決定の価値を飛躍的に増大させる。ある意味、インドの安全保障は、理性的思考と信頼性に欠けるパキスタンの指揮系統に依存していると言えるのである。そして皮肉なことに、パキスタンがインドの戦略家や政治家に悪者扱いされればされるほど、インド自らが戦争を手控える可能性が高まり、同様に、パキスタンが時として非合理的で予測不能なように振る舞うことは、パキスタンの利益に適うものであり、インドの攻撃に対するパキスタン側の出方への疑念を増大させるのである。

越境を抑制的に行いパキスタン領のほんの一部を占領するに止めるのであれば、パキスタンによる核使用がもたらされることはないかも知れないが、通常戦力での反応はあるかも知れず、その場合、パキスタンは攻勢正面を選択することができ、それはインドの政治家にとって最大の圧力となるだろう。87年のブラスタックス危機はその好例である。パキスタン陸軍は、シク教徒による反乱の真っ只中、パンジャーブ正面に脅威を与えるべく部隊を機動させた。ＩＢＧは、パキスタンの機甲部隊主力である北部と南部にある２つの戦略予備部隊の配置と動きを考慮に入れなければならない。[40] それらは、更なるＩＢＧの投入や攻撃部隊の推進など、インド側にエスカレーションの検討を強いることにより、インドの意思決定–行動サイクルを混乱させるに十分強力な部隊である。

パキスタンが核の敷居を越える可能性もある。パキスタン戦略計画局（Strategic Plans Division）長官のカーリッド・キドワイ（Khalid Kidwai）退役中将は、一連の具体的なレッドラインを明言しているが、一方で、レッドラインに関わる声明は他にも存在することが曖昧性を増大させている。インド側は、パキスタンが声明したレッドラインの数が多すぎるとの不平不満を口にしているが、計算された曖昧戦略は完全に道理に適っている。[41] パキスタンの核の敷居が予め分かっていることは危険な瀬戸際政策に繋がるが、パキスタンの戦略家は曖昧戦略を志向しており、それによってインドの臆病な政治指導者は攻撃を躊躇せざるを得ないのである。

最後に、コールド・スタート・ドクトリンは、パキスタンが混迷している場合の不確実性にも作用を及ぼすが、それはパキスタンにとって最も大きな懸念である。パキスタン国内が極度の混乱に陥った場合、1個ＩＢＧによる先制越境攻撃でさえ、パキスタン政府を困惑させ、その無力さを白日の下にさらし、国内の反政府勢力や分離主義者を勢いづかせることができるであろう。このシナリオについては、71年の印パ戦争において、インドが侵攻以前に東パキスタンでの隠密作戦を開始したのだが、これについて、スブラマニアムをして、〝千年に一度の機会〟と言わしめた前例がある。

ムンバイ・テロ後のコールド・スタート・ドクトリン

コールド・スタート・ドクトリンは、08年のムンバイ・テロの発生を防ぐことができなかった。コールド・スタート・ドクトリンによってムンバイ・テロのようなテロ攻撃が抑止されることを期待するのは現実的ではないのかも知れないが、テロ攻撃こそが正にコールド・スタート・ドクトリンが考案された所以であった。かかる行動には代償が払わされるべきであるとのインドの主張に拠ってしても、このテロの実行者や関係者の行動をも止めることはできなかった。このテロ攻撃はパキスタン政府のコントロールが及ばない一団によって実行されたのであるから、これが印パ間に新たな危機をもたらす意図をもって行われたのだとしたら、インド側が見せた抑制は、確かに評価に値する。

コールド・スタート・ドクトリンは、パキスタン内のテロリスト訓練キャンプの破壊には適しているが、明らかに核エスカレーションのリスクをもたらす。インド陸軍が状況により越境してパキスタンの施設や高価値目標を攻撃する計画を有していることは疑いないが、政府がこうした報復的作戦を命ずることはありそうにない。

実行を伴わない戦略は、南アジアの伝統的な競技であるカバディを彷彿させる。この競技は、タッチ・レスリングの一種で、大げさなジェスチャーをするが暴力性はほとんどない。言い換えれば、この戦略は、インドの戦略的抑制志向に完全にマッチしているのである。

中国正面

中印は、約２５００㎞に及ぶ陸上の国境線で接している。中国は、62年の中印戦争においてインド軍を蹂躙したこともある、今日、パキスタンの最も親密な同盟国である。インドにも米国にも、インドがアジアにおける中国に対する軍事バランサーとして台頭することへの期待感が存在する。しかしながら、対パキスタンがその中心にあるインド陸軍において、軍事力近代化のための中心的な議論の遡上に中国はあがってこない。

62年以降、第4師団は山岳師団に改編（機甲、重砲兵、重車両が編制から除外）されるとともに、新たに3個師団が北東部において新編された。軍事専門家のラヴィ・リキエ（Ravi Rikhye）によれば、65年までには、対中国を主な任務として、北東部に11個師団が、そしてラダック（Ladakh）を含む北部地区にも複数の独立旅団が配置された。[42] 時を経て、これら部隊の主任務は、対中国から対東西パキスタンに変更され、80年代には、パンジャーブにおけるシク教徒の擾乱対処に変わっていった。89年には、カシミールにおける擾乱に対処するために再配置された。第8山岳師団は、中国正面の防御部隊であったが、対擾乱作戦に従事するため北部コマンドに再配置された。90年代には、印中両国が境界沿いを非軍事化する話し合いに取り組んだため、東部コマンド隷下の幾つかの師団が陸軍予備として再分類された。

今日、インド陸軍は37個師団を保有し、そのうち7個師団が中印国境に、3個師団が対パキスタン部隊としてジャンムー・カシミール地区に、同じく3個師団がバンジャブ－ラージャスターン地区に配置されている。現在2個師団が新編途上にあり、さらに2個師団が12年までに新編の見込みである。[43] 外国からの侵略に対する防衛のための大規模な兵士増員の最初の動きは、82年にインディラ・ガンディー首相が対中国軍事作戦能力の組織的な改善を命じた約30年前にあった。しかしながら、88年にラジヴ・ガンディーが中国との関係改善に着手したことにより、それらの措置は後退し、90年代に入ると中断され、それ以降、中国からの脅威は外交を通じて解決すべきこととされた。インド陸軍のドクトリンや戦略に対する中国の反応はパキスタンのそれに比べて抑制的であったが、中国との軍事的対峙を好まないことをインド政府が明言した時と同じくして行われた兵士の増員は、陸軍内において、カプール陸軍参謀長の功績と見なされた。[44]

兵士の増員は近代化を可能にする人的勢力と技術力のトレードオフを留保するものであるが、各軍が消化しきれないほどの速さで増加する国防予算は、陸軍の勢力増大に要する支出の助けとなるであろう。このことは、陸軍が、抑止そして特にコールド・スタート・ドクトリンに要求されるコンパクトで俊敏かつ決定力のある軍隊になるために必要な経費削減に関わる困難な意思決定をさらに遅らせることになる。皮肉なことに、インドは、飛躍的な貿易拡大を基調とした中国との融和的な関係を確保する政策方針を維持しており、陸軍も、印中国境配備部隊間でサッカー親善試合を行うなど、中国軍との目に見える信頼醸成措置に取り組んでいる。

陸軍の役割の再考

インド陸軍が、英国統治下にあった時にそうであったように、アジアの一部にある不安定要因を安定させる上でのより大きな役割を再び担うべきであるとの考えは、将軍ではなく、ラジャ・モハン（C.Raja.Mohan）というインドの市井戦略家によって提唱された。陸軍（退役）の最も創造的な理論家の1人は、インド軍事の将来に関する優れた研究の纏めとして、今後数十年間において、インドによる大規模な越境作戦を生起させるような挑発はほとんど起きず、あったとしてもその作戦は範囲的にも態様的にも限定的なものになるであろうと予測している。[45]そしてむしろ〝地域の安全保障を主導するという究極の目標をもって〟主として海軍力の発展を通じて、インドが影響を及ぼす範囲を拡張すべきことをインドの国家戦略は求めるであろうとしている。[46]

結局のところ、民主主義国家のインドが軍事的失敗の結果として、軍改革を行ってきたことは驚くに当たらない。これまでの改革は、軍の規模拡大、新たな兵器の導入、新たな組織、軍コマンド、役職の創設が主体であり、組織の削減、調整、戦略バランスといった困難な問題には取り組んできていない。インドには、こうした変化と改革のために汗をかくロビー活動が存在しないし、軍事に通暁した優れた官僚もいない。また、今日においてもＢＪＰの重鎮であるジャスワント・シンを除いては、除隊後に政治家になった極僅かの退役軍人に傑出した人物はいない。

65年の印パ戦争における手詰まりと71年の印パ戦争における勝利は、政軍関係のバランスを固定化した。軍事において事がうまく運んだと見られたため、将来の課題を省みることなく、軍事システムはそのまま適用されていった。そして、陳腐化した陸軍社会の構造も政軍関係のバランスを変えようとする努力は概して実を結ぶことはなかった。インディラ・ガンディー首相が陸軍内の序列を無視して陸軍参謀長を指名したが、そうした政軍関係の構造は今日に至るまで維持されている。政治家との関係に問題があったとしても、陸軍は、同時に実現しなければならない３ないし４つの分野における陸軍のあるべき姿を明確にしなければならない。陸軍は、首相がインドへの最も大きな脅威であると公言した擾乱に焦点を合わせて、信頼性に劣る準軍隊に代わって、対擾乱能力を強化しなければならないのか？　それとも、一部の者が望むように、核の存在が影を落とす中でパキスタンとの古典的な戦車戦に備えるべきなのか？　あるいは、中国にもパキスタンにも（両国とも核国家）適用可能だがリスキーな報復戦略を追求すべきなのか？　そして最後に、恐らく国連憲章７章任務（平和構築）により多く関わることになるであろう地域外での役割に備えるべきなのか、それとも伝統的平和維持活動に止めるべきなのか？

我々の見解では、インド陸軍はコールド・スタート・ドクトリンのような挑発的な戦略を採用すべきではない。何故なら、深刻な危機を生起させずに作戦を進めることができない上、容易に打ち破られるかも知れず、発動自体がむずかしいからである。また、低強度の平和維持活動に甘んずるのではなく、適切な政治環境の下で国連憲章7章任務に効果的に貢献すべきであろう。さらに、準軍隊より遥かに優れている陸軍は、国内のテロの脅威に取り組むべきであるが、これは、公式に陸軍を2つの組織に分離することを意味するかも知れない。パキスタンに対する強制力の発揮に関しては、陸軍は、パキスタンを普通の国に変えていくための国家戦略に対して、単なる非難ではない明確なレトリックを提供しなければならない。そうするために、陸軍の指導者は、ここ数年見られる過剰なレトリックやパキスタンを悪魔扱いするような言動から脱皮しなければならない。インドの災難の全てをパキスタンのせいにするのは戦略と呼べるようなものではない。ハンス・モーゲンソー（Hans Morgenthau）が言うところの〝顔を立てる政策〟ということもある。陸軍は、パキスタンを抑止し、あるいは、インド国内におけるテロや擾乱へのパキスタンによる支援を止めさせる上で、その役割を果たさなければならない。コールド・スタート・ドクトリンや他の同種の機動作戦は、インド政治家の誰もが（あるいは少数の政治家しか）支持しないだろう。インドの政治家は政治家らしくないのかも知れないが、たとえそうだとしても、パキスタン問題に適切に対処するために陸軍を運用するための戦略を策定する責任は、究極的には陸軍にではなく政治家にある。然るに陸軍は、政治家と手を携えながら作戦計画を検討しなければならないのである。

第4章　空軍及び海軍の近代化

インドでは、陸軍が全体的な軍改革のペースを律するが、空・海軍にとって好ましい形での戦力リバランスこそが、真の軍改革の証左となるであろう。その改革が持つ潜在力は想像を絶する。空・海軍の能力は、地形的に防勢とならざるを得ない陸上戦力に比し、中国に対する抑止の質を大きく決定づける。インドは、大英帝国時代、もしくはそれ以前の過去を再来させることにより、パキスタンが維持してきた見せかけの均衡を逆転させるとともに、インド洋地域における傑出した力を取り戻すことができるだろう。効果的な空・海軍の能力をもってすれば、インドが陸軍国であることから脱することができるし、陸軍に囚われたインドを解放することもできるだろう。もっと端的に言えば、インドは、戦略的抑制の伝統から脱することができるのである。

ただし、空・海軍の変革は、国家が向かう戦略的な方向性に依拠する。独立当初インド政府が受けた助言は、海軍は艦艇を69隻保有すべしというものだったが、パキスタンと中国からの脅威が強まったこととインド政府の軍事に対する慎重姿勢がゆえに、空・海軍による戦力投射能力よりも陸軍主体の国防へと軸足が移っていた。今日インド海軍が保有する主力艦は38隻である。[1] インドの抑制志向がよく作用し、空・海軍の再構築を視野の外に置かれてきた。空・海軍予算の増加は国家としての戦略的攻勢の予兆であるという今日の期待感は、本末転倒の議論であろう。さらに言えば、インドでは海軍と空軍は足並みを揃えながら発展してきたわけではないし、陸軍もそうしてきたわけではない。

空・海軍力の発展

独立前後に生起した2つの事象は、その後長きにわたって海軍と空軍のあり様を形作ることとなった。46年2月、ボンベイ（現ムンバイ）基地にあった大英帝国インド海軍の艦上で水兵による反乱が生起し、その後、カラチ、カルカッタに飛び火して、50隻を越える艦艇と沿岸にある施設が反乱に巻き込まれた。この反乱は、英国と戦うために日本に寝返った3人の陸軍将校の企てに触発されたインド人水兵が煽動したものであった。反乱により、水兵の忠誠心に対する疑念が払しょくされるまで、海軍増強のための如何なる計画も留め置かれたのである。

そして、47年10月、パキスタンから侵略者がジャンムー&カシミール藩王国に侵入すると、藩王はインド連邦への帰属の手続きをとるとともに、空軍は同地域を救援するために3機のダコタ（Dokota）輸送機をもって空輸路を確立した。このカシミールにおける最初の戦争において、ダコタ輸送機は1日あたり100ソーティを越える飛行を行うとともに、戦闘機がシュリーナガル（Srinagar）飛行場周辺に対する火力制圧を実施した。また空軍は、チュスル（Chusul）（標高1万5000フィート）とレー（Leh）への兵員輸送も実施したが、与圧されていない飛行機で即席の滑走路に離着陸したことは驚きに値する。今日でも、標高1万1000フィートのレー飛行場での離着陸はスリリングな体験である。

このように、海軍が再編途上にある中、空軍はインド連邦の維持にかかわる決定的な役割を演じた。空軍は装備不足で、爆撃機は1機もなかったが、インド人技術者は用途廃止となった42機の米爆撃機B－24を蘇生させた。そのうち何機かは68年まで輸送や海洋偵察の任務についた。その後空軍は、53年に夜間迎撃能力を有する英国製の第1世代ジェット戦闘機ヴァンパイア（Vampire）を、56年にはヘリコプターを初めて導入した。

空軍は、少数の近代的な飛行部隊を編成したものの、攻勢的な航空戦力は軽んじられ、その近代史のほとんどにおいて防空が任務の主体であった。インドは大戦中に日本軍から本土を攻撃されたことがあったところ、その時と同様に、62年の中印戦争においてインド東部の都市が中国から攻撃されるのではないかと恐れたネルー首相は、ケネディー大統領に対して米国による防空支援を必死になって要請した。この要請は、長らく秘密にされ、ネルー首相を始めインド政府が公に語ることは決してなかった。結局、厳しい情勢下でなされたこの要請が受け入れられることはなかったが、もし受け入れられていたら、今ごろインドはパキスタンと同じように米国の同盟国になっていたかも知れない。

振り返って見れば、陸軍が中国に易々と打ちのめされた1つの要因は、陸上戦力と航空戦力を連携させることができなかった政府と軍部の無能さにあった。空軍の運用計画は全く確立されていなかったのである。戦争終結後に米空軍と印空軍はインド北東部において実動防空演習を実施したが、その時のインドは、カシミール問題への米国や英国による干渉を懸念して、米国との関係を深める政治的状況にはなかった。その代わり、インド政府は、中印戦争のほんの少し前にソ連からの武器輸入を開始したばかりだったが、ＭｉＧ－21迎撃戦闘機の導入を手始めにソ連との軍事取引を拡大させた。

中国との戦争はインドに衝撃を与え、軍の能力向上は最優先課題となった。中印戦争後の軍事力増強の一環として、インド政府は、空軍と海軍をそれぞれ、64個の飛行部隊と44隻の主要艦艇にまで増強することを明らかにした。80年末にはピークを迎え、飛行部隊は45個、主要艦艇は44隻まで増えたが[2]、ソ連崩壊の影響で、90年代半ばには、稼動状態にある飛行部隊は42個、主要艦艇は38隻にまで減少した[3]。

65年の第2次印パ戦争に参加した時点では、空軍の増強はほとんど始まっていなかった。第2次印パ戦争における航空戦について著したジャガン・モハン（P.V.S.Jagan Mohan）とサミール・チョープラ（Samir Chopra）は、インド空軍の約4割が対中国戦力として北東部に配置されていたとしている。よって、西部地域においては、パキスタン側が質・量ともに優勢にあった[4]。緒戦においてパキスタンは、複数のインドの飛行場に対して攻撃を加えた。インド空軍は、航空機の運用、偵察行動、空中戦のいずれにおいても優れていたのに戦局を有利に展開することができなかった。ＭｉＧ－21戦闘機と米国がパキスタンに供給したセイバー（Sabre）戦闘機との超音速の空中戦が新聞の見出しを飾った。英国製ナット（Gnat）戦闘機で培われた勇敢なインド空軍パイロットの超音速空中戦の技量が米国製超音速機によるパキスタン空軍の編隊を撃退するために使われたのであった[5]。一方、この戦争で、インド空軍の英国製ハンター（Hunter）とソ連製スホーイの何機かがパキスタン領内にある飛行場その他の目標を攻撃したのは特筆に値する。それまで陸上戦闘ばかりが注目され、航空戦力には何等のインパクトもなく、空軍による攻勢作戦はよく認識されてこなかったのであるが、この攻撃はインドの攻勢的な航空戦力による先制攻撃の実例となったのである。

皮肉なことに、65年の第2次印パ戦争の時と同じように71年の第3次印パ戦争においても、航空戦力は人々によく理解されず、戦略家の注意を引くこともなかったが、これは恐らく、インドがあまりにも早く航空優勢を獲得したからであろう。第3次印パ戦争では、印空軍は優れた能力を発揮した。東部戦線においてパキスタンは航空戦力をあまり保有していなかったが、その少しの戦力もすぐに制圧された。空軍は、東部戦線における戦争の早期終結に大きく貢献した空挺作戦も成功裏に実施した。一方、西部戦線においては、パキスタン国内のエネルギー関連施設、製油所、ガスや石油の貯蔵タンク、発電所などの民間施設を攻撃した。これらの攻撃は、西パキスタンへ大きな攻撃を仕掛けることや徹底的に打ちのめすための計画を有してなかったことから、限定的で戦略的に意味のあるものではなかったが、カラチ港に対する海軍による攻撃を補完することはできた。当時の印空軍参謀長ラル（P.C.Lal）は後に、空軍は防空作戦によってパキスタンによるインドの都市への攻撃をよく防いだが、基本的に陸軍はこの戦争において航空戦力を軽んじていたと手厳しく書いている。

海軍の漸進主義

独立後の約30年間、海軍は、空軍とは全く異なる近代化への道を辿った。分離独立により、空軍や陸軍がそうであったよりも大きな傷を海軍は負った。海軍は、政治的に信用できない水兵を粛清しなければならなかったのだ。一方で海軍は、陸・空軍の将校に比べておそらく最も教育水準が高く広い視野をもった士官を擁するとともに、ゼロからの出発という利点があり、また、囚われるべき歴史はほとんどなかった。

47年の時点で、インド海軍は1隻の戦闘艦も保有せず、その管理下にある造船所も1つもなかったし（ガーデンリーチ〔Garden Reach〕やマザガオン〔Mazagaon〕造船所は数年後にインド政府の所有になるまでは私企業だった）、インドの財力ではほんの少しの用廃艦艇しか取得できなかった。48年になると、艦艇69隻からなる海軍の構築を目指す10ヵ年計画が策定され、〝軽空母2隻、巡洋艦3隻、駆逐艦12隻からなるバランスのとれた艦隊を主軸に構成する。潜水艦を保有する計画はない〟と記述された。[6] 陸上戦力と航空戦力の進展は受動的であったが、海軍は、明確な政治的ビジョンの恩恵を受けた。著名な学者で在中国大使も歴任した行政官でもあるパニカール（K.M.Panikkar）は、インドの海軍力の重要性について書き記し、アルフレッド・セイヤー・マハン（Alfred Thayer Mahan）が説いた空間的広がりはインド海軍近代化の青写真として今でも意味を持っているとした。[7] インド海軍は、陸・空軍とは異なり、国産の造船能力に重きを置く特有の発展形態を採用した。しかしながら、軍再建の現実が明らかになるとともに、陸軍再建が待ったなしの状況になってくると、海軍発展に対する当初の熱意は次第に失われていった。また、インドは地域における米国と英国の海軍プレゼンスにただ乗りできる幸運な立場にもあった。50年にインド政府は、当初の計画よりも縮小された海軍（艦艇47隻）を60年までに構築することを目指す新たな海軍計画を公表した。

50年代半ばにインドは、英国との間で、ヴィクラント（Vikrant）と命名されることとなる退役軽空母ハーメス（Hermes）の購入を含む艦艇の取引について合意した。60年には、ソ連製の外洋型潜水艦を導入し、第3の次元における作戦能力を持つこととなった。しかしながら、最も重要な海軍による投資は、国内での艦艇設計・建造能力を発展させることにあった。独立後25年を経て、海軍は、英海軍リーンダー（Leander）級の改造型であるニルギリ（Nilgiri）を就役させた。

地上戦の脅威に鑑み、空軍の支援も受けながら、陸軍には最も大きな注意が払われた。このため、国防費に占める海軍予算の割合は、60〜61年予算の11・7％から、62年の中印戦争を挟み、たった3％にまで落ち込んだ。その後、徐々に増え、70〜71年予算では8・2％まで、78〜79年予算では10・5％まで回復した。70年代に入る頃までには、第2次世界大戦からの古参艦艇が老朽化したくず鉄塊になりつつあったが、海軍発展のペースは極めて遅く、80年半ばにおける国防予算全般の縮小にも影響を受けた。近代化の遅延は、技術集約型の軍種である海軍と空軍にとって大きな痛手であった。

陸・空軍は作戦運用と技術力向上の双方に意を用いていたが、海軍は艦艇にのみ焦点を合わせていた。これはネルー首相と英国人科学者ブラケットによって採られた国内のインフラ発展を重視するという政治路線に沿うものであった。パニカールはその著作において、〝借り物の科学技術による国防は決して成就しない〟と述べるとともに、第2次世界大戦中、世界から隔絶した日本は近代的な航空機と艦艇を開発できなかったと指摘している[8]。海軍の方針に付け加えられたことは、装備開発をＤＲＤＯの手に委ねることなく、自己の管理下に置いたことである。それとは対照的に、陸・空軍はＤＲＤＯに装備開発を委ねてきたのだが、主要な装備品の開発にはこれまで1つも成功してない。

71年の印パ戦争は海軍を前面に押し上げた。海軍は、ミサイル船をパキスタン沖に航行させ、パキスタンの主要港であるカラチを攻撃するとともに、戦争期間中、同港を封鎖したのである。これは、近年の海上作戦の歴史において最も賞賛される作戦の1つに数えられる。印パ両国とも外国からの再補給に依存していたため、65年の印パ戦争の時のような長期の継戦能力は実際にはなかったのだが、長期にわたる海上封鎖へのえも言われぬ脅威をパキスタンに与えた。インド海軍は駆逐艦を失ったが、インド東海岸の海軍港ヴィシャーカパトナム（Vishakahapatnam）沖にてパキスタンの潜水艦を撃沈した。戦争末期に米国は、いわゆる砲艦外交の一環として、エンタープライズ空母戦闘群のベンガル湾派遣を命じた。一般的に干渉と見られているこの空母派遣は、新たな印米関係低迷期を決定づけることとなった。

また、このことは海軍に安全保障上の差し迫った目標を付与することにもなった。これまで海軍は、造船に焦点を置いてきたのだが、海軍ドクトリンに意識を向けるようになったのである。エンタープライズ事案は、３００年前のヨーロッパによる干渉を想起させるものであったため、海上拒否戦略に向けて、海軍の極端な方向転換を生じさせることになった[9]。海軍の戦略家は、その後数年にわたって、米国がインド封じ込めのための足場をインド洋に確立しようとしているものと見た。いわゆる〝エンタープライズ症候群〟は、スブラマニアムのような一流の戦略家をして、パキスタン艦艇の航行を阻止するのはもちろんのこと、長距離ミサイル発射能力と将来あり得べき大国の海軍力による干渉を抑止し得る潜水艦の必要性を論じさせることとなった。

エンタープライズ事案は、ソ連から海上兵器を購入する契機となった。結果として、その後20年以上にわたりインド海軍の幼稚な潜水艦戦力は急速な発展を見せることになるのだが、そのほとんどはソ連の支援によるものだった。対潜関連装備についてもソ連から購入し、かつて取得した英国製の水上艦を補強した。また、ソ連は長距離航行可能な海洋警備船を売却した。インドは、一部の港へのソ連のアクセスを暫定的に認める一方で、その他の港は引き続き英国製艦艇用に維持し、それらを独立して運用しようとしたが、それは港湾内及び海上における整備作業を複雑にした。71年にエンタープライズ事案が生起したその日から80年代初めまで、インド軍、特にインド海軍から、米国は有害な国であると認識された。ソ連は、装備の質は欧米の水準に達しておらずとも、信頼感と安定感があると考えられた。80年代半ばにインドは、英国からも、短距離離着陸機用の退役空母を取得した。

戦略任務を持つに至った空軍

インド空軍は、その歴史のほとんどにおいて、敵の攻撃からの防御を志向する防空軍であったと言える。このことは、40年代に独、米、日による無辜の市民に対する空爆の記憶をもつインドのリベラルな政治体制に相応しいものだった。インドが核兵器国へ向かって進み始めるようになって初めて、空軍は、ドクトリンの研究や、真にバランスのとれた近代的な空軍になるべく政治家を説得することができるようになった。

元戦闘機パイロットで航空戦力に関する理論家の第一人者であるジャスジット・シン（Jasjit Singh）退役准将は、〝安物で戦術的な航空戦力〟でしかなかった創設初期の発展段階において、インド空軍は、極めて限定された目標に自らを縛り付けていたとしている。[10] インドの海洋における影響力についてのパニカールの明確なビジョンの恩恵を受けた海軍とは異なり、空軍は、文民による的確な方向付けのないままに動き始めてしまったのである。

シュリーナガルへの空輸路確立に成功した後、空軍は、自らが何処に向かおうとしているのか分からずにおり、その結果、軍の規模や技術的事項について何等決めることができなかった。独立当初の10年間は、空軍の任務は輸送のみに止まっていた。ネルー首相の軍事顧問だった英国人ブラケットは、軍事力近代化の大望は抑制すべきであると提言した。攻勢的な航空戦力を手に入れるための膨大なコストも難題である。戦略的役割か補完的役割かという議論も初期段階にはあったが、空軍はそれを決めかねた。71年の印パ戦争後にあったラル空軍大将による陸軍に対する前例を見ない非難は、空軍の戦略的役割を否定されたことに対してではなく、戦争中の計画策定や意思決定から除外されたことに対してであった。同将軍は、統合への取り組みを要求したが、それば当時の状況下においては、陸軍部隊への近接航空支援に対する確約を意味するものでしかなかったであろう。しかしながら、現実は、パキスタンが航空戦力をほとんど有していなかったことから、陸軍の作戦計画においては、空軍が除外されるとともに、西部戦線の作戦目標が、東部正面で勝利して安全が確保される前に状況をエスカレーションさせないということだけに意図的に限定されていた。この時の空軍が果たした役割は、戦術航空偵察と一度だけ実施した約700名の空挺降下だったが、その役割は求められたものでなかったし、それが勝利に貢献したかどうかも分からない。

ドクトリンの発展

いくつかの偶然が、空軍をして輸送や支援任務を超えた〝戦争に勝利する〟ためのより戦略的な役割に向かわせる推進力となった。1つ目は、空軍が核兵器運搬を所掌する最初の軍種になったことであった。2つ目は、イラク戦争における航空戦であり、インドで訓練したことのある他国の空軍が米国やその同盟国から戦場に投入されたのだが、いずれにせよサダム・フセインの地上軍を迅速に撃破する上で航空戦力が決定的な役割を果たしたことである。そして最後に、99年のカルギル紛争での限定的な空軍の運用により、核対峙下の制限戦争における問題点とともに、大胆な航空戦略が策定され得る機会があることが明らかになったことである。

74年の核実験は、核戦争への備えという問題を生起させたが、仮定上の話でありながらこの方向へ唯一向かって行ったのが空軍であった。〝平和的核爆発〟後に行われた最初の主要な装備取得は、空軍が核運搬を視野に入れていたことを示している。それまで30年近く防空作戦用の迎撃機に焦点を合わせてきた空軍が、低速で脆弱なキャンベラ（Canberra）の後継機として、双発エンジンで近代的な爆撃機である英仏共同開発機ジャギュアーを取得したのである。ジャギュアーの製造業者であるブリティッシュ・エアロスペース社は、68年頃には既にジャギュアーをインド側に提案していたのだが、インド政府は、ナットと同じように同機も製造中止となってスペア・パーツの枯渇問題に対処しなければならなくなることを恐れてこの提案を蹴っていた経緯があった。[11] しかしながら、英空軍がジャギュアーを正式採用すると、空軍の関心は蘇った。ジャギュアーの双発エンジンは、安全性と敵地縦深への侵入についての要求性能を十分に満たすとともに、低空飛行時のバード・ストライクに対する安全性が高い。ジャギュアーの取引には、製造を逐次インド国内に移行させることが含まれており、今日においても、この逞しいジャギュアーのために、50年代の技術を使った機体組立てと整備のラインがバンガロール（Bangalore）にて稼働している。インド政府も空軍も核運搬の役割について公に言及していないが、74年の核実験後の数年間というのは、恐らくジャギュアーの取得決定のために慎重な評価を行うに十分な時間だったのだろう。

インドは、80年代に４個飛行隊に必要なジャギュアーを購入するとともに、海上作戦仕様機への改修も行ったが、それらの機種のうちどれが核運搬を企図したものであったのかは判断し難い。80年代に導入された戦闘機にはこの他ミラージュ２０００とＭｉＧ－29があったが、これらは多用途機であった。攻撃戦闘機と迎撃戦闘機の２機種を導入するよりも１機種導入の方が安上がりであったし、多用途性はその本来の役割を曖昧にするものだった。このことは、パキスタン人や欧米の核兵器不拡散活動家に、最悪のこと、即ち、核運搬手段の不確実性はインド政府の核の曖昧政策の一環ではないかという懸念をもたらした[12]。

80年代から90年代における不透明な核抑止政策の成功は、限定的な計画に依存していた。新機種の導入はインドに潜在的な戦略的能力を付与するものであったが、核の曖昧性は航空戦力を検討する上での障害となった。ジャギュアー取得後15年経った93年に、米国人学者タンハムは、未だにインド空軍は戦略的思考を持ち合わせていないことを見出した[13]。タンハムは、冷戦後間もない時期に、インド空軍が軍改革を牽引することになるのかどうかについて、軍人と官僚の双方から幅広い意見聴取を行ったのだが、それによるとインド空軍は、組織的によくまとまっており、装備も近代的で、前衛的な航空作戦理論を持ちあわせているが、ソ連の外で機能するソ連製空軍とでも言うべきものであった。

タンハムは、戦闘機を戦略的な軍事手段に転化させるのに不可欠な電子装備や保有戦力をさらに強化し得る手段への投資が著しく欠如していることに驚いた。そして官僚こそが戦略的な航空戦力にとっての主要な障害であることを的確に指摘しているが、空軍自身が二義的な役割を甘んじて受け入れていることにも言及している。タンハムは、〝空軍は、その必要性を正当化し官僚へ説明する上で、要撃機と輸送機の方が他機種よりも容易であると考えている。例えば、ミラージュ２０００の取得は、本当は重要な攻撃能力も併せた二重の目的があったのだとしても、防空上の必要性をベースとして、パキスタンのＦ－16に対抗するための手段であると説明することにより認められたのである〟と記している。電子装備については、〝空軍は、そのような分野における予算獲得には熱心でなく、むしろ航空機の機数を増やしたがっている〟としている。[14] タンハムは、空軍は未だに防空戦を最優先し、次いで、パキスタンへの攻撃、陸軍への近接航空支援、輸送、戦略偵察という優先順にしていると結論付けている。[15] さらに訓練や即応性における欠陥についても指摘している。

タンハムの研究によれば、その時代のインド空軍は憂うべき状況にあり、スンダルジ－アルン・シンによる（非核国）パキスタンへの地上攻撃というコンセプトにおいても、空軍の任務は防空、近接航空支援、地上作戦に寄与する目標への攻撃といったもので、際立った任務は与えられることになっていなかった。冷戦の終結に伴い、空軍は、特にソ連製のスペア・パーツの調達に苦しめられ、ＭｉＧやその他の機種のスペア・パーツを求めて旧ソ連邦国を奔走した。苦心の末、なんとか新たな調達ルートを確立したが、その中にはイスラエルも含まれていた。ピーク時の71年には96％あった稼働率は、その後低迷した。パイロットの年間平均飛行時間は、88年～89年に１８０～２００時間（09年と同時レベル）であったが、92～93年には１２０時間にまで落ち込んだ。年間飛行時間の減少は冷戦後暫く続き、総飛行時間に影響を及ぼしたが、経済状況の好転とスペア・パーツの確保により回復していった[16]。

タンハムの研究は、戦略的な航空戦力に関する議論を促した。インド人の航空戦略理論家は、空軍が戦争のあり様を如何にして変えることができるについて論じた。政府の研究機関である防衛研究所（IDSA：Institute of Defence Studies and Analyses）所長ジャスジット・シン退役准将（退役後、空軍が後援する航空戦力研究所所長に就任）は、空軍は陸・海・空という三次元空間における戦争や紛争に影響を与えてきたが、航空戦力やその運用の自由度は海・陸軍に影響されてはならないというトレンチャード（Trenchard）卿の見解を引用しつつ、他の研究者等とともに、戦略軍コマンドは空軍が所管すべきと主張した。しかしながら、戦略軍コマンドは、空軍の将官が初代司令官となり04年1月に設立されたものの、第二代、第三代の司令官は、それぞれ陸、海軍の将官が就任した。また、核兵器に対する作戦統制権は、陸軍と空軍で分掌した。

空軍は、イラク戦における共同航空作戦の教訓から学びとったことを、航空戦ドクトリンの策定という形で結実させた。それは、〝戦争様相の変化、それが軍に及ぼす影響、そして核兵器運用上の問題点にまで切り込んだ空軍による研究の真骨頂〟とされた[17]。97年に公表されたこのドクトリンは、攻勢的航空作戦には防空作戦と同じ優先度が与えられるべきであること、そして、それにより空軍の規模は縮小するかも知れないが、技術力の向上で補うことができるであろうことを論じた。そして、空中給油、電子戦、対電子戦といった保有戦力をさらに強化し得る手段について強調しており、中でも、指揮・統制・通信及び情報組織の改善、そして改良された近代的な対空と通信ネットワークについて特に強調している。さらに、空軍による宇宙の軍事利用拡大についても言及している。[18]

航空戦ドクトリンでは、カルギル紛争において空軍が大した役割を演じることができなかったことも考慮に入れなければならなかった。空軍は、怒りにまかせて初めて精密誘導弾を実戦使用したが、戦場におけるインパクトはほとんどなかった。この攻撃によりパキスタン側の哨所の一部を破壊したが、戦闘の潮目を変えたのは野戦砲射撃や歩兵による勇猛果敢な突撃であった。インド空軍は、カルギル紛争において戦闘機2機とヘリ1機を損耗し、その教訓として、高価な装備にとって近接航空支援はリスクが大きすぎること、将来起こり得るべき同様の紛争においては、地上戦を超越して、高価値目標への直接攻撃を敢行すべきであるということを認識した。退役空軍将校は、今では憚ることなく、〝インドは、平和と国際協調の希求というその生来の考え方に囚われてばかりいないで、ドクトリンに対する考え方をもっと攻勢志向に変えていく必要がある〟と公に発言している。[19] 古典的な航空戦力に関わる議論において、ティワリ（A.K.Tiwary）空軍中将は、インドの防衛、特に陸上防衛は、戦勝獲得のためのものではないと批判するとともに、防勢的な防衛は、長期戦となり、攻勢よりもコストが高くつき、広大なインドという利点を活かせないと論じている。

驚くべきことでもないが、ことパキスタンに対する考え方については、空軍が最も正鵠を得ている。インド空軍は将来戦において、防空と航空支援を超えた攻勢的な航空戦力の発揮を目指しており、航空優勢の確保に加え、パキスタンによるエスカレーションが無益であることを思い知らせることができるような目標への制限的ながらも的確な攻撃をやり遂げたいと思っている。[20] 曖昧性のない明確な企図の明示、その企図の敵及び関係国に対する伝達、そして、予防攻撃に任ずる献身的で高い技術に支えられた飛行部隊をもってすれば、如何なる敵の報復を恐れる必要はない。[21] しかしながら、パキスタンがこれからもずっと航空戦力における不均衡に甘んじ続けるのかは分からない。また、インド側が航空優勢を獲得できたとしても、インド空軍が適時かつ的確に攻撃目標を攻撃できるという保証は何もない。インド空軍がパキスタンの核関連施設を破砕できるかは疑わしく、むしろ確実なのはパキスタンによるエスカレーションである。中国への攻撃目標選定についても、同様の分析がなされているが、その根拠はさらに弱い。

結局のところ、空軍が演じるべき的確な戦略的役割、その役割を果たすべきタイミング、そして、装備すべき航空機の機数や機種といったことを越えたところにある戦略的に必要な物理的手段については、何も明らかになっていない。戦略的な航空戦力を正当化しようとする空軍の主張は、インドが直面する脅威の変化に対してだけではなく、コールド・スタートの概念により具体化された陸軍の新たなドクトリンに対する反応でもあった。陸軍が統合作戦において陸軍に優先権を与えるような新ドクトリンを公表した時、空軍高官らは報道関係者に対して、空軍が最先端技術をもつ砲兵連隊のような扱いをされるような日々は終わったと非公式に述べた。[22] また、他の空軍筋も、〝航空作戦は遥かに洗練されたものになる。陸軍の新ドクトリンが示唆するように陸軍の指揮下で空軍が二義的な役割を担わされるようなことは適当ではないだろう〟と述べた。[23] 彼らは、航空戦力に関わる権限が陸軍に移っていく可能性を一蹴したのである。

そのようなことに無知な政治家は、状況を包括的に捉えることはできず、戦略的運搬手段取得の責任を持っている官僚へのある種のいらだちと憤怒を持ちながらこの論争を眺めている。理屈上は、付与された少なからぬ戦術的権限という大きな枠組みの範囲内で、空軍が自ら適切と考える部隊展開をできるはずなのだが、政治家は、攻撃的な航空戦略がもたらす帰結についてはある程度認識しており、空軍の考えを受け入れるのに後ろ向きである。政治家は、戦争と平和に関わる意思決定を自分達の世界でやりたいと思っており、運搬手段を指揮する空軍や陸軍の指揮官にそれを委譲したくないのである。

空軍は、ボスニア、コソヴォ、アフガンにおける米国が率いる連合作戦やレバノン・ベッカ峡谷（Bekaa Valley）におけるイスラエル空軍の作戦を引き合いに出して、航空戦力の重要性を強調している。また、ティワリ空軍中将は、現在の米国の航空戦力を〝防勢か攻勢かという論争における極致としての攻勢〟と表現している。[24] しかしながら、そういった分析は、根拠のない楽観主義を反映しており、〝湾岸戦争における航空戦力に関する調査〟報告や、コソヴォにおける連合航空作戦で破壊できたセルビアの軍事目標は10％以下でしかなかったという分析を考慮に入れていない。[25] 少なくともコソヴォ紛争は、強制執行における複雑なケースを航空戦力だけで説明することはできないことを示している。

さらに、米国が率いた連合軍は極めて非対称な環境下で作戦を遂行したのに対して、インドは核兵器を保有する敵を相手にしているという事実を指摘しないわけにはいかない。インド亜大陸における戦力の均衡は、航空戦力を戦略的に運用する余地がほとんどないことを示唆するものであるし、そもそもインドの戦略的抑制志向はそのような選択肢を排除している。陸軍による対地攻撃用ヘリ取得の試みは、空軍をはずそうとする動きでもあるが、これと同じような考え方に基づいている。

98年に実施された5種類の核実験は、核運搬手段の問題を再び提起した。その後間もなく、インドはロシア製Ｓｕ－30取得に着手したが、これは恐らく、老朽化しつつある核運搬の役割を担うジャギュアーやその他高性能の航空機に取って代わるためのものだったであろう。その一方、空軍が独占していた核運搬の役割を陸軍ミサイル部隊も担うことになったが、それは一般的に言われている核運搬手段の〝三本柱（triad）〟へ向けたステップということだけではなく、三軍間のバランスをとる手段であり、決定的な兵器については如何なるものも特定の軍種に独占させないことを決定付けるものでもあった。

敵、戦場、そして将来戦の様相における不確実性は、航空輸送と航空偵察という空軍がもつ真の戦略的能力を際立たせる。航空輸送は、インド空軍の伝統であり、インド北東部及びカルカッタと中国を〝山脈〟を越えて空路で結ぶという重要作戦を第2次世界大戦中に遂行したことにまで遡る。飛行場は、そのほとんどが米国の技師によって北東部に広く建設された。バンガロールは航空機の修理・整備の中心になった。今日、インドは世界で最も実績ある航空輸送能力を有する国の1つである。88年から90年にかけてインドは、戦略的に意味をもつ空輸作戦を2回実施した。88年、モルディヴ政府を軍事支援するために実施した空挺大隊の同国への空輸作戦と、90年～91年、砂漠の嵐作戦の前夜に実施した、17万のインド人をクウェートから本国へ退避させるという史上最大の作戦の1つとなる空輸作戦である。後者の空輸作戦には空軍の輸送機と国有の民間機が投入されたが、極めて評価の高かった軍事力使用であり、04年の大津波における救助作戦で海軍が果たした役割に比肩するものであった。また、空軍は、欧州その他の地域で実施される合同訓練のために、戦闘機とともに輸送機も訓練地まで進出させて必要な物資の空輸を行わせた。インドは、その堂に入った航空輸送力をますます拡大するであろう。時にインドは、米ボーイング社から、インド洋地域の全域に対する戦力投射能力を付与することになると考えられる長大な航続距離をもつ大型輸送機C－17の売却を持ちかけられた。C－17は、ソ連製の大型輸送機の一部に取って代わることになるだろう。

インドの航空輸送能力は将来どのように使用されるのであろうか？　演習や訓練任務は必須であり、緊急退避や人道支援任務も同様であろうが、平和維持活動のためだけにそれを割くことにはほとんど関心がないように見られる。前述したように、陸軍は固有の航空輸送能力をもはや保持しておらず、戦略コミュニティーの間で取り沙汰されている平和維持活動のための空輸については、単なる話の域を出ていない。もしそのような任務に踏み込む決定がなされたとしたら（何人かの現実主義の戦略家が主張）、アフガンに対する兵員輸送や装備の緊急輸送に航空輸送力を投入できるようになるのだろうが、如何にアフガンがインドにとって戦略的に重要であろうとも、インドの主流派はそうした考えに抵抗している。

航空偵察における空軍の業績も大きいものであるが、有人機による偵察は減衰してきている。空軍は最も優れた高高度用航空機であるソ連製ＭｉＧ－25フォックスバット（Foxbat）を06年の退役まで運用していた。それにより得られた成果やインドの安全保障にもたらした利益は、その秘匿性がゆえに明らかではないが、ＭｉＧ－25の航続可能範囲は、パキスタン全域と中国のほとんどをカバーするものだった。ＭｉＧ－25は軍事衛星に取って代わられたため米国のＵ－２やブラックバードと同じような運命を辿り、空軍は重要な戦略的役割を喪失した。

それから数年のうちに、陸・海・空軍はそれぞれ独自に米企業から無人機を導入し、標的機として使用したり、偵察任務に運用したりした。空軍は、イスラエルから購入した２つの異なる独自技術をもつ無人機技術の受益者だった。ＤＲＤＯは、最近、無人機の開発に取り組んでいるが、墜落事案により計画の進行は妨げられており、空軍と陸軍は、輸入した無人機と短・中距離偵察用のＭｉＧ機に頼らざるを得ない状況にある。

　空軍は現在、軍事衛星を所管していないが、空軍将校は、宇宙用の軍事装備を空軍の管轄下に置くことになるであろう宇宙コマンドの創設について議論している。しかしながら、いずれはＮＡＳＡに比肩するようになるかも知れない文民組織、インド宇宙研究機構（ＩＳＲＯ）に宇宙の専門家が集中していることに鑑みれば、まず実現の見込みはないだろう[26]。来るべき戦争で敵はインドの宇宙計画を攻撃目標にするだろうが、空軍だけが防護手段を提供できると空軍は主張している[27]。長距離偵察機と搭載装備に関わる技術を作ってこなかったので、海外からの購入が唯一の選択肢である。空軍は、ノースロップ・グラマン社のＥ２Ｃに関心を寄せているが、対抗馬としてボーイング社のＰ－８（海軍が検討中）があがっており、短距離偵察と阻止任務における役割を巡る海軍と空軍の縄張りといった様相を呈している[28]（13年、海軍はＰ－８の導入を開始）。ムンバイからカラチへのテロリストの海上からの侵入を阻止できなかったことはこの役割を高めており、双方とも選択権を得ようと競い合っている。

空軍が陥る技術の罠

　空軍は、他のいずれの軍種より、莫大な関連技術と天文学的なコストに囚われてきた。最先端技術を使いこなすことは、如何なる国の空軍にとっても困難なことであり、近代的な航空機にかかるコストが急上昇していることに鑑みれば極めて高くつくものである。このことは、銃かバターかというインドにおける二元論に対して、空軍を特に過敏にさせている。79年時点における英仏共同開発機ジャギュアーの単価は約８００万ドルであったが、00年におけるＳｕ－30ＭＫＩの単価は約４０００万ドルである。それから10年後における多用途戦闘機（ＭＲＣＡ）の単価は８０００万ドルを越えると予想されている。それぞれの航空機は、旧機種よりも遥かに性能は高いのだろうが、運用期間中に生じる関連費用や関連施設もまた急速に増大している。

空軍は、野心的な航空戦ドクトリンを策定したものの、損耗による規模縮小という問題を抱えている。空軍は、09年に32個飛行隊（５７６機）にまで縮小したが、航空機が補塡されるまでの間、計算上は12年、恐らく実際はそれより後になろうが、さらに3個飛行隊をお蔵入りさせ、史上最低の29個飛行隊にまで縮小することになるだろう。空軍の規模をどこまで縮小するのかについての正式決定がないまま、大量のＭｉＧ機が陳腐化し、他の機種も老朽化するため、保有機は減少していくだろう。空軍が現有規模を保つために大きな救いとなるのは、非常に高性能なＭＲＣＡとＳｕ－30の大量購入を政府が決定することであるが、長期にわたりしかも頻繁に変更される装備品取得プロセスと最先端技術を使いこなす上でインドが元々抱える困難性は、理論上は優れた性能を持つそれらの装備を、防空や攻勢的役割において、パキスタン空軍と中国空軍という２つの仮想敵に効果的に対抗し得る水準にまで持ってくるのに数年を要することを意味している。

60年から現在にいたるまで、空軍は異なる多くの国で製造された航空機を運用してきており、常に、純輸入機、ノック・ダウン機、輸入部品と国産部品の混成機、そして国産部品を全く使用しない少数の航空機が混在してきた。[29] それら航空機の不安定な品質は悪名が高く、もしパイロットに尋ねれば大抵の場合、輸入機の方が国内製造機よりも好きだと答えるといった逸話には事欠かない。[30]質の問題を差し引いても、このことは、空軍に悪夢のような兵站所要を押し付けるとともに、製造国の異なる部品を使用する航空機を配備しなければならない基地の選択肢を制約してきた。

空軍は、予算獲得上も、限られた予算の中で可能な限り最良の装備を供給してくれる相手を探す上でも、海軍にも増して慢性的な苦しみを味わってきた。〝可能な限り最良の〟というのは〝パキスタンと同じくらい良くない〟ということを意味してきたが、最近になって、Ｓｕ－30という極めて高い性能を有するロシア製航空機を１００機近く取得したことは、一見すると将来戦における航空優勢獲得に繋げることができるかも知れないと思わせるような質的優勢を空軍に与えた。空軍の近代化においては、戦略的独立性への要求、技術の質、技術導入による国産の可能性、単一供給先の回避といったことのバランスが図られなければならないが、このうち特に、スケール・メリットによるコストダウンが必要な航空機の取得において、供給先が単一になるのを回避するのは難しい。

〝メイド・イン・インディア〟

インドは、独自の航空機を製造しようとした時には、例外なく躓いてきた。独自性の獲得と、多用途機やその他の如何なる航空機の国産化への試みの歴史は、惨めな失敗の連続であった。[31]

インドは、ブラケットが提示した枠組みに基づき、また、それまで技術を否定してきた悪しき経緯にも触発され、早い段階から、ほとんどの先進軍事技術（核兵器は除く）の独自設計・開発を目指していった。高性能のジェット戦闘機についても然りである。その大まかな戦略は、絶えず海外から技術を購入して独自のシステムや構成品に取り入れ続け、インドに適した独自の改良を施しながら国内で組み立てていくことであり、最終的な目標を、戦闘機を適正価格で十分な数だけ独自に揃えられること、そして将来強要されるかも知れない如何なる技術制限の枠組みにも対処し得るべく保障することに置いた。しかしながら、総じてこの戦略は失敗であった。

この方向に沿ってなされた、HF－24（Marut）、高性能ジェット練習機、そして軽戦闘機（LCA）という3つの主要な試みから看取されることには大きな意味がある。何故ならそれらのプロジェクトは、インドが最終的な顧客であるインド空軍を満足させる上で抱える問題点と、基礎的技術から航空宇宙やエンジンといった先進技術へ飛躍することの困難性を例証したからである。しかしながら一方で、これらの試みは、社会や民衆から支持されるとともに、それら装備は、実質的な意味を持つ目標というよりも象徴的な目標として機能した（LCAについては今でもそうである）。

国産戦闘機製造の最初の試みにかかったコストは、悲惨ともいうべきものであった。インドは、2次大戦中にフォッケウルフ（Focke-Wolf）航空で働いていたドイツ人チームを雇い入れてHF－24を設計させた[32]。HF－24は双発エンジンの軽戦闘爆撃機であったが、機体にフィットする適切なエンジンを調達できなかったため、設計目標のほとんどを達成することができなかった。開発チームは、低出力の英国製エンジンを皮切りに米国製やソ連製のエンジンも試したが、結局、ドイツ人技術者が開発したエジプト製のエンジンを搭載することになった。これらのエンジンは全て不十分であり、何人ものテスト・パイロットが命を落とすとともに、米国が供給したパキスタン戦闘機と貧弱な戦いしかできなかった。HF－24はインドのジェット時代を切り開くものとして数年間は期待されたものの、結局、後継機はソ連からＳｕ－7を購入することとなった。しかしながら、これも実戦では脆弱なものだった。結局、インドのインフラはほとんど整備されることはなく、ＬＣＡという次の航空機自国生産の試みに着手したとき、それに必要な基盤は存在していなかった。

第2の失敗は、ジェット初等練習機における失敗であったが、これはソ連製のエンジンの機能が全く適合しなかったためであった。この練習機には、プロペラ機の訓練を終了した後、実用機（ソ連製ＭｉＧ－21での初等訓練は極めて厳しいとの悪評あり）での訓練に移行できるようにする中等練習機としての性能が要求された。空軍は、30年間にわたり不満を持ち続けたが、00年にようやく英国製ホーク（Hawk）ジェット練習機の取得が認可された。インド空軍は、練習機を所望の期限内に製造する能力がなかったことで、戦闘機の老朽化と相俟って、真偽はともかく、世界で最悪の事故発生記録を持っている国の1つであると認識されるに至った。[33]緩慢で複雑な取得プロセスはホーク練習機導入における信じ難いほどの遅延の理由とされるが、ＬＣＡの国産開発については、独自設計への過度な自信、供給元としての米国に対する不信（ホークには当てはまらない）、先進技術の国産化への拘りといったこと全てが失敗の原因であった。

80年代の着想であるＬＣＡ開発計画は、ほぼ30年以上を経た今でも予算を蝕み続けながら遅延している。欧米の近代的設計に匹敵するような航空機を製造しようというインドの試みは、未だにある種の悪い冗談であり続けている。[34]80年代末にその企画書を見せられた米国航空機製造企業の関係者は、その時代の全ての最先端技術（例えば、フライ・バイ・ワイヤー、ヘッドアップ・ディスプレイ）が記載されていたことに驚かされた。98年の核実験に対する制裁措置のためＬＣＡ

の開発協力を禁止されたこともあり、最終的に米企業は手を引くことになった。米国が信頼に足りない取引相手であると主張する国産推進派はある意味正しかったが、脆弱なインドの航空産業に最先端装備の製造を期待するのは誤りであった。[35]ＬＣＡ開発は、15年遅延した後、00年に欧州企業と通電機器の契約を結び〝最終開発〟段階に入ったが、兵装関連の運用承認が得られるまでにあと3年はかかるかも知れない。[36]

空軍は、ＬＣＡに対して常に懐疑的だった。何年もの間、既に実証済みの海外技術の購入を望む空軍と、制裁に影響されない最高の、あるいは少なくとも〝十分良好な〟技術を予算内で適時に提供できると主張するＤＲＤＯを初めとする国内製造関連組織との諍いがずっと続いてきた。[37]ＬＣＡはＭｉＧ‐21の後継機となる予定だったが、ＤＲＤＯが国際水準並みの航空機製造に取り組んでから25年間、単なるペーパー・プランでしかなかった。

空軍将校は、独自技術より外国技術を好む一方で、海外調達が政治的状況によってはインドの立場を危うくし、そのことが必要不可欠なスペア・パーツ入手、改修、修理などに困難を来たすであろうことを正確に認識していた。インド軍、特に空軍において、これまで何回か技術規制や武器禁輸を経験した。最初のケースは、英国による航空エンジンの規制であった。51年、英国はインドの政策に影響を与える企図をもって、多くの西欧諸国に先駆けて、インドの新戦闘機用のゴブリン（Goblin）エンジンの供給に制限を加えた。[38]また、最近まで米国はインドに対して航空機及び航空機関連重要技術の売却を行わなかった。冷戦時代はソ連への技術流出の懸念があった（事実、逆に米国がインドを通じてソ連の技術を秘密裏に入手していた）。また、印パ間の軍備競争を激化させるとの懸念もあったし、90年代には核開発プログラムに対する制裁があった。米国は、第三国を経由した米技術のインドへの流入を注意深く監視した。それにより、スウェーデンの航空機（米国製エンジン搭載）のインドへの輸出に待ったがかけられた。

これら航空機は、概して単一任務の運用に最適なものであったが、空軍はそれ以外の独自の運用目的に適合させようとしたため、パイロットの習熟に無理があり、多くの事故を発生させた。ソ連製ＭｉＧ機も同様に〝熱い〟航空機であり、特にパイロット訓練生に容赦なかったが、空軍に英国製ジェット練習機ホークの導入が認められるまで20年以上の時を要した。

多用途戦闘機（ＭＲＣＡ）とさらなる増強

00年、インド空軍は老朽化する航空機の早期代替を求めて、ＭＲＣＡを要求した。その８年後、国防省は、４２００億ルピー（約１００億ドル）というインドで最大規模のこの武器取引に対して最終的に海外企業６社を入札に参加させた。インドは、18機の完成機（１個飛行隊分）に加え、同じ期間と条件でさらに64機購入するというオプションを付して、さらに１０８機を当該企業の協力の下で国内生産することを提案している。そしてこの提案には、航空機か国防製造業に直接関連する分野での50％というおびただしい直接オフセット（通常は30％）が含まれている。[39] このオプションは、政府所有の国防製造インフラと、恐らくは少数の防衛関連民間企業を助長することを企図したものであろう。

国防省は、この戦闘機は40年間にわたり運用される可能性が高く、製造業者は長期間のサポートと実績ベースの保証を求められるだろうとしている。[40] ２つの米企業とロシア、スウェーデン、フランス、欧州企業体が入札予定の６つの企業である。最終契約に至るまでの選定プロセスには最低でも4年を要し、航空機の引き渡しは少なくともその2年後になるだろう。

ドクトリンの発展

タンハムは、80年代における空軍の失敗は、戦闘機乗り精神、管理能力の欠落、有能な若年将校の前途を阻む厳格な年功序列、官僚の航空戦力に対する無知によるものであるとの分析を試みている。その上で同氏は、長期計画への無関心、機数獲得への強迫観念、近代的電子機器や能力向上のための補助的装備など目立たないが極めて重要な必要装備に対する顧慮が十分でなかったことについて空軍自身も批判されるべきであるとしている。そして、〝空軍における基本方針、上層部、そして任務分析が変わらなければ、過去に逆戻りするだろう〟と結論付けた。[41] しかしながら、現実はこの予想に反しており、空軍は、様々なことをよくコントロールしながら、戦略的で真に近代的な空軍になろうとして前に進んでいる。

空軍は、多様な脅威に対応する戦略を鋭意追求している。そして、膨大な数の戦闘機が耐用年数を終えようとしていることを提起することで、空軍の要求を正当化している。テャギ (S.P.Tyagi) 元空軍参謀長は、プラナブ・ムカージー (Pranab Mukherjee) 国防大臣に書簡を送り、インド空軍の勢力は急速に萎みつつあり、もしMRCAの話が早急に纏まらなければ、早晩パキスタンの戦闘機数はインドのそれを凌ぐことになるだろうと訴えた。十分な情報をもっている分析家は、Su－30の製造ラインが完全に生きている間は、現有機の改修とオーバーホールにより対応可能であるとして、この見解に反論している。[42] 空軍はこれまで、62年にその必要性が認められた64個飛行隊の保有を一度も達成したことがなく、45個飛行隊がその最大実績である。現在の保有数は

39個飛行隊であり、その約半数が防空任務を付与されている。ＭｉＧ－21の退役により32個飛行隊まで減少すると見られるが、現在インド国内で製造されているＳｕ－30単機でＭｉＧ－21の１個飛行隊より多くの弾量を広域かつ正確に投射できるのであるから、機数の減少は必ずしも能力低下を意味するものではない[43]。

空軍は、インド防衛における航空戦力の重要性が明確に記述されたドクトリンを策定したが、これは、パキスタンと中国からの実質的な脅威に対処するための装備を有する近代的空軍を実戦配備するための一歩でしかない。技術集約型の空軍の任務から長距離偵察が外れる一方で、陸軍は擾乱に足を取られながらも攻勢的なドクトリンに向かって歩みを速めているところであるが、空軍においては、いずれの戦いにおいても果たしえる役割はあまりなく、一般市民に被害が及ぶ可能性がある対擾乱作戦における航空運用に警戒的である。その代わり、空軍は、特に敵との神経消耗戦やエスカレーション・シナリオにおいて航空機が陸軍や海軍に取って代わり得るという古典的な航空戦力論を繰り広げている。しかしながら、戦略コミュニティーからの受けは悪く、特にエスカレーションを警戒する政治家や官僚からは受け入れられていない。

インド海軍の成長――ゆっくりだが着実に

78年、インド海軍は真の遠洋海軍能力を発展させることを企図した近代化20カ年計画を公表した。その後の10年間でインドは、在来型潜水艦、大型駆逐艦、海洋偵察能力を取得するとともに、コーチン（Cochin）とヴィシャーカパトナムにおける大型港湾と造船施設の建設をソ連の支援を得て行った。[44]

空軍に比して海軍は、緩慢ではあるが曖昧ではない政治的な支えの恩恵を長らく受けてきた。独立後、政治的に信頼のおけない海軍を再建する必要性は海軍力の戦略的枠組みを発展させる契機となったが、それは実際に、大きな影響力をもつパニカールの著作に後押しされ現実のものとなった。一方、空軍はパニカールのような崇敬される文民の提唱者を味方に持つことはなかった。パニカールの提唱する海軍力の枠組みは、特にインド洋沿岸部がインド勢力範囲であることを改めて主張し、制海権を拡大するための不断の努力を強調するものであった。海軍は、その目標達成の手段として独自技術を追求するという空軍の考え方とも一線を画していた。空軍が技術的に〝最新で最高の〟装備品の取得や製造が極めて困難であることに失望していたのに対して、海軍は、既存の確立された技術による安価なものを求めることでより成功を収めていた。これこそが正に48年のブラケット報告が提唱したことであったが、陸軍は戦闘で多忙なため装備開発について真剣に考える余裕がなく、また、空軍は他国の空軍同様、技術先導型の近代化という考えに引っ張られていた。一方、注目すべきことに、海軍は、ＤＲＤＯには探知装置など小型の装備品しか任せることはせず、自軍内で艦艇建造の努力を続けたのである。

海軍は、ハイレベルの政治的支援を得るとともに、新技術獲得において慎重に行動したが、独立後20年間、海軍としての古典的な選択を迫られた。海岸線防衛かシーレーン防衛か？　パキスタンに対する攻勢において重要な役割を担うべきか？　パキスタン艦艇を追跡すべきか、公海上で打ち破るべきか？　結果的に、海軍の採用した選択肢によって、保有する艦艇は独特の混成型となった。制海権獲得がシーレーン防衛よりも優先されたのか？　もしそうであるなら、もっと多くの潜水艦や第2（または第3）の空母を取得することが最良の選択ではなかったか？　海軍は勢力圏拡大の役割を担ったのか？　もしそうであるなら、水陸両用戦や兵員輸送の能力向上や海上からの遠隔攻撃が可能なミサイルや航空機によってなされたのか？　これらの疑問に自信を持って答えることはできない。海軍は、乏しい予算という制約の中で、逐次増やしていくという方法でパニカールの構想実現を目指したのである。

ネルー首相とパニカールによって形作られた初期構想は、海上支配権という英国海軍力の影響を受けた考え方であったが、如何なる主要国に対しても海上における支配権や拒否権を確立できないインド海軍の貧弱な能力という現実に適合するものではなかった。71年のエンタープライズ事案は、インドを取り巻く海軍を巡る環境を再評価させることになり、インド海軍を対パキスタン同様に対米国をも指向した海上拒否能力の獲得に向わせた。インドはその後10年間、潜水艦隊の拡大に焦点を移し、ソ連から潜水艦を取得するとともに、88年にはチャーリー級原子力潜水艦1隻を3年間借り受けるという曰く付きの取引も行った。

エンタープライズ事案と類似する事案発生の可能性が遠のくと、海上支配権構想が再び頭を擡げた。海軍は、2隻目の空母として、82年のフォークランド紛争時に英国派遣艦隊の旗艦であった英空母ハーメスを改修して取得するとともに、海洋偵察機、誘導ミサイル艇、補給艦を取得するなど、洋上におけるプレゼンスに大きく焦点が当てられた。武器取引には様々なしがらみがあったが、その中で最も大きかったのがインド政府内に築き上げられたソ連の兵器製造業者のネットワークであり、ソ連はインド海軍の主要な供給者としての地位を維持した。一方でインド海軍は独自の艦艇建造を継続した。80年代半ば、海軍は独ＨＤＷ社と小型潜水艦の購入・製造の契約を結んだが、ボフォース榴弾砲絡みの汚職が紛糾する中で窮地に追い込まれ、当初契約分は建造したものの、その後政府がＨＤＷ社との契約を破棄したため、ＨＤＷ社製をベースとした開発計画は頓挫し、インドの造船会社は外国技術へのアクセスを禁止された。

海軍の再編

冷戦の終結により海軍は漂流を始めたが、海軍の名誉のために言えば、地政学的な変化に最も早く対応したのは海軍であった。先ず最初に海軍は、インド洋における影響力の獲得というパニカールの古き夢を再発見し、その後の10年間、海軍とその支持者は、海軍構想をインドに対する直接的な軍事的脅威とは基本的に切り離して発展させた。次いで海軍は米国に着目した最初の軍種となった。91年に海軍は、62年の中印戦争後の一時期を除いては存在しなかった印米間の軍事分野での実質的な協力関係を初めて謳ったキックレイター提案への署名を政治指導者に認めさせた。海軍は、エンタープライズ事案に起因する米国に対する不信感を持ち続けながらも、米国防大学に中堅将校を定期的に留学させる道を開いた。98年の海軍「戦略・国防研究」誌は、米海軍との関係緊密化を精力的に推進しつつも、米国による砲艦外交を抑止することの必要性が遠まわしに言及された[45]。一方で海軍は、将来巨大な海の持て余し者になるかも知れない核搭載原子力潜水艦の建造を計画し、他軍種と真っ向から競合する新たな役割を喜んで受け入れた。

86年から96年の間、海軍は主要戦闘艦の発注を行わなかったが、90年代には、キロ級潜水艦3隻及びコルベット艦と給油艦を1隻ずつ、計5隻の既装備艦の追加発注を行った[46]。97年から00年の間には、さらに2隻のキロ級潜水艦と3隻のフリゲート艦をロシアに対して発注した。94年には、ロシア製空母アドミラル・ゴルシコフ（Admiral Gorshkov）購入の交渉を開始した。なお、ロシア側が改修費用を値上げしたために引渡しは遅延しているが、もしこの取引がキャンセルされた場合には既に支払った前金の払い戻し分を自分達のものにできるといった話が海軍内にある。海軍は将来におけるロシアによる原子力潜水艦の売却を楽観視している。海軍は、その技術レベルが高まる程、経費や海外調達における問題に対して脆弱になる。それでも海軍は、既に政府から潜水艦2隻（プロジェクト75）、フリゲート艦3隻（プロジェクト17）、駆逐艦3隻（プロジェクト15A）、防空艦（小型空母）の国内での開発・製造を認可されているので、空軍よりはましかも知れない。

核搭載型〝軽戦闘機（LCA）〟？

核搭載潜水艦計画は、元々、先進技術運搬手段（Advanced Technological Vehicle）という婉曲な名称が付けられていたものであるが、海軍、ラーセン&トゥブロ社（Larsen and Toubro）、核研究所、そしてロシアによる共同作業の拡大版であった。それは、ソ連がヴィシャーカパトナムに特別な造船所を建造した70年代から秘密裏に進められたが、間もなく衆目の知るところとなった。核研究所は核動力エンジン用の原子炉製造に取り組んでいる。潜水艦アリハントは、カルギル紛争10周年にあたる09年に、ただ単にドライドックに注水しただけであったが曲がりなりにも進水した（動力推進したことを意味しない）。その模様を収めた写真などは公開されていないが、それは恐らくソ連技術者の大派遣団が現場にいたからではないかと推察される。アリハントはミサイル発射塔を4基装備するが、6基のミサイル発射筒を有するロシア製のチャーリー級潜水艦を基にして設計されたものである。就役した暁には〝技術デモンストレーター〟となるだろう。搭載ミサイルの種類や最終的に何隻の同級潜水艦が就役することになるのかは明らかでないが、アリハント以外に2隻の建造が既に計画されている。アリハントは12年中に就役すると見られている。

海軍近代化の観点から見れば、アリハントが、世界全域、あるいは少なくとも中国東部の主要な港湾に対する核運搬能力獲得を目指すものなのか、それとも、長期にわたる莫大なコストによって徐々に海軍を終焉へと導くものなのかということの方が、技術の獲得といったことよりも重要であろう。アリハント計画は、陸・空・海の三本柱による核抑止の一角を担うものとして、海軍関連の評論家や海軍が公表したドクトリンによって意義付けられている。インドの核戦略については次章で論ずるが、アリハントは、それが何隻あれば十分なのか、つまり如何なる種類の核兵器をどれくらい運搬する能力が必要なのかということ、そしてどの国を抑止の対象とすべきなのかという疑問を生じさせる。また、アリハントは政治指導者との直接通信手段をもたないであろうし、見通せる将来においてインド政府が軍に権限委譲するとは考え難いことから、指揮・統制についての疑問も生じる。我々の推測は、アリハントの運用開始は際限なく遅延するが、アリハントは核政策に関わる意思決定をインド政府に強要する大きな圧力となるだろうというものである。また、海軍に対しては、その果たすべき役割の優先順位を決めさせる圧力となるだろう。搭載ミサイルと併せて原子力潜水艦1隻あたり30億ドル以上というコストは、海軍予算の相当程度を充当しなければならないため、国産潜水艦建造計画自体のみならず、2隻目あるいは3隻目の空母や他の水上戦闘艦の再編計画をも断念させることになるかも知れない。LCAや戦車の国産と同じように、政府の政策立案者だけでなく海軍でさえも、1～2隻のプロトタイプ建造をもって満足し、既に実験済みで比較的安価な航空機とミサイルによる核運搬手段で事足りると考えるようになるかも知れない。英国でさえもこの方向に向かって進んでいるように見られる。

10年にはインド海軍の保有する主要艦艇は33隻となり、90年当時よりもコンパクトであるが、2つの空母群の編成が見込まれており、これまでより遥かに迅速な海上支配を確立し得る能力を有することになるであろう。07年には、インド海軍で2番目に大きな艦艇となる、ジャラシュワ（Jalashwa）と呼称される米国製揚陸艦トレントン（Trenton）の導入により水陸両用作戦能力を獲得した。ジャラシュワは、１０００名以上の兵員を６機のヘリコプターと小型揚陸艇で達着させることができるとともに、状況により、ハリアー戦闘機の離発着も可能であり、既に運用に供されている。

海洋ドクトリン

海軍は、陸軍と空軍が同じようなドクトリンを公表した後、04年に独自性のある海洋ドクトリンを公表した。それは、軍事、外交、警察、そして〝良性な〟人道支援と救援活動という４つの分野における海軍の任務を念頭に置くものであった。それらの任務を基礎として、海軍は、常時運用可能な２コの空母群（恐らく３隻の空母を保有）及び〝海上支配権〟をインド洋の全地域に及ぼし得る能力の保持という海軍力の枠組みが中期的に必要性であることを導き出した。そして、それは適切な潜水艦と航空機、水陸両用部隊、機雷敷設と掃海能力によって補強されるとした。[47]

06年には、海軍司令官会議においてドクトリン具現のための〝変革の行程〟が話し合われるとともに、救助・救援活動の計画や他軍種及び外国軍との協同・連携についてのより詳細な内容が示達された。[48]

ドクトリンは、インド海洋安全保障に関わるより広範な見方を提示しており、海軍力の役割そのものというよりも経済とエネルギー安全保障により焦点を当てている。英国の海洋戦略家ジオフレイ・ティル（Geoffrey Till）は、このことは海洋問題がますます拡大していることに由来すると指摘する。[49] ティルは、これまでの海軍は他の海軍との相対によって判断される〝国家〟またはウエストファリア主権的存在（Westphalian）であり、その目標は海上支配と地域または全世界的な優越の維持であったとする。また、米国の偉大な海洋戦略家マハンは、究極的に海軍の真価は戦闘における勝利により問われるとする。しかしながらグローバル化の進展により、海軍は、海賊対処、災害救援、海底資源の権益や油井やガス田などの施設の防護といった航行の自由と貿易の安全確保により着目するようになった。こうした現実に対応するドクトリンは、英国の海軍史・海洋戦略であるジュリアン・コルベット（Julian Corbett）卿によって提唱されたものであり、コルベット卿は、海軍は全く起きないかも知れない劇的な海戦に備えること以外にも、多様な役割を演じることができると断言した。[50] 歴史的にそれらの役割は平時における海軍の得意分野であった。海軍力の優越から相互依存とグローバル化によって生じたより複雑で多様な役割や任務へのシフトは、現在のインド海軍が有するかつてなかった大きな戦力に作用するとともに、少なくとも他国から見れば海軍がインドで最も重要な軍種として台頭しつつあるとされる要因である。

インド海軍が抱える根本的なジレンマは、膨大な資産を持ち合わせていながら、全ての役割を完全に果たすことのみならず、多少なりとも果たすことさえも困難なことにある。空母1隻分のコスト（約15億ドル）や原子力潜水艦1隻分のコスト（約29億ドル）は、３７５～７２５両の主力戦車や17～35機の戦闘機に匹敵する。他方海軍は、多様な役割や任務を全て果たそうとして、その技術力と組織力を相当高いレベルにまで高めてきたが、もしインドが先進技術にアクセスできるようになれば更に高めることができるだろう（その場合、それが官製技術なのか民間技術なのかが問題となる）。

海洋戦略家は、海軍だけが国家安全保障における優先順の不均衡を是正できるのだが、海軍には真の政治力が欠けていると論じている。海軍と他軍種との勢力見直しはもちろんのこと、海軍力整備と予算獲得を議会に後押ししてくれるロビイストがいない。ごく最近までインド産業界は海軍や海軍施設に関心がなかったが、これは、最初の原子力潜水艦の建造に関わった企業を含む選ばれた一部の企業に防衛部門の門戸が開かれたことで変わるかも知れない。

90年代以降のインド経済の発展は、単に海軍だけでなく発展する海洋分野全体に関わる問題であるが、数年間に及んだ停滞の後に訪れた海軍予算増加の必要性を認識させるものであった[51]。海軍はムンバイ北部の沖合いにある油井やガス田の安全確保と広大な排他的経済水域（ＥＥＺ）をパキスタンを初めとする他国の不当な要求から守ることを求められてきた。98年以降、海軍は核兵器プログラムにおける役割を求めており、海からの核抑止を構築するための様々な枠組みが進展してきた。２度の湾岸戦争における米国製トマホーク・ミサイルによる攻撃は、インドの海洋戦略家に大きな衝撃を与えた。インドは、71年の印パ戦争においてカラチの石油とガスの貯蔵施設に対して海上からのミサイル攻撃を実施した経験を持ちながら、そのような能力を有していなかったからだ。また、空軍と海軍はそれぞれ、自分たちこそが海洋偵察とミサイル防衛任務を担うべきであると主張している。

米国の海洋戦略理論家トーマス・バーネット（Thomas Barnett）は、01年にその著書において、インド海軍の未来には4つの可能性があると結論付けている。1つ目は、最小限の抑止戦力として、陸・空軍の下位に置かれ、主としてパキスタン海軍の脅威を念頭に置く海軍である。2つ目は、主として中国の脅威を念頭に置く海上拒否型の海軍であるが、さらに地域における外部からの影響を排除できる一般的な能力も有するというものである。これら2つの未来においては、対艦艇能力と領海及び沖合いの施設の防護において、ロシアの影響力が残存し、変革は期待できないとされる。3つ目は、地域安定志向の海軍であり、世界商業貿易におけるインド洋の安全航行に寄与するものである。最も多くのインド海軍士官がこの現状維持シナリオをあり得べきものと見ている。4つ目は、国際的な連合に参画する海軍であり、必要な場合における独立作戦能力を持ちながら、他の主要な海軍、具体的には米海軍との協同作戦能力に長けるというものである。

海軍は、インド洋全域、そして域外においても成功裏に作戦を遂行している。マラッカ海峡において、米、豪、シンガポールとの合同パトロールを実施したこともあるし、最近の最も顕著な活動として、05年に生起したインド領アンダマン・ニコバル諸島、インドネシア・アチェ、スリランカでの津波災害における救援活動がある。06年には、イスラエルによる空爆に先立ちレバノンから自国民と他国の在留者530名を退避させた。また、インド人乗員が乗組む艦艇が数次にわたって襲撃されたため、ソマリアとイエメン沖における海上パトロールを実施したが、それによってフリゲート艦の同海域への展開が可能となった。08年11月には、印海軍艦艇タバール（Tabar）が他の主要国海軍に先立って、真っ先にソマリア沖で海賊に乗っ取られたと見られたタイ商船を捕捉した。印海軍艦艇に国際法上の根拠を与えることになるであろう国連海上平和維持軍も取り沙汰されている。

海軍は、対パキスタンと対中国という2つの戦略思考を持ち合わせている。海洋ドクトリンの前身である、海洋における戦略的国防研究（The Strategic Review：The Maritime Dimension）においては、海軍がパキスタンとのバランスの転換や台頭する中国海軍力の相殺をどう実現するのかについて言及されていなかったが、この寡黙さは海軍高官による公的発言においても明白である[52]。かつて中国が米国について話すときにそうだったように、インド海軍将校は、予算や艦艇数におけるインドと中国の大きな格差を口にするし、全ての他国海軍との関係が敵対的でなく協力的であることがインドの国益に繋がるとする。メッタ（Mehta）提督を初め関係者は、インドの強みはその驚くような大きさにあるのではなく先進技術にあるのだと言う。海洋ドクトリンでは、パキスタンについては、政権転覆の恐れがあるモルディヴや海賊などインド洋における脅威の1つとして婉曲的に言及されている。ドクトリンによれば海軍は、海洋支配力の行使のみならず敵地への戦力投射についても念頭においている。パキスタンとの関連においてそれがどの程度実現性のあることとなのかについて疑問はあるも、インドの全ての軍種がパキスタンの各軍種が持つ脆弱性に対して優位にあること、中でもパキスタン海軍が常に艦艇修理を要する状態にあることは事実である。

政治的な抑制志向が、海軍を中国との競合について公に云々することを控えさせてきたのだろうが、一方で海軍は、反中国に纏わる多くの話、特にミャンマーとパキスタンの港湾における中国海軍の活動を国内メディアにリークしている。

インドにとっての主要な安全保障上の課題である中国とパキスタンの問題への迷いのない対応

を提言できない海軍の無力さが、海軍をして核の三本柱の一角を担う可能性を減じている。海軍の研究員とその支持者は海からの核抑止について云々しているが、戦時下における有用な役割すら明確にできない無能さが、更なる財源獲得に繋がり得る政治力を減じるとともに、結果として変革の推進力を損ねているのである。

中国と対峙するためには、インドは中国との間にある予算と勢力の乖離を埋めなければならないが、それには巨額の投資と海軍の近代化が必要であろう。[53] もし海軍が真の意味での近代海軍になりたいのであれば、そして近代海軍に期待される多様な役割を遂行する上で必要となる高度な能力を更に高めなければならないのであれば、予算を増やすだけでなくインフラ施設も拡張しなければならない（現在、少なくともインド南西部での新港建設は進行中）。インド海軍のみでは地域内の対立国であるパキスタンとの関係を変えることはできないが[54]、政治指導者が米国との関係を深化させてきたことによってそれが後押しされてきた。このことについては第8章で取り上げる。

戦力投射の手段

インドにおける軍事改革は、陸上戦力に対して、如何に空・海戦力を拡張できるかに大きく依存している。空軍と海軍は、ここ20年間、国防予算においてそこそこのシェアを確保してきた。空軍の予算増加率は、インドが初歩的な核抑止力を発展させることを企図したため、三軍の中で最も大きかった。62年以降、海軍は三軍の中で最も軽んじられてきたが、その予算シェアは08年までに12％から18％に増加した。しかしながら、第6給与委員会の勧告による軍人給与の大幅増に対応する必要性から、空・海への予算配分は一時その勢いを失った。陸軍の人的勢力は予算シェアにおいて優位に働き、海軍と空軍にとって好ましかった予算配分の傾向を変えたのである。

変革の見通しには海軍と空軍の間で相違がある。海軍は、寿命が長く図体が大きな装備を少数購入して運用するという特性があるとともに、数十年後を見通した長期的戦略と装備品製造における時間的感覚、そして国全体として持っている大国志向ともよく共鳴する海洋権益拡大の構想を持ち合わせている。ペルシャ湾のような狭い海峡においてインド海軍艦艇と合同訓練で行動を共にした経験をもつ米海軍士官によれば、海軍のシーマンシップはＮＡＴＯと同等水準にあるとされる。士官でも下士官でも、海軍には一級の人材が揃っている。海軍は、インド洋海域における作戦遂行能力を身につけ、独立した２つの艦隊を運用する。今日における海軍の課題はパキスタンとの関連性がないものかも知れないが、かえってそのことは、今後数十年におけるインドの海洋での立場を優位にするだろう。海軍をインドにとって真に戦略的な軍事力にするには、中距離弾道ミサイル搭載原子力潜水艦が必要である。ただし、三軍の中で最も勢力が小さい海軍には、政治的な支えも、インドの戦略環境を変えられる組織体になるだけの資金もない。

一方、空軍は、パキスタンとの激烈な戦いと長期に及ぶであろう中国への対応を念頭に置きながら、技術レベルと勢力の確保に奮闘している。現時点において空軍は、防空戦を重視する編成となっており、攻勢能力は限定的である。空軍の勢力は増すどころか減少傾向にあり、また、海外からの装備導入（または非生産的なＤＲＤＯ）に依存し続けている。空軍は、比較的優れた軍種であり、その任務は優れて戦略的である。空軍が担う国防任務や抑止に失敗すれば、国土は破滅的な攻撃を受けることになろう。空軍は、近接航空支援への対応、緊要な技術の外国への依存

（及び近代兵器製造における国内開発組織の低さ）、核運搬と航空優勢獲得への対応、世界規模の宇宙構想といったことにおける見解の相違のため内部分裂を来している。また、海軍との間では偵察任務において、陸軍との間では近接航空支援と対空任務において競合関係にあり、主導権を争っている。さらに航空輸送戦略に関する陸軍との論争は決着を見ていない。

近代化に関しては、空軍が三軍の中で技術面での不具合に最も脆弱である。兵器の近代化が最大限の機能発揮を可能とするシステム統合の成否にかかっているが、海軍については、海軍艦艇は多くの異なる役割をもつプラットホームであるが故、必ずしも最先端の技術がなくても何とか切り抜けられる場合がある。例えば、艦旗の掲揚や、災害救援や海賊対処などの活動に最先端技術は必要としない。他方、地上攻撃用の戦闘機の空戦能力における迎撃戦闘機との差は歴然としており、敵がこの点で優れている場合に相当不利であるし、電子機器のマイナーチェンジに対しても脆弱である。パキスタン空軍は、質においてインド空軍に勝るとも劣ってはいない。これは実戦でしか測ることはできないのであろうが、最近まで、インド空軍のパキスタン空軍に対する名目上の数の優位性はインドの航空優勢獲得には覚束ないものであった。中国との航空戦力バランスの差は想像を絶するぐらい大きい。核保有国であるパキスタンや中国との戦争が生起した場合の主な考慮事項の1つは、空における戦勝獲得ではなく、エスカレーションを回避するために航空戦力をどう運用すべきかということであろう。カルギル危機においてそうであったように、核保有国間におけるエスカレーション回避はいかに航空戦力を慎重に運用するかにかかっており、一方による航空戦力の際立った運用は相手方をして作戦の地理的範囲や強度をエスカレートさせることになるだろう。

第5章　不本意な核国家

98年に行われたインドの核実験は大きな転換点であり、その後、インドはその主張を相当強めていくことになるだろうことを多くの者が予期した。この見方は、平和的核爆発と婉曲に表現した74年の実験の時とは違い、今回の実験は核兵器能力を完全なものにすることが目的であったとインドが宣言したことにより強められた。さらにインドは、特定の安全保障上の脅威、特に大国としてインドに敵対する国として台頭する中国が、インドをして兵器の垣根を越えさせたのだと主張した。しかしながら、核使用に関わるドクトリン草案の策定を終えたことや、核保有国になったことがインドを大国に押し上げる1つの要因となったという事実にもかかわらず、インド政府は、非常に慎重かつゆっくりと核国家としての歩みを進めている。この点に関して言えば、パキスタンの方が遥かに独断的である。

この注意深さと慎重さは、インドの核兵器プログラムのトレードマークとでも言うべきもので、最初からインドを原子力の平和的利用に縛りつけていた。インドは、独立以前から原子力エネルギーに強い関心を持っていた[1]。インドの初期段階における原子力研究の成功は、バーバー博士に負うところ大であったが、同氏は、原子力エネルギーを技術の後進性を飛び越えて国を発展させるための手段であると見ていた。バーバー博士はネルー首相と親密な関係にあったのだが、両者とも、原子力爆弾には反対しつつも、優れた専門家と豊富な原子力鉱物資源を有するインドの核開発における優位性を認識していた。バーバー博士は、インド原子力エネルギー委員会（IAEC : Indian Atomic Energy Commission）の初代会長に指名され、小さいながらも洗練された文民による核研究プログラムに着手したが、核兵器に反対ではなく、プログラムの一部に原子力の軍事利用を取り扱う余地を残した。インドは、カナダと米国から一基ずつ原子炉を調達した。65年までにバーバー博士とその研究チームは、インドが核兵器保有国になることを真剣に検討し得るところまで到達した。インドの核開発プログラムにおいては、少なくとも核兵器1個分に相当する8kgのプルトニウムを1年間で生成可能な再処理施設の建設が計画されていた。インドは、原子炉技術、重水、ウラン濃縮などについて海外に頼らなければならなかったが、いくつかの分野で独自の設計と建造が可能になっていた。

しかしながらインドは、核兵器開発プログラムを性急に進めることなく、〝核の道を進む（going nuclear）〟ことについて、戦略面だけでなく、政治面、道徳面、経済面にわたる広範な議論を幾度となく行った。[2] 一方で、62年の中印戦争でインドが大敗を喫するとともに、64年に中国がロプノール（Lop Nor）で核実験に踏み切ったという事実が、インドの政治指導者に重くのしかかった。中国による北部と東部におけるさらなる軍事侵攻の可能性も考えられた。核抑止理論に明るかったバーバー博士は、主要な核保有国から安全を保障してもらうか、さもなくば核兵器保有を追求するかという論議を投げかけた。米国か英国が核の傘を提供してくれるのではないかという期待もあり、64年の中国による核実験の後、インド政府は両国にその話を持ちかけた（ネルー首相は、核運搬能力を有するその当時の爆撃機B－47の取引も必死になって要求した）。62年の中印戦争における敗戦に恥辱を感じていたことと通常兵器の再建に力を注いでいたことから、軍は核の議論には距離をおいた。このため、核兵器プログラムに関わる全ての決定は、シビリアン、つまり政治家、官僚、そして科学者の手中にあった。

一方、核兵器プログラムは、62年の敗戦後から始まった大規模な軍再建とも相俟って、既に弱くなっていたインド経済を脅かすこととなった。さらにネルー首相は、62年の敗戦後も、核兵器に対する政治的、道徳的な嫌悪感を引き続き持ち続けていた。米国政府はインドが再び中国から攻撃された場合の対応の確約や安全保障の傘について論議したが、政府内にはインドの核兵器プログラムを支持する者もいた。チェスター・ボウレス（Chester Bowles）米大使は、インドがその方向に進んでいったとしても懲罰を課さない方が好ましいとした[3]。いずれにせよ、ネルー首相は、自身の非同盟主義への信念から、核兵器への道を突き進むことを自制した。米国との核に関わる政策的合意によって米国との関係が緊密になったり、カシミール問題についてのパキスタンとの交渉を米国と英国に強要されることを恐れたのである。一方、首相の核問題アドバイザーは、もし核軍縮が早期に実現しないのなら核兵器プログラムを温存すべきとした。彼らにとっては、核軍縮か核兵器保有かという二者択一の問題であった[4]。結局インドの核兵器プログラムは、技術基盤を残しつつ、深く潜行することとなったのである。

大国が核兵器拡散防止のための包括的な枠組みを確立すると、その枠組みへのインドの参加を求めた。68年の核兵器不拡散条約（ＮＰＴ）は、核軍拡競争の終結と核軍縮の追求、そして核兵器放棄を宣言した国への非軍事核技術の供与という、インドが長らく主張してきた目標を前に進めるものであった。しかしながら実際には、それらの目標ははかないものであった。NPTへ署名するということは、超大国と中国の核兵器廃棄に対する保証がないままに、一方的にインドの核施設が完全な監視下に置かれて保障措置を受け入れるということに他ならなかったであろう。多くの議論を経て、インドはNPTに加盟しないことを決め、引き続き、研究と核物質の生成を粛々と進めるとこにした。核オプションをオープンにしておくという決定は、外交における自主性の維持に対するインド政府の執着を反映するものであり、また、核兵器プログラムが民生利用プログラムと同じくらい重要なものであるという認識を示すものである。

71年の印パ戦争における勝利は、インドの戦略的立場を再び変えるものとなった。インド政府はソ連に接近していくようになったとともに、インディラ・ガンディー首相は、恐らくは内政上の事情に駆り立てられて、74年に核実験に踏み切った。[5] インドは核装置の実験成功には十分な自信があったが、実際にそれを核兵器として機能させることについてはあまり自信がなかった。それ故、核実験は〝平和的核爆発〟と発表したのであったが、実験関係者はもっと現実的な見方をしており、74年の実験におけるキーパーソンの1人であるラジャ・ラマンナ（Raja Ramanna）博士は、04年に死去するまで、実験の軍事的な目標やバーバー博士の核兵器への関心についてよく口にしていた。米国初め西側諸国は、NPTの規定と自身の不拡散関連法に従って、インドに制裁と制限を課した。ソ連でさえも一時はインドと距離を置いた。一方、71年の戦争で敗北したブットー（Zulfikar Ali Bhutto）パキスタン首相は、たとえ国民が草を食うことになろうとも独自の核兵器を獲得することを国民に誓った。

74年に核実験を行った後も、依然としてインドの核プログラムは鳴りを潜めたままだった。核実験によってもたらされた国粋派の栄光が暫く続いた後、キーパーソンは引退し表舞台から姿を消していった。インドは国内問題に忙殺され、遂に77年の総選挙でインディラ・ガンディー首相は敗北するに至った。

核政策への無関心はその後も続いたが、80年代末に著名なインド戦略家が、パキスタンは核爆弾を間もなく手に入れるか既に手に入れているだろうとの見方を示すと状況は変わった。その見方は正しかった。インド独自の情報だけでなく、パキスタンが〝レッドライン〟を越えるべきでないとする米国による執拗な公式声明の頻度が増えていることは、パキスタンの核兵器プログラム進捗を表すものに違いなかった。中国がこれを支援していたことも広く知られた事実であった。86年~88年に陸軍参謀長だったスンダルジ将軍と戦略家のスブラマニアムは、インドの核兵器のための確固とした素晴らしい未来を描いた。スブラマニアムは、過去数十年にわたって同世代の学者やジャーナリストにとって核の〝権威者〟であったが、その後も引き続き、権威者として君臨した。スンダルジ将軍は、核兵器について真剣に考えを巡らせた数少ない軍人の1人であり、88年にアルン・シン(ラジヴ・ガンディー首相時代の国防担当閣外相)の委任により政府研究を統括した。この研究による脅威分析は十分な説得力があったため、各方面から広く支持された[6]。報告書は、インドに対する核及び非核の脅威について明確に記しており、それによれば、脅威の主体は中国とパキスタンであるが、インド生来の勢力圏を脅かす脅威には米国その他の国も含まれるとしている。核実験後のインドにおける大方の見方は、インドは中国、パキスタン、米国という邪悪な三角形に直面しているというもので、名目上の同盟国であったソ連は、このインド包囲論を支持するごとく積極的に努力した。

スンダルジ将軍とスブラマニアムは、米国の核戦略家ケネス・ウォルツの言を引用しつつ、核兵器の保持は当該国をより慎重にさせると主張するとともに、第三世界における核は他の地域に存在する核よりも本質的に危険であるという西側の主張に反駁した。彼らは、インドの優位が明白である通常戦レベルに軍事的紛争を封じ込めることが、インドの対パキスタン政策における最良の選択肢であると考えた。先制攻撃の可能性を最小限にするためにインドは核の先行不使用を宣言すべきであるとしたが、それは高価値目標の破壊能力を有する小規模の抑止力によって裏打ちされるとした。中国は、その国土の広さと軍事力ゆえ、問題はもっと複雑である。確かに、インドは通常戦力でも核戦力でも中国に比肩しようとは思っていない。幾つかの中国の都市目標に到達し得るミサイル能力を開発すれば良いのである。この時期、インドにおける軍事研究開発は、ミサイルと核搭載原子力潜水艦へと顕著にシフトした。

パキスタンと中国以外の脅威は間接的なものだった。米国による核兵器不拡散へ向けた努力は、インドには自国を封じ込める戦略に映った。米国は、インドに対して核兵器を断念するよう迫ったが、一方で、パキスタンへの核技術支援について中国を追及することは決してなかった。加えて米国は、手遅れになるまで、パキスタンの核兵器プログラムを止めさせようとしなかった。これら核に関わる米国の戦略的な打算は、インドの核に蓋をしようとするもので、核を運用可能な状態で実戦配備することへのインドの強い抵抗感を反映していた。88年、ラジヴ・ガンディー首相は、世界的・地域的な核軍縮のために採るべき段階的な行動計画を提案した。それはパキスタンの核プログラムを停止させるための最後の外交努力だった。行動計画の中でインドは、世界的な核兵器の削減とともに、地域的な軍縮を初めて提案したが、大国はその提案に何等の注意も払わなかった。あるインド人批評家は、その提案があまりにも遅きに失したナイーブなものであると非難した。パキスタンがある一線を越えないよう米国が公式に警告したことは、重大な局面にあるパキスタンの核兵器プログラムを裏付ける有力な証拠だった。89年、ラジヴ・ガンディー首相は、ＤＲＤＯがインド原子力エネルギー委員会と協力して核プログラムを再開することを認可した。[7] その目標とするところは、組み立て直前まで核兵器を開発することと、核の運搬手段と組織に関わる他の必要な要素の全てを手中に収めることであった。

バーバー原子力研究センター（BARC:Bhabha Atomic Research Centre）は、89年、ラジヴ・ガンディー首相の命により、ＤＲＤＯの科学者とともに実験に向けた準備に取り掛かった。核兵器の物理現象に関わる相当多くの公開情報がその手助けとなった。インド人設計者は、利用可能と考える高性能コンピューターや関連知識にアクセスした。開発チームは、74年に実験したプルトニウム型爆弾の改良型、核融合型コンポーネント、そして恐らく戦術核兵器といった幾つかの異なるシステムを手掛けた。それらの活動は、遂には98年の核実験を実現させ、インドの核能力を白日の下に晒すことになった。

核保有国への道、曖昧性の放棄

インドは、進展するパキスタンの核プログラムの脅威への対応を画策する一方で、米国と中国に対するバランサーであり主たる戦略的パートナーであったソ連を失った。冷戦終結に伴い、米国は平和の配当を確実なものにするため、核兵器不拡散への新たな力強い息吹を精力的に追求した。クリントン政権は、核兵器不拡散条約（ＮＰＴ）の無期限延長を求めるとともに、包括的核実験禁止条約（ＣＴＢＴ）とカットオフ条約の交渉を始めた。インドは、そうした枠組みに反対する国と見なされ、米国の核兵器不拡散政策における主要な標的となった。米国高官は、米国の目標はＮＰＴ未署名の国の核プログラムを〝蓋で覆い、減じ、除去する〟ことであると発言した。[8]

　冷戦後、３つの異なる学派が核兵器について論じた。[9] １つ目の学派は、新国際協調主義者（neoliberals）であり、経済発展に主たる関心があった。90年代初頭のインドの政策の主流であった彼らは、91年の債務支払危機における未払いの後、経済改革を打ち上げたが、インドの経済回復を危うくする可能性がある独断的な外交安全保障政策を警戒した。２つ目の学派は、ネルー主義者であり、曖昧戦略を伝統的に支持し、外交政策における〝第三の道〟からインスピレーションを受けた者達であった。第１章で述べたように、ネルーは、大国から等距離を保つことによって、高くつく軍事力増強を不要にしつつ、行動の自由を確保できるとの信念を持っていた。このアプローチは、インドにおける戦略的抑制の長い歴史の根底にあるものである。非同盟主義はさておき、軍事力に対する外交の優越、戦争への消極性（71年は例外）、そして、戦争に勝利してもなお軍事的優位性を敵に強要するのを躊躇するといったことは、全て独断的な安全保障政策に要するであろう高いコストを好まないネルー主義の原則に由来するものである。新国際協調主義者とネルー主義者は、核オプションを開放しておくという点については相互に連携する関係にあった。

　３つ目の学派は、強力な国家防衛を主張し、核実験のみならず完全な核の三本柱の構築を求めた。この学派は、陸・海・空の運搬手段を含め、米、ソ、中、英、仏のシステムと同じような近代的核兵器と、さらには、最も近代的な兵器体系、即ち核融合爆弾を欲した。彼らは、新たな核保有国になったという既成事実を世界に誇示することによって、インドが大国の仲間入りをできると信じていた。新国際協調主義者やネルー主義者とは違い、彼ら超現実主義者（hyperrealist）は、国際関係における軍事力の有用性を信じていたのである。軍備増強は、パキスタンを抑止するとともに、パキスタンの過度な軍事支出を止まらせることができるだろう。インド人戦略家の多くは、ソ連の崩壊が米国の潤沢な軍事支出に追随できなくなったために起きたものと信じている。中国については、インド亜大陸の地域的な利害関係に入り込むことを防がなければならなかった。再び蘇ったインドは、米国をして、インドの勢力圏を認知させ、南東アジアからペルシャ湾に至る海域における支配的地位の容認を強いるだろう。

最後に、重要な一角を占める存在として科学者がいた。彼らは、公の場での議論に加わることは滅多になかったが、今後目指すべきことについての情報をリークした。科学者は、核兵器の使用を巡っては互いに異なる意見をもっていたが、欧米諸国、即ち米国と英国が、〝軍民共用〟に繋がる可能性があるとして、明らかに害のない技術供与をも拒否するとともに、研究プロジェクトへの協力を拒んだことに憤りを感じていた点で一致していた。[10] この憤りは特に、軍事についてほとんど関心がないか知識がない技術者や、西側諸国が潜在的競争相手を潰すためにいい加減なことを言っているだけと感じている者において顕著であった。加えて、インド人は、技術規制の枠組みの中で、自分たちが質の高い独創的な仕事を他の手を借りずにできることを欧米に見せ付けてやるのだという思いによって突き動かされていた。専制的で非民主的な国家、即ちパキスタンと中国との親密な関係を続ける一方で、民主国家であるインドに対しては、貧困を和らげることができるであろう技術（その一部は軍事利用の可能性があるにしても）にアクセスする権利を否定する欧米諸国によって課された制約に対して、多くのインド人技術者は憤りを感じていた。

90年代初め、米国からの圧力が強まるにつれて、インドの核政策は新国際協調主義者とネルー主義者に支持され、インドは外交努力によってこの圧力から逃れることを追求した。インドは95年にNPTの無期限延長に反対する強力な主張を展開したが、米国は、軍縮会議の頭越しに、国連総会においてNPTの無期限延長を勝ち取るとともに、その後間もなく、精力的にCTBTを前に進めていった。インドはかつてCTBTの共同提案者だったが、自国の核オプションがリスクに晒されると、軍備管理擁護から身を引いていった。そして遂に、96年6月20日、軍縮会議においてCTBT交渉にあたっていたアルンダーティ・ゴース（Arundhati Ghose）インド大使が、条約への署名はインドの安全保障上の利益に反するとの発言を公に行うという決定的な日が訪れた。これは恐らく、インドが軍備管理協定の擁護から撤退する理由として〝安全保障〟に言及した初めてのケースであった。核兵器を保有する主要国は、当該国家間においては多くの妥協を重ねてきたのに、インドをその仲間として迎えることはなかった。インドは、NPTと違って40カ国以上の批准が必要とされるCTBTの発効要件を逆手にとった。NPTの時のような失敗はできなかった。中国と欧州からも支持されていた米国の核兵器不拡散政策は、容赦なくインドの核オプションを奪おうとしていた。インド軍人は、91年の湾岸戦争から、核兵器を持たずに米国と戦ってはならないというある種真偽が疑わしい教訓を学んだ。インドは、米国との戦争は念頭に置いておらず、むしろ、たとえインドの経済再建にとって米国による多面的な財務支援が不可欠なのだとしても、核兵器不拡散から貿易政策に至る様々な分野における米国からの圧力を撥ね退けたかったのである。両国の経済上、安全保障上の利害は、真っ向からぶつかり合った。

　インドのドアが閉じられようとしている時、ネルー主義者は、〝何もしない〟で核オプションの現状維持を試みる勢力との連携から離れ、核オプションを有効に維持するために核実験を行うべきとする勢力に加わった。コングレス党率いるラオ（P.V.R.Narasimha Rao）政権は、核実験の実施について真剣に検討し、その準備のため74年の実験を行ったラージャスターン（Rajasthan）タール砂漠の核実験場に人員を送り込んだ。人工衛星によりその動きを偵知した米国はインドに圧力を加え、それによりラオ政権は引き下がったものの、インド国内に核実験に対する新たな支持層が生まれた。ＣＴＢＴを巡る論議、つまり元々インドが提唱した条約に自ら反対することにより、30年にわたる不安定性と不確実性の中で成しえなかった国内意見の集約が実現したのである。[1-1]

　最初からインドの核実験と核兵器開発を支持していた超現実主義者たちは、ＢＪＰから自然に受け入れられていたし、核実験と核の兵器化を好ましく思っていた科学者からの支持も得た。核実験実施に関わる意思決定は完全に秘密裏に行われ、ごく僅かの者しか核実験計画を知らなかったため、〝核保有国への道を進む〟ことについての活発な議論が何年にもわたってなされてきたにもかかわらず、遂に核の殻を破ることについての英知を集めた公の議論はなかった。

　それ以前の10年間で、ＢＪＰは、インド政治の片隅から第二の国民政党に躍り出た。その台頭は、何にも増して核実験を主張する国粋主義者にとっての忠実な存在であることにより加速された。核問題は、その重要性が増すにつれ、ＢＪＰの明確な選挙公約となっていった。98年5月の総選挙でＢＪＰが初めて政権を獲得した2カ月後、インドは5種類の核実験を行った。ＢＪＰの迅速な行動は、関係者を驚嘆させた。国防大臣は、ＢＪＰと連立を組んだ政党の出身者ではあったものの、最後の瞬間まで実験について話を聞いていなかった。ワシントン在住のインド外交団は米政府に対して核実験は起こり得ないとの明らかな確証を与えていたため、インドに裏切られたというのが核実験に対する米国の最初の反応であった。さらに、ＢＪＰはよく練られた巧妙な欺騙計画を実行したため、インドによる核実験は米高官にとって完全な奇襲であり衝撃であった。[12]

核保有国であること

核実験の実施は、実験自体はそれで区切りがついたのだろうが、今後如何なる核プログラムを進めていくべきか、如何なる戦略ドクトリンを持つべきかという困難な政治選択を政府に対して迫るものであった。ＢＪＰ率いる連立政権は、間もなく崩壊することになるのだが（９９年４月に連立政権を離脱する党があり政権は崩壊したが、それに伴い行われた総選挙でＢＪＰは政権与党に返り咲いた。）、〝核ドクトリン草案（Draft Nuclear Doctrine）〟の起案を、新たに創設された国家安全保障諮問委員会（NSAB：National Security Advisory Board）に委任した。[13] ＮＳＡＢは単なる諮問組織であることや、現役のジャーナリストが構成員になっていたことなどから、多くの関係者が懐疑的に見ていた。ＮＳＡＢは、公に意見を交わしていた構成員の全ての見解を反映するものではなかったし、00年初めに委員会が再編された際には多くの立ち上がりメンバーが任を解かれた。

ＮＳＡＢは、多くの重要な関心事項を敷衍すべく総花的な文書を作成するとともに、インドの核兵器開発と核戦略のためのパラメーターを明らかにした。そして、核抑止の考え方を支持しつつも、不特定の敵によるインドに対する核攻撃を抑止するに必要十分な抑止――最小限抑止（minimum deterrent）を提唱した。恐らくこのドクトリン草案において最も重要な議論は、小規模の戦力で十分とし、相手国との軍拡競争に陥らずに済むということであった。ただし、この最小限抑止には、陸・海・空の核の三本柱による核兵器の残存性の保証が必要であろう。さらに草案は、インドが他の核保有国に対する核の先行不使用と非核国に対する不使用の政策宣言を行うべきことを明言した。また、全世界における軍縮の進展を呼びかけた。

核ドクトリン草案は、インドの核プログラムについての国内外における議論の中心的存在であるが、同プログラムに関わる主要な問題を解決してはいない。草案は、未だに大きな力を持ち続ける核兵器反対勢力から当然のことながら攻撃された。深い洞察と一貫性に欠けるとしてドクトリンを批判するタカ派の戦略家もこの攻撃に加わった。元政府高官の多くは、この草案が戦略ではなく政治により動機付けされていると見ていた。

99年及び01年～02年における印パ危機は、核兵器使用に関わる問題を惹起させた。[14] 99年の危機は2つの教訓を提起した。その1つは、インドの核兵器は通常戦力より低強度のパキスタンによる軍事挑発は防げなかったこと、そして、挑発への対応が如何なるものであってもパキスタンの核兵器を考慮しなければならなかったであろうということである。2つには、それ故に今後の南アジアにおける地域紛争は慎重に制限されるであろうということである。01年～02年の危機では、インドはパキスタンに支援されていると見られるテロ攻撃への報復のために大戦争に突入するリスクをあえて冒さなかったことから、後者の教訓が再確認された。また、2つの危機を通じてインドは、米国を初めとする各々の国がこの地域における紛争へどのように介入してくるかについての教訓を得た。

核実験はインドをして、核オプション戦略を終わらせ、核の兵器化への道を漠然と進ませることになった。実験後11年が経過しても兵器化の定義についてのコンセンサスが存在しないのであるから、〝表面的に〟とか〝漠然と〟という修飾語が未だに必要である。インドの核兵器プログラムの現状については疑義があり、核兵器がインドの大戦略にどのように組み込まれることになるのかについて相当の混乱がある。プログラムをよく知る政治家や行政官は、技術的な健全性にも懸念を持っており、科学者がどう言おうとも、インドは空・海・陸に運搬能力を持たせる核の三本柱の設計、開発、製造を前に進ませることができるような状況にはないと見ている。中でも海からの発射能力は、技術的に見て最も実現しそうにないことであり、かつ、核搭載潜水艦の運用においては現場指揮官に発射権限を委任する必要があるという指揮・統制上の問題から、政治的な受けも悪い。こうした議論は、米印原子力合意によってインドの核兵器プログラムが正当化されたため、沈黙した。原子力合意では、インドの軍事プログラムについて一切触れられていない。インドの兵器プログラムが国際的な正当性が認知された後、核戦略と核ドクトリンに対する関心は急速に失われていったのである。

安全保障と国際的影響力のトレードオフ

インドの核に関わる政策決定は、アジアの安定と長期的な印米関係に極めて大きな影響を及ぼすであろう。それは、（1）核プログラムを脅威に見合ったものにする〝規模の適正化〟（2）核ドクトリンの発展（3）危機管理（4）民主主義とその特異な民軍関係に適合する指揮統制組織の発展を含む兵器の管理（5）核兵器拡散に対する政策 である。これら5つの点に対する分析は、核プログラムが進化途上にあることから暫定的なものにならざるを得ないが、ある程度の予測は可能である。

核兵器は幾つあれば十分なのか？

判明している核分裂物質の生成能力とプルトニウム燃料の再処理能力に鑑みれば、今後5～7年間において、インドが保有する核兵器の数と種類を予測することはそこそこ可能である。表5－1は、幾つかの独立した情報元による予測を取り纏めたものであるが、それによればインドの核兵器保有数は、上限値が200個、下限値は約60個となっている。それらは、幾つかのミサイル核弾頭に適用されるであろう熱核装置の検証のための新たな実験を実施していなければ、恐らく第一世代から第二世代の代物であろう。しかしながら、もし未処理の使用済み燃料棒を保存していたとしたら、インドは、1000個程度の核兵器を製造できるだろう。

既にインドの核兵器が航空機運搬により到達可能な圏内にあるパキスタンは、ミサイルの開発及び実験を精力的に行いこれに対抗している。インドは、航空機によって中国西部の幾つかの都市へ少数の核兵器を運搬できるが、恐らく15年までには、核搭載のミサイルと爆撃機が、パキスタン全土、中国東部の主要都市、多くの米国の同盟国、米国の在外軍事基地、そしてもしかすると米本土へも到達可能になるだろう。

インドは、核兵器プログラムを表面上は民生利用や平和的とされる核施設に隠蔽してきたた

表 5-1　インドの核兵器保有数の見積り

出典	1998-2002	2004-2010	将来
DavidAlbright -20,002,003	Low-45 Median-65 High-95	Low-65 Median-85 High-110	n.a.
BulletinoftheAtomicScienists -20,022,005	30-35	45-50	n.a.
Crincione,Wolfsthal,andRajkumar -2001	50-90	n.a.	n.a.
CongressionalReseachService (2005)	n.a.	30-35	n.a.
BharatKarnad（2002）	n.a.	122 (proposed)	408 (proposed)
RajaMenon（2005）	n.a.	200	400 (proposed)
Mian,Nayyar,Rajaraman, andRamana -2006	n.a.	100	n.a.
GeorgePerkovich（1999）	25-50	n.a.	n.a.
R.Rajaraman（2008）	n.a.	130	n.a.
R.Ramachandran（1999）	35	n.a.	n.a.
SIPRI（2000）	25-40	n.a.	n.a.
AshleyTellis（2001）	50	70-76	n.a.

出　典：Ashley Tellis, India's Emergeng Nuclear Posture:Between Recessed Deterrent and Ready Arsenal (Santa Monica,Calif; RAND,2001),pp.484-93,692; Joseph Cirincione,Jon B.Wolfsthal, and Miriam Rajkumar,Deadly Arsenals (Washington: Carnegie Endowment for International Peace, 2002),pp.191-206; R.Rajaraman,"Implications of the Indo-U.S. Nuclear Deal for India's Energy and Military Programs," in Indo-U.S.Nuclear Deal:Seeking Synergy in Bilateralism,edited byP.R.Chari(New Delhi:Routledge India,2009),pp.133-34;Sharon Squassoni,"Indian and Pakistani Nuclear Weapons,"CRS Report for Congress,Congressional Research Service, Library of Congress,February.17, 2005;George Perkovich,India's Nuclear Bomb;The Impact on Global Proliferation(Univ.of California Press 1999),pp.2,430; Robert S. Norris and Hans M. Kristensen, Nuclear Notebook, "India's Nuclear Forces,2005,"Bulletin of the Atomic Scientists(September-October 2005):73; R. Ramachandran,"Pokhran II: The Scientific Dimensions,"in India's Nuclear Deterrent: Pokharan II and Beyond,Edited by Amitabh Mattoo(New Delhi:Har-Anand,1999),pp.35-36, Raja Menon,"Nuclear Stability, Deterrence and Separation of India's Civil and Weapon Facilities,"om Strategoc Analysis,29,no.4(October 2005):604;Zia Mian and others,"Fissile Material in South Asia:The Implications of the U.S.-India Nuclear Deal,"Science & Global Security 14,nos.2,3(Dec.2006),pp.117-43;and Bharat Karnad, Nuclear Weapons and Indian Security(New Delhi:Macmillan India,2002),p.617.

め、インドの保有能力の見積もりはあくまでも概算であるが、それでも、現在の物理的な能力限界は明白である。

核に対してタカ派の何人かは、インドを核大国に押し上げるに十分な核融合爆弾を広範に配備することを良しとする。それらの者は、海からの発射システムを隣接する海域への核戦力の展開を可能ならしめるものとして捉えるとともに、鉄道搭載の発射システムを機動力と第二撃報復攻撃能力の保持を確実にするものと見ている。

インドにおける考え方の主流は、パキスタンと中国の双方を抑止するには、インドの核戦力は第一撃を生き残るに十分な規模があるべきであるが、小さくとも頑丈な（そして技術的に優れる）核兵器があれば十分であるというものである。しかしながら、何と言っても抑止というのは心理的状態や考え方に対する推量なのであるから、インドの核組織の中枢にある者は、脅威の度合いに応じて核兵器を調整できる自由度を持つべきだと主張する。

この主張は、そうした者を不確かな戦略的課題へと導く。第1に、相手方が我が方の核戦力増強を認識しない限り、核戦力増強に意味はないということであり、それ故、将来における核の脅威に備えるための予備の製造能力を大規模に維持する必要性に常に迫られる。しかしながら、この能力は相手国から見れば、天井ではなく足元の床として認識されるので、このことは軍拡競争の発端となるのである。

第2に、〝受け入れ難い〟損害の計算には政治体制や時代によって幅があるであろうから、〝どれくらいで十分?〟という問題に答えるのは困難である。安定的で裕福かつ慎重な中国の指導部であれば、幾つかの大都市を目標とする少数の核弾頭の脅威によって抑止できるのではないか?

それともインドは更に多くの都市を破壊し得る能力を誇示しなければならないのか？　インドは、同じような計算をパキスタンに対してもしなければならないが、パキスタンの為政者は将来さらに予測不能な存在になる可能性がある。パキスタンの為政者にその本気度を示すためラホールを4～5回破壊しなければならないのか？　将来起こり得る印パ間の緊張や紛争において、パキスタンは核使用をエスカレーションさせるのか？　そうだとすると1発か2発で十分なのか？[15]

第3に、インドは、パキスタンと中国の両国、将来においてはイランやその他の新たな核兵器保有国に対して、さらにインドの核心的国益を脅かすようなことがあれば米国や他の西欧諸国に対しても、核兵器の使用を余儀なくされるような不測事態を想定した計画を練ることになるのか？

最後に、インド政府の行う脅威分析は、正確で信頼に足りうるものなのか？　企図を考慮せずに見積もった場合の他国が有する核の能力についてのインドの判断は、しばしば現実から大きく逸れている。インドは、少なくともここ20年間、パキスタンの能力（及び企図）をかなり低く見積もってきたし、米国のインドに対する敵愾心を誇張する一方で、中国の核プログラムに対しては驚くほどほとんど関心を示してこなかった。インドとパキスタンが、それぞれ相手方の核兵器保有数や実戦配備数について適正な見積もりをしているかも疑わしい。曖昧性は危機に際して危険である。それぞれが相手方のことを、エスカレートできないはずだ、相手方は核戦力を全て使い果たしたのではないか、核戦力が限定されているから先制使用を準備しているのではないか、といった邪推をするかも知れない。十分な核物質を有するが不十分な情報しか持ち合わせない印パの指導層の関係は、双方を古典的な軍事競争に駆り立てるだろう。この状況は、中国の核兵器を考慮した場合さらに複雑である。パキスタンは中国の存在をインドへの抑止力と見ているが、その一方で、インドにとって中国は、遅きに失しないうちに未だ弱い相手であるパキスタンを叩くべく、戦争へと駆り立てる存在になるかも知れない。

インドの戦略家が過度に警戒すれば、インド政府が核に関わる自身の企図についてもっと透明性をもたせるか、核の使用ではなく抑止に必要な適正戦力レベルについて中国とパキスタンという核のライバル国との対話をもたない限り、核軍拡競争のリスクが大きくなる。いつの日にか戦略コミュニティーはこうした考えに至るのかも知れないが、もしそうでなければ、軍拡競争、あるいは軍拡への歩みともいうべきものは、着実な数の増加、命中精度や運搬手段の信頼性の向上、弾頭の大型化を伴うものとなるであろうし、それは新たな核実験を要することになろう。インドは、何人かの戦略家が切望するような核〝大国〟の地位を手に入れることができるかも知れないが、それはインドの安全保障を高めることにはならないだろう。

核ドクトリン

98年の核実験後に確立されたインドの核ドクトリンの中心に据えられた前提は、インドはパキスタンに対する抑止追及を優先しつつ、中国と均衡し得るミサイル能力を向上させる、この際、他の核問題については外交的な解決をはかるという、スンダルジ将軍とスブラマニアムのアプローチであった。最小限抑止、配備の制限、弾頭と運搬手段の分離、そして先行不使用というのがインドの核ドクトリンの本質である。[16] インドは、核の三本柱の完全配備という核戦争遂行オプションを採っていない。将来、経済力の向上により国防費増額が可能になるとともに核と兵器の関連技術が改善されれば、そうではなくなるのかも知れないが、インドに深く根付く戦略的抑制志向に鑑みれば、右翼のＢＪＰ政権でさえもそうした道に進むとは思えない。インドの指導層は概して核兵器を政治的なものと見ている。ジャスワント・シンは、〝核の現実についての逃れようのない結論は、矛盾する両側面、即ち、核兵器の抑止力という側面と、紛争において実際に使用することはできないという側面に対する認識である〟と論じている。[17]

インドの核ドクトリンは、90年には明らかになっていたものの公表されたのは98年の核実験後であったのだが、核攻撃を受けて初めて報復のために核兵器を使用するということを明確にした。この根本的な考え方は、ヴァジパイ（Atal Behari Vajpayee）首相の声明やその後発出された政府高官による宣言の根底にあるものである。彼らは、パキスタンに対する先制核攻撃を否定した。先制攻撃はしないが破滅的な報復攻撃の脅威は付与するという先行不使用政策は、核攻撃を受けた場合、相応の都市を標的にする戦略を採用していることを示唆している。

公然と核への道を歩み始めた当初の数年間は、核戦争遂行に関わる問題は生起しなかった。その代わり、インドとパキスタンは代理戦争を続け、越境テロや局地的な小競り合いが継続的に生起したが、それは、そうした紛争が核では抑止できないことを明らかにするものだった。99年に先ずパキスタンが、そして01年～02年にインドが、それぞれの要求を相手方に強要するために核の傘を使おうとした。[18] ただし、インドの指導層が、低強度紛争における核がもたらす結果を完全に認識していたかは定かではない。インドの安全保障に関する最も包括的な検討を行ったカルギル調査委員会は、カルギル紛争で核兵器が何らかの役割を果たしたという見方を否定した。[19] 委員会は、パキスタンがカシミールでインドに圧力をかけるのを企図したのはポカラン（Pokhran）核実験の前であるということを裏付ける多数の証拠を集め、カシミール問題を再び表面化させるべく核を利用するようにパキスタンをしむけたのは核実験だけではないと結論付けた。[20] しかしながら、複数のパキスタン当局者は、紛争前後に行われたインタビューのいずれにおいても、インドの核実験がパキスタンの核実験を正当化させ、その結果、印パ間の均衡が回復したとの見方を示している。そして、多くのパキスタン人が、戦略的均衡が生じたことによって、カシミールにおけるインドへの圧力を強めた可能性があると見ている。

01年～02年の危機後、インド当局者は、パキスタンとの信頼醸成措置をより重視するようになったが、それらの措置における合意は、パキスタン軍当局には信頼に足るものとは見られていない。合意事項は、ミサイル実験の事前通告、新たなホットライン、核施設のリストなどに関わるものであったが、その履行は全く確認されていない。新たな危機が生起した場合、それらの合意は、かつてそうだったように、恐らく無視されるだろう。インドは、先行不使用の合意履行の保証をパキスタンから取り付けることにも失敗している。[21]

パキスタンにおける国内政治上の問題に鑑みれば、インドの核現実主義者は、パキスタンとの〝正常な〟関係に関わる楽観的な見方を改めなければならなかったであろう。もしパキスタンの国家としての統一性がさらに脅かされれば、インドは、他の如何なる国よりも、パキスタンが引き起こす核テロリズムやならず者の手に落ちた核兵器といった問題に直面するだろう。パキスタンに対峙するインドの安全保障は、インドの核戦力の質や意思決定の合理性に依拠するのではなく、パキスタンの指揮系統が損なわれないかどうかにかかっているのである。それゆえ、究極的にインド国民の生命は、最も洗練されていない意思決定者、最も過激な将軍、そして最も過激な反インド政治家という、最も信頼できないパキスタンにおける意思決定の連鎖に委ねられているのである。抑止は、合理的な相手とそうでない相手の双方に働かなければならない。それゆえ、抑止戦略に頼っていた国も今や、米国やイスラエルが既に配備済みの弾道ミサイル防衛という防御手段を含む戦略へと転換しているのであり、インドもそのことを検討する途上にある。

中国の問題は、パキスタンとは対照的に、もっと単純な課題である。インドと中国には相当広い領土に関わる国境紛争があるが、この紛争にはほとんど動きがなく、双方は平和的解決につき合意している。インドは、少なくとも核とミサイル能力において中国に後れをとっていることを自覚しているが、対中国戦力の改善は未だにスローペースである。将来の対中国戦力の1つに、中国の高価値目標に到達できて、かつ、98年に実験したとされる核融合弾頭を運搬可能なミサイルが挙げられる。もしインドがそれを目指すとすれば、インドの戦略家は、中国による先制攻撃に対するミサイル戦力や核搭載航空機の残存性が確保されるべきであると主張するだろう。仮にパキスタンに対して、先制攻撃の恐怖が取り除かれ、かつ、インドの抑止力が十分働くという相当の確証があったとしても、中国に対しては、いずれの点も不確実である。

また、中国の脅威には海からの核攻撃能力、好ましくは原子力潜水艦搭載の弾道ミサイルによってのみ対抗できるという見方もある。そのようなシステムにかかるコストは膨大であるが、インドの戦略家、特に海軍と緊密な関係を有する者は、それは中国に対する第二撃能力を確かなものにするための唯一の手段であると見ており、米、英、露、中、仏の核兵器を手本としているのである。我々は既に第4章で、最近進水したミサイル搭載原子力潜水艦アリハントについて議論したが、ここでは、試験を終え信頼に足る弾頭とミサイルを搭載したアリハントが運用可能になるまでには、何年ではなく何十年の日時を要するに違いないであろうことを指摘しておきたい。[22]

かつては、インドにおける戦術核に関わる議論のほとんどが対中国を対象としたものだった。64年には早くも、さらなる中国による大規模侵攻を防ぐためのヒマラヤ山脈における核兵器の使用が議論されている。ヒマラヤ山脈や係争地であるラダックのアクサイ・チン（Aksai Chin）に戦術核が投入されていたら、一定の軍事的優位性が得られたであろう。小型核兵器は軍事的にも心理的にも大きな衝撃を与えるものであり、地上爆発すれば環境に破滅的な影響を及ぼす。部隊を目標とした空中または地上での核爆発以外にも、双方は核地雷の埋設や放射能兵器の使用ができるかも知れない。そうした兵器については、中国は既に保有していると見られ、また、インドは実験を行った可能性がある。[23]もしそれらを、自国領、あるいは自国領と主張する地域に展開したとしたら、〝戦術〟と〝戦略〟の境界、そして〝攻撃的な兵器の使用〟と〝防御的な兵器の使用〟の境界を曖昧にする。パキスタンについて言えば、パキスタンの軍事評論家はここ数年戦術核（または戦域核）について書いているが、インドの戦略理論家はカルギル紛争以前にはその議論を一貫して拒否してきた。スンダルジ将軍は、インドは（対パキスタン用）戦術核を必要としないと公言していたし、元防衛研究所長ジャスジット・シンは、戦術核を冷戦時代の技術から〝徐々に進化した〟ものと嘲笑しつつ、[24]〝核兵器を戦術や戦略と言った型にはまった区分けをするのは無意味なだけでなく、現実の戦争遂行のための兵器として使用や有用性を正当化することに繋がる危険性をもたらすものである〟から、インドは戦術核を信用してはならないと主張している。[25]

インドに関しては、核兵器のロジックが戦略的抑制のロジックを凌ぐものになるのかという点を注視していく必要がある。最近の危機を見る限りは、印パ両国とも、核について学習し、暗黙のうちに核における抑制的な体制に向かって進んでいっているように見られるが、その抑制は恐らく何にも増して技術的な要因からくるものであろう。

危機管理

幾多の印パ危機は、〝レッドライン〟、即ち国家としての許容の限界やエスカレーションした場合に何が起きるのか予め敵に認識させることについての論議を呼び起こした。レッドラインにおける課題は真の限界を決定することにあるが、国家の決意やレッドラインの正確な限界点を相手方に認識させることにおいても大失策が演じられた例がこれまで幾つもある。例えば、02年にパキスタン戦略計画局長官がイタリア人科学者の一団とのインタビューにおいてパキスタンの正確なレッドラインについて言及したと見られたが、レッドラインが明らかになればインドがそこまで迫ってくる虞があることから、パキスタン政府はその詳細に立ち入って欲しくなかったため、この発言は撤回されなければならなかった。[26] 管理ライン（ＬＯＣ）は、特に重要なレッドラインである。管理ラインは、決して恒久的な国境線ではないが、カルギル紛争によって暫定的にそのような性格を持つに至った。国境線のみならず管理ラインを越えることもレッドラインの越境を意味する可能性があるが、それは近傍に展開する米軍の存在といった大きな影響力をもつ環境条件に左右される。[27]

印パ両国によるレッドライン宣言といった作戦に関わる完全な透明性は、抑止構造を強化するのではなくむしろ弱める可能性があるため、自国の目標としては有効かも知れないが、戦略的価値があるかどうかは疑問である。いずれにせよ、レッドラインは特定の環境条件によって変化するであろう。インドは、レッドラインの特定を賢く避けている。レッドラインを明確に表現すれば、もしそれを超えたなら核による大量報復をせざるを得なくなる許容の限界を示唆することになると考えているからである。レッドラインを特定することによってインドは、それを超えられた場合の自らの行動に縛りをかけ、敵の挑発に対する他の選択肢を閉ざすことになるだろう。それ故、レッドラインを定義することは、レッドラインへの対応計画を策定する上で相手方を利することになる。相手方は、大きな損失を蒙ることなしに、どこまで到達できるのか、逆にどこまで以上入り込んではならないのか、その限界を認識することができるからである。

安定性についていえば、新たに核保有国となった全ての国は、核兵器保有によって課せられる限界を拡げようとする傾向がある。後へ引く前に、押し出ようとするのである。これは、キューバ危機以前の米ソ関係、そして、ウスリー川を巡る対立以前のソ中関係においても見られた。最近生起した事象は、構造的な安定性と危機に際しての安定性という南アジアの安定性に関わる2つの問題について、我々に何を語りかけているのだろうか？　明らかに、ここ20年間に生起した5つの主要な危機は、根本的な構造的問題の存在を示唆している。それが主としてカシミール問題によるものであろうと、インドが大国として台頭するといった他の理由によるものであろうと、印パという2つの大国が共有する文化的・地政学的な遺産があるにもかかわらず、この地域に平和と安定は存在しないのである。

危機に際しての安定性については、南アジアの戦略家の意見は鋭く対立している。印パ関係について、ある者（多くのインド人と一部のパキスタン人）は極めて安定的であると吹聴し、ある者（多くのパキスタン人と一部のインド人）は危険であると言う。〝我々は安定的〟学派は、米国を初めとする外国の干渉、そして、南アジアが自らを管理できないという見方に対して憤りを感じており、一方、〝我々は不安定〟学派は、他国をこの地域に引き入れることを企図しているか、危険な不安定性が相手側のせいであることを非難するために、往々にして不安定性をことさら誇張する。印パ間の〝危機は、シナリオ分析者が我々を信じ込ませようとしているような、危機における緊張の度合いが直線的かつ一定して上がるのではなく、上下に振れる〟という興味深い見解がある。[28] 紛争の在来型全面戦争や核戦争への拡大は抑止されるという仮定の下で、印パどちらか、または双方が攻撃的な軍事行動に出る可能性も存在する。[29]

印パ両国による核実験の後、インド亜大陸における戦略的安定性への期待もあったが、それは見事に裏切られた。南アジアの核化により、核抑止と印パ間の大規模通常紛争の抑止が期待できたのかも知れないが、関係正常化を伴わない核化は、パキスタンによる敵対的行為を、カシミールにおける代理戦争という異なる領域へ導いたのである。確かに、98年5月のパキスタンによる核能力の誇示は、カルギルにおける冒険的行為を大胆にさせると同時に、インド側の〝越境追撃(hot pursuit)〟政策の採用を抑制させるものであった。一方インド側においては、核の能力を政治・軍事的な優位に結びつけることができないことからくるフラストレーションが、軍事関係者をして、核の傘の下での制限戦争は引き続き可能であると認識させる方向に作用したようである。このことは、第3章で論じたコールド・スタート・ドクトリン策定という形で表れている。インドは、核兵器を軍事的な手段というよりむしろ政治的な存在として見る一方で、今や核戦争のみならず核に纏わる事故がもたらす帰趨も含めて慎重に検討すべきことを認識している。そういった検討は、核、生物、化学兵器の担当部署を擁する新たな組織である国家災害管理機関(National

Disaster Management Authority）が担当している。[30]

核兵器の管理と意思決定

核兵器の主要な特性の1つは、その管理と配備に関する一方の国における意思決定が他国にとっての死活的な関心事であるということである。そうした問題は、一見インドの国内問題のようにも思えるが、核兵器の保全や安全に係わる透明性から指揮統制組織の構築といったことに至るまでの広範な問題が含まれる。指揮統制組織については、柔軟性があり、安易な攻撃に駆りたてるようなものでなく、かつ、国内で起きた核爆発の爆心地を特定し得るようなものでなければならない。インドには、危機発生時や大惨事における核・化学兵器に係わる情報の共有のための国際的枠組みの構成員になるという選択肢もある。

98年の核実験の後、米政府は印パ両国に対して、有効な指揮統制組織下での核戦略を構築するよう求めた。そのような要求は、強力なシビリアン・コントロールに絶対の自信を持ち、何年にもわたって核プログラムを完全に文民の手中に置いてきたインドを苛立たせた。そうすることで、インドが結局、パキスタンの軍事政権と同じようなものになってしまうように思われたからである。

米政府の要求は、高飛車だったかも知れないが、決して浮ついたものではなかった。米国を初め、インドの隣国も含む全ての大国が、今やインドの核システムの安全性と保全に対して正当な関心を有している。

さらに、インドが如何なるドクトリンを構築するかにかかわらず、核兵器管理の技術的な困難性以上に指揮統制システムに影響を及ぼすことがある。それは、核兵器を包括的な政軍戦略に組み込むことである。そのことには、軍に対する文民による厳格な統制、さらに、〝小さな〟核戦争やテロ攻撃といった要素も含まれる。

インドにおける文民の優勢は、核ドクトリンや戦争遂行要領と密接に関連している。軍は、核は政治マターであるとして、スンダルジ将軍が例外的に関わったのを除き、核ドクトリンや核戦略の構築に重要な役割を果たしてこなかったが、今では一部の現役将校や多くの退役将校が核問題に関して日常的に発言するようになってきている。そして、原潜搭載の弾道ミサイルに着手した海軍も含め、三軍すべてが核の管轄権を獲得すべく突き進んでいる。

インド政府は、核に関わる検討に軍が広く参画することを認めてはいるが、核兵器使用の意思決定に軍が係わるようなシステムは構築していない。[31]

インドは、パキスタンと同様に核指揮機関（Nuclear Command Authority：NCA）を創設したが、官僚が、核兵器の開発、配備、そして恐らくは使用についても担任・監督していると考えられる。しかしながら、パキスタンと比べて、インドの核運用はベールに覆われていて、詳細は常に不明である。[32]

03年1月、内閣安全保障委員会（Indian Cabinet Committee on Security）は核指揮機関を立ち上げ、8つの項目からなる核ドクトリンを発表した。ドクトリンでは先行不使用の確約が強調されているが、後半部分では、核兵器保有国に対しては適用されないこと、生物・化学兵器によるインドへの攻撃を行った国に対しては留保されることが謳われている。核指揮機関は、首相が統括する政治委員会（Political Council）と、国家安全保障顧問が統括する執行委員会（Executive Council）

により構成される。政策指針は、核使用に関わる如何なる意思決定も首相によってなされ、核指揮機関がこれを遂行することとしている。

軍においては、統合参謀長委員会（Joint Staff Committee）議長（三軍参謀長の最先任者）の隷下に戦略軍コマンドが創設された。戦略軍コマンドの初代司令官は空軍将官で06年から08年まで務めた。08年からは海軍将官が二代目の司令官に就いている。現在のところ核兵器を配備しているのは空軍と陸軍のみであるが、海軍は核弾頭搭載ミサイルの運搬が可能な原子力潜水艦保有に向けた長期的な計画を有している。

インドは、完全な核の指揮統制組織の確立に向けて着実に歩みを進めているとみられるが、詳細は明らかになっていない。ニューデリー近郊に危機に際して指導層が退避するための施設が幾つか存在するという噂があるが、開かれたインド社会の現状に鑑みれば、死に物狂いになった敵からそれら施設を秘匿するのは困難であろう。軍は独自の光ファイバー通信システムを有しており、恐らくそれで指揮機関と部隊を連接するだろう。核指揮機関の構成員は、政治委員会においては内閣安全保障委員会と同じであり、執行委員会においては統括者である国家安全保障顧問のほか、原子力庁長官、各軍参謀長である。戦略軍コマンド司令官が、国家安全保障顧問に直接報告する権限を有しているのか、または、統合参謀部長あるいは統合参謀長委員会議長、各軍参謀長、司令官の出身軍種の参謀長のいずれに報告するのかは明らかでない。新しい国家安全保障顧問（極めて有能な外交官シヴィ・サンカール・メノン（Shiv Shankar Menon））が指名されたので、この構造に何らかの変化がもたらされることが期待される。危機に際してこの扱いにくい組織の枠組みが果たして機能するのかどうかを裏付けるものは何もなく、また、組織機構を実証するための訓練も全く行われていない。
これらの問題に着目している米研究機関によれば、インドは、核戦力を高い警戒態勢に置いておらず、核運搬能力を有するミサイルと爆撃機、核を組み込まれていない弾頭、核爆発物質が、それぞれ、軍、ＤＲＤＯ、原子力庁によって別個に管理され、緊急時や国家的危機に際して、迅速に組み立てるという計画を有している。[33][34]

インド政府は、核ミサイル部隊に対する作戦統制権を陸軍に付与している。核脅威イニシアティブ（NTI: Nuclear Treat Initiative）の報告によれば、空軍は、少なくとも核運搬能力のある２個の飛行隊を有しているが、核ミサイル戦力の管轄権を巡る陸軍との内部抗争に敗れたとされている。[35]

ハード面に関しては、運搬手段、そして恐らく核兵器そのものについても緩やかな改善が施されている。５００㎏の弾頭を搭載でき約３９０㎞の射程を有する液体燃料の中距離ミサイル（プリトビⅡ）の発射実験は数回実施された。なお、このミサイルは、メートル単位の命中精度を有するが、そのこと自体は核兵器としての効果に影響を及ぼすものではない。陸軍は、プリトビ・ミサイルとアグニ・ミサイルを装備する複数の大隊を創設して要員を配置している。

こうした体制は批判を浴びている。当初、国家安全保障諮問委員会（ＮＳＡＢ）は、インドが核の先制使用を放棄することを提言したが、この提言は政府と逐次メンバーが入れ替わったＮＳＡＢ自身によって却下された。核指揮機関における軍の参画が不十分であるとの批判や、海軍は未だ核兵器に対して如何なる作戦統制権も有していないが、海軍参謀長も含めた各軍参謀長が政治委員会の構成員になるとともに執行委員会における任務を付与されるべきであるとの意見もある。[36]

皮肉なことに、インドでは、武器そのものが議論の種になっている。つまり、その実体や使用に関わるものではなく、政府の科学者が主張する水準に実際に達しているかどうかという議論である。98年の核実験における爆発規模は穏当なものであったが、インドは、全ての種類の熱核反応装置の実験を行ったと宣言した。これに対しては、プロジェクトに関与したK・サンタナム（K. Santhanam）博士を初めとする科学者が異議を唱えており、同博士は、実験した装置の設計の有用性を実証するための再実験とともに、恐らく新たな装置の評価も必要になるだろうと述べている。[37] 新たな実験の必要性を支持しているのはごく僅かの戦略家と政治家のみであるが、サンタナム博士を初めとする科学者達の影響力により、インド政府が包括的核実験禁止条約（CTBT）とカットオフ条約（FMCT）へ署名するのは困難であろう。そして今後、タカ派の政府が政権をとればさらなる実験の実施に踏み切るかも知れないし、もし他の核保有国が実験を行えば確実にインドもこれに続くだろう。

計り知れないこと

その国が核の先行不使用を採用していようとなかろうと、核兵器に軍がある程度は関与するということ、そして、もし政治指導者との通信が妨害されたり指揮系統が崩壊した場合に軍が核兵器を使用することになるであろうという現実を核戦争から切り離すことはできない。発射権限を予め委譲せずに急迫状況下や被攻撃下において発射するようにしている場合は、その複雑さが一層増す。その場合インドは、恐らく1人ならぬ文民に発射の決定を下す権限を付与することにより、文民の権限を広範に分散することが必要になるだろう。そのような権限を持つ文民が、採るべき行動の選択肢について十分なブリーフィングを受けることができるだろうか？　そのような文民に大統領と首相が含まれるのか？　もし、文民高官と軍司令官が通信途絶した場合にどうなるのか？　インド、パキスタン双方において、戦争遂行ドクトリンと指揮機構は整いつつあるが、短い飛行／飛翔時間、攻撃目標の多様性、これまで生起した全ての印パ戦争において見られた情報活動における誤り、懐疑的な関係といったことは、核兵器は絶対に使用されることはないとの将軍の意見はさておき、一部のインド人戦略家が確信するインドの核プログラムの安全性と核兵器・施設の防護に対する懸念を正当化するものである。

全ての核兵器保有国が同様の困難に直面しているが、インドの行った選択は、文民指導層と軍に立ちはだかる壁の高さゆえ、とりわけ深刻である。核保有によりこの問題が顕在化したのは、核戦争前後における指揮命令系統上の通信確保の問題だけではなく、首相や大統領に、迅速に意思決定を行い得る軍事や戦略のバックグラウンドを持った者がほとんどいないからである。インドの主要な戦略的・軍事的な危機（ブラスタックス危機及び中国、パキスタンとの様々な国境紛争）においてインド軍は、シビリアン・コントロールにもかかわらず、その権限を逸脱するか、文民の戦略的な状況認識を誤った方向に導いたことがあったと見られる。他方、軍自身が文民情報組織に欺かれた例（スリランカにおける平和維持軍）もある。

核兵器の管理は、相違する2つの要因によって形作られるものであり、それはインドに限ったものではないのだが、インドでは他のほとんどの核兵器保有国よりも矛盾が著しいのかも知れない。相反する2つの要因とは、保全上の要求と抑止上の要求との間のバランスということである。核兵器が安全に管理されていることを世界に知らしめるということと、抑止能力を有していることとを敵方に認識させるということを確実ならしめるためには、システムが如何に作動するのかあるレベルまではその全てが開示されなければならない。インドの核プログラムは、国外の目よりもむしろインド一般国民の目から遮蔽されてきた。このことは、化学兵器についても同様であり、何年もの間、有力な政治家のみならず軍に対してさえ秘密にされてきた。因みに、化学兵器を秘密にしてきたことはインドが化学兵器禁止条約（ＣＷＣ）への参加を検討していた際に暴露した。危機に際して、不安に駆られ情報もない敵方は、明らかにされていない計画、技術、能力をインドが持ち合わせ、先制攻撃のオプションを考えていると結論付けるかも知れない。[38] 将来、インド政府は、保有能力についての秘密保持と部外開示との両立を図らなければならなくなるだろう。

指揮統制の仕組みは、様々なテロの脅威や誤った警戒警報に対して〝安全な〟システムを開発することの困難性がゆえに、より複雑なものになるだろう。ムンバイや北インドにある原子炉はパキスタンの航空機運用とミサイル射程の圏内にあり、その幾つかには安全上の問題がある。そして、それらの施設に対するテロリスト（国内、国外勢力問わず）による攻撃と外国軍による攻撃、あるいは核の事故による現象とを区別するのは困難であろう。

核兵器の警備上の問題も懸念事項である。パキスタン兵器庫から核兵器が盗まれることへの恐怖（恐らくインドが主要な攻撃目標となるであろう）が広く存在するのみならず、ムンバイ・テロによって、インドの核プログラムの警備自体が当てにならないということがクローズアップされた。インドの原子炉の１つは、ムンバイを攻撃したテロリストが上陸した直ぐ南側の海上に設置されている。核施設は一見堅牢なように見えるが、ムンバイ・テロや国会議事堂襲撃が易々と行われたという事実により、その脆弱性に対する疑問が生じることとなった。[39] それらの施設は核兵器ではないが、そのうち幾つかの施設では兵器級核物質や原子力潜水艦の動力源を製造することができると考えられ、恐らく魅力的な攻撃目標となっているだろう。

一部の例外を除き、核戦争に要する実際のコストは、公の討論対象や政府による検討の対象外であった。30年間にわたって、インドの核についての議論において中心的役割を演じてきた者達は、インドで核戦争は起こり得ない、何故ならばそれが起こるのは、一方のみが核兵器を保有しているか（ヒロシマの時がそうだった）、核兵器保有国が愚かにも緊張が高まった時に不注意な核兵器の動員展開を行い、それらを下級将校に委任するか同盟国に貸し与えるかしている時だけだからであるとしてきた（その例としてよく引用されるのが米国である。米国は、核兵器を同盟国の航空機に搭載して飛行させせることを認め、かつては戦場となりえる地域の近傍に多くの戦術兵器が分散配置されていた）。

南アジアにおける核戦争の影響について概観した研究が幾つかある。そのうち最も包括的なものは、若きインド人研究者ラシッド・ナイム（S.Rasid Naim）による公開情報に基づく研究であり、３つのレベルの核戦争とその帰趨を論理的に導いたものである。ナイムは、最小レベルのシナリオでも、軍事施設への限定攻撃により印パ双方にそれぞれ約50万人の犠牲者が生じると試算し、一方、メガトン級の核兵器が都市攻撃を行う最悪のシナリオでは、パキスタン側に１７５０万人、インド側に２９４０万人の犠牲者が生じるとしている。（これらの数字は90年における人口数での見積もりであり、印パ双方がメガトン級の核兵器を保有していると仮定している。[40]）

インドと核拡散

インドの政策公約とこれまでの確たる実績に鑑みれば、インドが機微な核技術や核兵器を他の国へ供給するようになることは先ずあり得ないことである。しかしながら、もし世界的な拡散のパターンが変化する場合には、それは変わり得る。インドは、武器輸出国を目指して何年にもわたって努力し、余剰能力を輸出に振り向けることによって国内製造できないシステムや部品を購入するための貴重な外貨を獲得できるようになるという期待感をもって防衛産業を育成してきた。しかしながら、全般的な戦略的抑制と慎重姿勢、あるいは武器取引に対する道義的な嫌気がそれを阻んだ。さらに、インド製兵器（及び核プログラム）のほとんどが海外技術に依存するとともに、海外からの供給によって運用されていた。

このように、武器取引における抑制的な政策は、必要性を美徳へと導いてきたのだが、この姿勢は変わりつつあるように見える。インドの民間宇宙専業は精力的に顧客を獲得しようとしている。極軌道打ち上げロケット（Polar Satellite Launch Vehicle:PSLV）のような民需システムの一部には、固体燃料技術など、軍事用の構成品が組み込まれている。

核関連の取引や技術共有により戦略的な恩恵も期待できる。ここ数年、インドは中国によるパキスタンの核や軍事に対する支援を非難してきた。その支援には、ミサイル、ミサイルや核兵器の設計、さらに核物質も含まれると信じられている。北朝鮮もパキスタンに対して先進技術を売却してきた。現時点においてはあり得そうにないが、将来、インド政府は、拡散を非難するよりむしろ、中国に対する梃子とするために、その技術を他国とシェアすることを望むかも知れない。台湾や韓国に対する秘密裏の支援はこの指摘を鮮明に浮かび上がらせるものであるし、今はありそうにないが、米国の核の傘から脱しようとする日本を支援するようになるかも知れない。インドの核過激主義者の視点から見れば、そうした国の核武装は、インドにとって脅威ではなく、むしろ、中国を取り囲む国々に対して中国に対抗する力を授けるものであり、米国に対するインドの梃子を強化するものと映るのである。

つまるところ、インドは、核保有国であることを宣言することによって、核兵器に対して深く抱いてきた価値観や信念と、核兵器国としての運用上の含蓄との間に折り合いを付けなければならないのである。道徳と核政策は多くの点で交わりをもつ。

ＢＪＰや多くの世俗主義者が核兵器プログラムを支持する主要な理由の１つは、インドがガンディー主義や非暴力主義の国であるというイメージを打ち砕くことであった[41]。さらに現実的な視点で見れば、ＢＪＰは、軍縮、平和についての机上の空論、そして核に対する異議をことさら強調するネルーの遺物を取り除こうとしたのである。そしてＢＪＰは、ネルーのコングレス党とガンディーが長きにわたって反対してきた正にその兵器を支持することによって、国家としてのアイデンティティーを再定義したのである。ＢＪＰとインド安全保障コミュニティーの一員は、インドの核兵器保有により他国の核兵器が制約されるのであれば、ガンディーでさえインドの核保有を認めたのではないかと主張している。

インドは、完全なガンディー主義でなかったのは事実であるが、そのプライドと尊厳を基調としたガンディーの政治運動を全面的に否定したわけではない。ガンディーは、インド人は悪しき者に抵抗する特別の義務を負っている、可能であれば非暴力的手段により、必要であれば暴力的手段に訴えてでも成し遂げなければならない、と論じていたのである。ガンディーの大いなる罪は、何もしないことにより、悪しき者に譲歩するか、またはそれらと手を組んだことであった。

もしも、インドの核兵器開発が、パキスタン、中国、米国、その他の対象から想定される核の脅威に対する安全保障に寄与しなかったとしたら、インドの核開発や配備に対する熱意は徐々に失われていき、核を支持する者は、核プログラムへの更なる支援を獲得するために、外部からの脅威を喧伝し続け、そうした〝悪魔〟に対抗するための道は他にはないと主張しなければならなくなるだろう。さらに、もし、国際社会の不安定、テロ、在来型の紛争といった核以外の脅威が続くならば、インドはそういった対処すべき脅威への核兵器の妥当性を吟味しなければならないだろう。また、インド人は、自らの決定が隣国の核兵器開発を促進させることになるということに気付かされるだろう。この将来予測には、先に論じた現実的問題のみならず、道義的な問題も包含される。インド政府は、数年にわたって不平等な条約や枠組みに反対してきたが、今や、自らが核拡散の震源地となっていることを認識している。インドは、他で起きている核拡散を無視すべきか？　これ以上の拡散を防ぐための国際的に一致した動きの中で、他の核兵器保有国と手を組み、NPTに署名すべきか？　09年末、シン首相は、NPT再交渉をインドが支持するという発想は、大国がNPTを強く支持しているという現実に鑑みればあり得ないことであると述べている。[42]それでは代わりにインドは、核及びミサイルの国際的枠組みの破棄を促進すべきなのか？しかしそれは明らかに大国からの激しい反対を生起させるであろうし、米印原子力合意によって達成した折角の合意を危険に陥れるだろう。インドの核兵器の入手と、長年にわたる国際的な軍備管理・軍縮への支持との間には張り詰めた関係があるのだ。

核兵器国になるために必要なことと核兵器国であるために必要なことには、極めて秘密度が高いプロセスの閉鎖性と、国民との係わりの必要性といった違いがある。後者については　インド国民、特に大都市の人々が、自分たちが核の脅威に晒されていることや、たとえ〝小さい〟核戦争であってもそれがもたらす惨禍を認識し始めてきたため、真剣な論議の対象になってきている。[43]タカ派は、〝核の道を進む〟のに都合の良い議論に導くことはできたが、仮に今後インドで大きな核の事故や危機が起きたとしたら、そうした議論をコントロールできなくなるかも知れない。そして反核運動といった視点が再び顕在化してくるだろう。インドの反核運動は、民生用原子炉の建設に対する反対運動を活発に行ってきているが、それは国際的な支援を受けてきたし、世界的な環境保護の動きによって強化されている。

インドは自らを核保有国であると主張しているが、インド国民は、核実験を行い、自らを核保有国であると宣言すること自体は技術的にも政治的にも容易なことだということに気付いている。インドは、主要な核兵器大国になるのか、非常に抑制された力を維持するのか、ブラジル、アルゼンチン、南アフリカといった国のようにいつかは核兵器を廃棄するのか、といったことを決めなければならない。それらの選択肢はいずれもオープンであるが故に、インドの核プログラムは他国から注目され続けるのである。しかしながら、そうした注目だけがインドを大国、あるいは主要国に押し上げることになるのかは疑わしい。核兵器は明らかに国家の威信を高める手段ではあるが、象徴としての核兵器は、その軍事利用につき他の大国に強いインパクトを与えるものではないし、中国とパキスタンという隣接する核保有国の問題を含め、インドに対する主要な安全保障問題とはあまり関連がないように見られる。インドは偉大な国家として扱われるべきであるが、それはインドが極めて穏当な核保有国になったからではない。

核兵器保有国は、軍事ドクトリンを大きく変え、戦略を再構築しなければならないが、インドにおいては、そうした変化はこれまで見られない。この問題に関心を持つほんの一握りの政治家と専門知識をもつ更に少数の政治家は、圧倒される国内問題に精力を割かれている。インドは、最小限抑止という中国と同じような核政策を追求しているのであろうが、それは概して象徴的かつ政治的なもので、核戦争に対する関心は希薄である。核兵器保有国という新たな地位は、インド外交に益をもたらすとともに、国家的なプライドを高めた。しかしながら、核兵器が平和をもたらすどころか、新たな低強度の試みや紛争の機会をもたらすことは明白である。そして、インドが本気で核兵器を使用するのなら、近代国家としてのインドは一夜にして崩壊するだろう。時を戻すことはできないが、威信と安全保障のトレードオフが曖昧なままであるのは歴然としている。

第6章　警察力の近代化

軍事力近代化における主要問題は、軍に関わることが主体であるが、インドの安全保障にとって最も身近な脅威は、国内における擾乱やテロという形で出現する。これらの問題に取り組む一義的な責任は、警察と、陸軍よりも規模が大きい準軍隊組織にあるが、擾乱やテロ攻撃は、しばしば軍、特に陸軍を巻き込み、インド国民の不安感や危険への意識を増大させている。

インドが分離独立し英国が亜大陸から撤退した47年に、インドに編入されるのを良しとしなかった幾つかの藩王国は、強制的にインドに組み込まれた。その時以来、インド陸軍は、少なくとも10年に1度は大規模な対擾乱作戦を行ってきた。90年代初めに陸軍は、パンジャーブ、カシミール、そして北東部における3つの独立した対擾乱作戦を同時に遂行した。カシミールにおける擾乱は未だ鎮圧されていないが、さらに新たな2つの脅威が出現し、ますます指導層を悩ましている。その1つが、ナクサライト（Naxalite）という名で一般に知られた、左翼武力集団が率いる虐げられた部族集団が11の州を跨いで起こしている反乱である。もう1つは、カシミール以外の地域におけるイスラム・テロであり、疎外されたインド人モスリムに支援者を持つパキスタンを根拠とする聖戦集団によるものであるとインド政府筋は言っている。本章では、国内における擾乱やテロの脅威に対処するにあたっての警察や準軍隊の近代化について見ていく。現在起きている擾乱の中で最もやっかいなカシミール問題が警察力近代化に及ぼす影響が、取るに足りないものであることは特筆に値する。この20年間にカシミール警察で行われたのは組織の再編だけである。

警察と準軍隊の近代化は、軍と比較して、財源の配当においても技術面の向上においても順調に進んでいない。新たな脅威が持続することにより、陸軍は、さらなる対擾乱作戦に巻き込まれ、国内治安任務を減じなければ達成できないであろう自身の近代化計画から逸れてしまう可能性がある。情報分野における改革は、カルギル調査委員会報告が提起した主要なテーマであるが、警察力の近代化に大きく左右される。インド情報組織の主たる成員は警察の要員である。国内に焦点を当てている警察力の近代化は、インドの全体的な戦略的抑制志向に合致する。しかしながら、警察力近代化の努力はインド市民、特にモスリムの自由の権利を侵している面があるため、それをモスリムに対する新たな企みと受け取りかねないパキスタンの聖戦集団や国内の過激な意見を増大させる危険がある。

ここ数年、シン首相は国内治安の問題について数多く言及してきた。07年、アントニー（A.K.Anthony）国防大臣は、急速な近代化の時代にあって、全てのインド国民の願望を満たすことの困難性こそが最大の治安上の脅威であると発言した。このことで国防省は初めてこの問題を認知することとなったのだが、皮肉なことに、この問題に対する責任は、国防大臣ではなく内務大臣にある。[1]

警察力の欠陥

インド人10万人当たりの警察官数は１４２人であり、米国の３１５人、英国の２００人、オーストラリアの２９０人と大して変わらない[2]。４万人規模というインド国内で最も大きな警察組織の１つであるムンバイ警察でさえ、人員が15％程不足していると報じられている。チダムバラム（P.Chidambaram）内務大臣は、警察には約15万の未充足ポストがあると述べている[3]。植民地時代からインドにおける警察官の密度は低かった。英国統治時代の警察機構は、危機管理のために広く浅く配置されていたが、恣意的な権力行使で知られていた[4]。警察には、19世紀末まで亜大陸の全ての主要都市に隣接して配置された駐屯地に所在する植民地陸軍の後ろ盾があった。

独立後のインド政府は、植民地時代の統治機構の保持を決めた際、警察機構を含めてこれまでの国家機能のあり様を前提として受け入れた。インド憲法は、警察に対する州政府の管轄権を規定しているが、中央政府がほとんどの財源をコントロールした。その後の進展において、この不均衡はさらに際立つこととなった。中央の警察力、特に準軍隊が増大する一方、州の警察力は削がれて行ったのである。中央の警察力と陸軍は、州警察が手におえなくなると、〝市民への援助〞を繰り返し提供した。独立によって、それまでにも存在した政治的問題がさらに悪化した。警察の人間は政治的忠誠心によって重要ポストに登用されるため、法の支配よりも特定の党派利益への奉仕者と見られている[5]。警察活動の根拠となる犯罪司法制度も広く崩壊しているように見られる。独立後60年を経ても、インドの警察機構は、危機対処型のまま広く浅く配置され、恣意的な行動を続けている。

不十分な警察をカバーするための対応措置の1つが、〝特別〟任務部隊（"special" task force）の発展であった。80年代末、タミル・ナードゥ州とカルナータカ州において、悪名高い象牙採取者ヴィーラッパン（Veerappan）の取締りのために、公に認知された特別任務部隊が初めて創設された。創設20年後の04年に、特別任務部隊はこの象牙採取者を殺害した。また、80年代末にパンジャーブ州において、シク教武装勢力という特定勢力に対処するための特別チームが州警察内に創設された際、中央予備警察隊（CRPF：Central Reserve Police Force）の将兵がその核心となる要員として補強された。人権活動家や市民権活動家は、それを死の分隊と呼んだが[6]、州警察は再編され、結局、シク教徒の反乱は鎮圧された。ジャンムー&カシミール州においては、選抜された州警察要員と中央の準軍隊の兵士によって編成された特殊作戦群（SOG：Special Operations Groupe）が対擾乱作戦に効力を発揮している。

特別チーム創設の動きは、ウッタル・プラデーシュ州、マハーラーシュトラ州、グジャラート州にも飛び火し、それらの州では、組織犯罪対処に特別チームを運用している。特別チームへの依存が強まったのは、人的財源を、小規模で免責特権を持つ非妥協的なチームに集中するという手段を選択したからである。事あるごとに中央政府は、州政府の警察力再編への財源の提供を、インド予備大隊と呼称される再編部隊が要求に応じて中央政府の傘下に入るとの条件で行った。例えば、タミル・ナードゥ州とパンジャーブ州の武力警察隊は、ジャンムー&カシミール州への増援任務を持っている。特殊作戦群／特別任務部隊（STF：Special Task Force）成功の理由の1つは、内務治安組織、特殊警察の幹部、村落治安コミュニティーという三階層を通じて地方特有の緊要な情報にアクセスできたことである。

警察組織の組織的腐敗は、軍よりもさらに厳しい人材難をもたらしてきた。一般に警察官は薄給で、下級警察官になるほどさらに厳しい。他方、インド警察職（IPS:Indian Police Service）は、インド警察機構の指導的地位を占める中央官僚であり、他の行政官僚や軍と同格の地位を有している。出所は疑わしいが、囚人移送のための燃料が不足しているとか、告訴状作成のための文具でさえ満足にないとの話もある。州警察部隊は捜査を行うための人材を有していない。政治的に注目される重大犯罪が生起した場合には、捜査の責任は、中央政府の機関である中央捜査局（Central Bureau of Investigation）に移管される。

インドでは、大部分の警察官が非武装であり、個人火器を携行する可能性があるのは、巡査部長――インドでは副警部補（subinspector）――以上の階級の者である。ほとんどの州警察は、階級構成こそ陸軍とは異なるが、大隊――班組織で構成される陸軍と似た武装組織を保有している。それらの隊は、今日においても、19世紀後期に造られた手動装塡式小銃であるリー・エンフィールド・ライフルを装備している。

人権上の問題も存在する。ウッタル・プラデーシュ州武装警察（Provincial Armed Constabulary）やビハール州武装警察（Armed Police）は、パンジャーブ州警察が対擾乱作戦を実施していた数年間がそうであった様に、身の毛もよだつほどの人権侵害を行っていた。インド中の警察が拷問を用いることで知られており、容疑者が裁判において証言を覆すようなことは日常的に起きている。司法にもその責任の一端があるのだが、それにしてもインドの犯罪裁判での有罪率は目も当てられないほど悪い。

カシミール州やパンジャーブ州のような擾乱が生起している州やニューデリー、そして組織犯罪やテロに対処している特殊任務部隊の警察は、自動小銃を装備しているが、ラム・プラダーン委員会（Ram Pradhan Committee）が作成したムンバイ・テロに関する報告書によれば、ムンバイ警察の対テロ分隊は、ムンバイ・テロ発生前の１年間、射撃訓練を行っていなかった。貧弱な装備しか持たずほとんど訓練をしていない警察官が、１回の連射で30発の弾丸を発射できるＡＫ－47を使いこなす狂信的なテロリストと対峙したのである。

反乱においては、警察官やその家族が擾乱勢力の組織的攻撃の対象となることが避けられない場合、警察力は機能しない。パンジャーブ、カシミール、北東部地域においては、州警察及び州政府が機能不全に陥ったため、陸軍と中央の準軍隊が投入された。特にパンジャーブにおいて顕著であったが、それに限らずこれら全てのケースにおいて、新たな指導者達は、中央政府の人的財源を加えた州警察を再編した。最近の警察再編は、より軍事色の強いものとなっており、容赦のない射撃能力といった強大な力の獲得が、通常は暗黙のうちになされるのだが、時として公然と行われていた。

83年から92年に発生したパンジャーブにおける武力衝突では、警察官１４００人、準軍隊３００人、陸軍50人を含めた約１万２０００人の犠牲が生じた。パンジャーブでの10年以上にわたる活動において、中央予備警察隊だけでも、反乱者２５５１名を殺害し、１万２９７７名を捕らえた。[7] 90年から98年の間、インド治安部隊はカシミールにおいて、ＡＫ小銃約１万８０００、拳銃約７０００、ロケット・ランチャー約５００を押収した。[8] パンジャーブでは88年から94年に押収されたＡＫ小銃は１万丁と推定される。[9]

図 6-1　国内紛争における死者数(1985-2008 年)

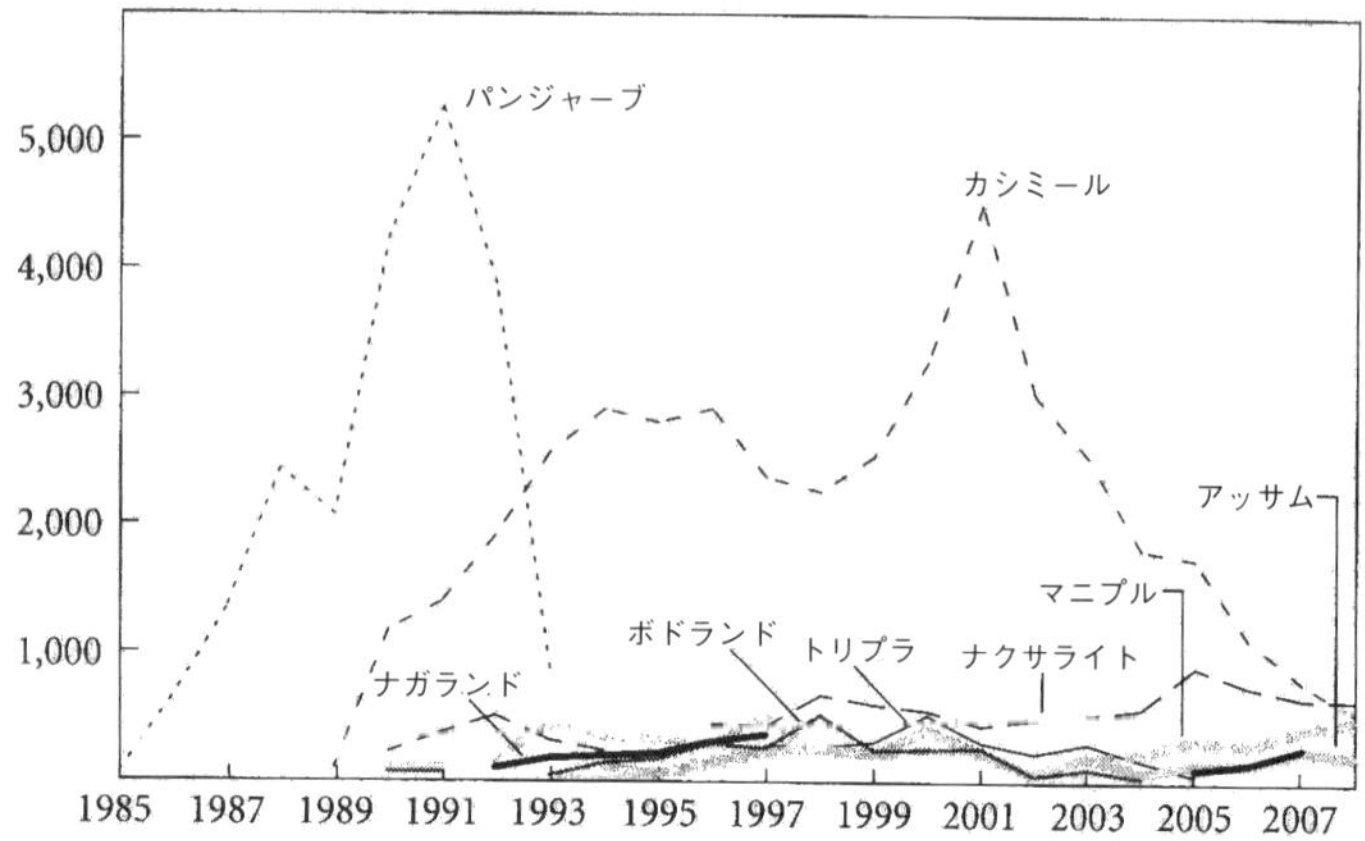

出典： Bethany Lacina and Nils Petter Glenditsch,"Monitoring Trends in Global Combat:A New　Dataset of Battle Deaths, "European Journal of Population 21,no.2-3(2005):145-66. a.The Naxalite violence is spread across a number of India's twenty-eight states. Geographically, the threat is concentrated in the states of Jharkhand and Chittisgarh, emanationg outward to include West Bengal, Bihar, Orissa, Andhra Predesh, Madhya Pradesh, Maharashtra, and a few others although to a much lesser extent.

表6－1　ジャンムー&カシミールにおける暴力事案(２００３－０７)

年	事案発生数	治安部隊死亡者数	市民犠牲者数	テロリスト死者数
2003	3,401	314	795	1,494
2004	2,565	281	707	976
2005	1,990	189	557	917
2006	1,667	151	389	591
2007	887	82	131	358

出典：Ministry of Home Affairs, Annual Report 2007-08,p.6　(www.mha.nic.in/pdfs/ar0708-Eng.pdf)

図６－１は、80年から04年の間にインド国内での８つの対擾乱作戦において発生した死者数の推移である。パンジャーブとカシミールでの死者数が多くを占めているが、反体制暴力はインドにあまねく広がっており、市民の間にある漠然とした不安感が強まっている（表６－１参照）。数は減ったが、カシミールにおける反体制暴力は引き続き存在している。例えば、内務省の報告によれば、88年と00年の間に、１万６８００件の治安部隊に対する攻撃事案、１万３０００件の爆発及び放火事案、１万件の市民に対する襲撃事案を含む４万５５００件の反体制暴力事案が発生し、市民約８３００人、治安要員約２２００人（大部分は準軍隊兵士）が命を落とすとともに、１万１４７９人の反乱者が殺害された。

インドの擾乱勢力の平均寿命は、第２次大戦後の全世界における内戦の平均年数、７～10年よりもかなり長い。[10] ナガ（Naga）の反乱は、50年代半ばに始まり60年代半ばまで続いた。ミゾ（Mizo）の擾乱は、60年代に始まり80年代まで続いた。アッサムにおけるアソム統一解放戦線（ULFA：United Liberation Front of Asom）による反乱は、80年代に始まり今日まで続いている。89年に始まったカシミールにおける擾乱は、20年以上にわたって持続している。パンジャーブにおけるシク教徒の反乱は、70年代末期から90年代初めまで約14年間続いた。デリーにあるシンクタンクの所長をしているディパンカール・バナージー（Dipankar Banerjee）退役陸軍少将は、インドにおける擾乱の寿命は20年ほどであると指摘している。

ナガランドからカシミールに至るまで、地方における反乱においては昔ながらのテロ手法が用いられるが、近代的なテロの脅威はこれらとは全く異なる。[11]

地方におけるテロ活動の地理的範囲は反乱者が自己の領土だと主張する範囲に限定されてお

り、政府はこうした古典的なテロ活動に対し、反乱者を地域内に孤立させるとともに市民の支援を獲得するという対擾乱戦略によって対処してきた。一方、インドにおける近代的なテロは、70年代以降欧米に広まっていったテロと同系のもので、分権型、イデオロギー、注目させるための象徴的活動、擾乱というより国際的な運動、といった特徴がある。イスラム武装勢力、特にパキスタンのラシュカレ・イ・トイバ（LeT:Lashkar-e-Taiba）といった国外テロ組織に従うインド・イスラム学生運動（SIMI : Student Islamic Movement of India）などは、ニューデリー、バンガロール、ハイダラーバード、アーメダーバードにおける最近の一連の爆破テロの実行犯であるとインド政府は主張する。

08年11月26日にムンバイで発生したテロ攻撃への対応ほど警察力の欠陥を露呈した事案はない。インド側は事件に関与したテロリストが全てパキスタン人であると主張するが、いずれにせよ10人のテロリストはパキスタンで訓練を受けていた。テロリストはインドで最も大きな金融都市のムンバイにボートで忍び込み、タージ・マハル・ホテルとオベロイ・トライデント・ホテル、南ムンバイの鉄道終着駅、旅行者に人気のレオポルト・カフェー、映画館、カマ（Cama）病院、チャバド・ハウス（Chabad House）（ユダヤ教ルーバヴィッチ派の街中居留地）に対して、同時テロを行った。警察はなすすべもなく、ムンバイは混沌と暴力の渦に飲み込まれた。３日後になって、内務省の指揮下のエリート特殊作戦部隊である国家警備隊（NSG : National Security Guard）が、残存するテロリストを殺害するとともに囚われていた最後の人質を解放した。結局、死者は１６４人、負傷者は３０８人であった。

警察力近代化計画

歴史的な経緯とインドでは中央が財源を配分するシステムになっていることに鑑みれば、当然の成り行きとして、警察力近代化への努力は、中央警察組織に焦点が当てられてきた。独立後、最初に中央警察隊が躍進したのは60年代、国内の脅威よりも国外からの脅威に対処する中でのことだった。中国の脅威によって、62年にインド・チベット国境警察（ITBP：Indo-Tibetan Border Police）が設立されたが、これは北部国境沿いと中国領内における偵察と特殊任務を遂行することを企図するものだった。ITBPは、高標高地域に順応したヒマラヤ地方のコミュニティーやチベット難民から要員を採用した。また、長くは続かなかったが米国から多大な支援を受けた。それまでとは異なり、ITBPは、情報局（IB）との連携を容易にするため、陸軍ではなく内務省の下に創設された。同様に、65年の印パ戦争の後、インド最大の準軍隊である国境警備隊（BSF：Border Security Force）が65年に創設された。65年の印パ戦争はパキスタン側の越境により生起したことから、将来の越境を阻止することを目的として創設されたのである。

BSFとITBPは、やがて国内治安任務を帯びるようになった。BSFは、その任務が国境警備から縦深防御に拡大し、国境線を有する州内における対擾乱と対テロ作戦を行う治安機関になっていった。ジャンムー&カシミール州においては、03年まで、BSFは準軍隊組織の筆頭機関として機能していた。ITBP主力は、反乱者の標的となっている政治家や政府高官の警護を行ってきた。ITBPにおける志願者選抜採用は、テロリストの越境や志願禁忌の影響を受けることは少なかった。

図6－2　準軍隊及び陸軍の兵員数(1996-2010)

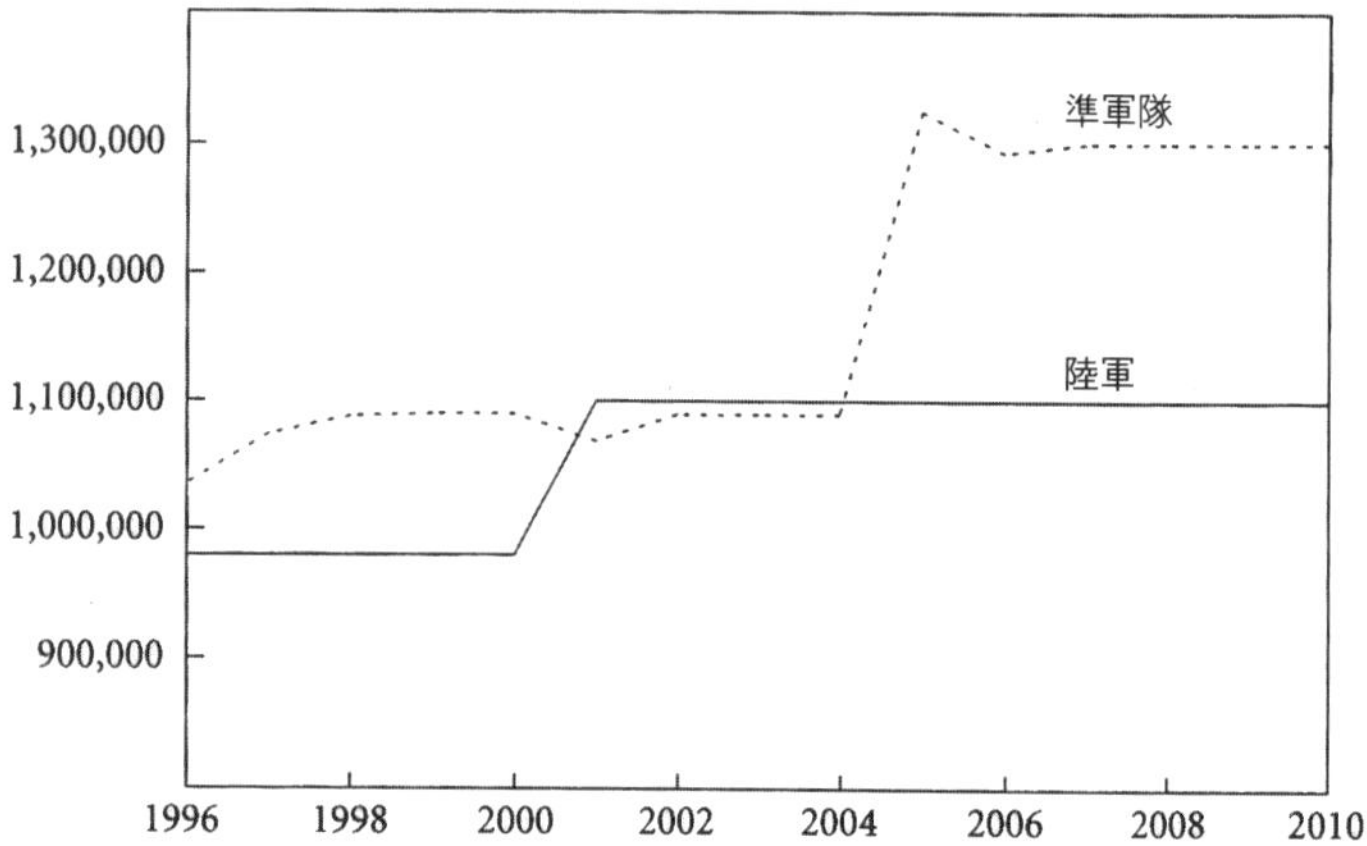

出典：Data from International Institute of Strategic Studies, The Military Balance (London,1996-2009[published annually])

ＣＲＰＦ（中央予備警察隊）においては、暴動・群衆制御能力や対擾乱能力が80年代から90年代にかけて向上してより機動的になり、暴動対処分隊は、即応機動隊（RAF：Rapid Action Force）に再編された。パンジャーブ州では、ＣＲＰＦが準軍隊組織の筆頭機関として、シク教徒の反乱時、最大限に機能した。この反乱が成功裏に鎮圧された後は、ＣＲＰＦは暴動・群衆制御に軸足を移したが、北東州における擾乱作戦にも限定的に加わった。03年、インド政府は、ジャンムー&カシミール州のＢＳＦを新たなＣＲＰＦに交代させるつもりであると発表した。そうなれば、ＣＲＰＦはより積極的な対擾乱の役割をもつ部隊へと回帰することになる。

02年までに、中央準軍隊（CPF：Central Paramilitary Forces）は50万人を超えた。このうち19万１０００人を擁するＢＳＦは、国境管理と対擾乱に従事する部隊にほぼ二等分された。37個大隊から始まったＢＳＦは、80年には56個大隊に、02年には１５７個大隊に増強されていた。第２の規模をもつＣＲＰＦは、65年当時１万５０００人だったが、16万７０００人まで増強された。ＩＴＢＰは、特殊部隊数個大隊で創設されたが、02年には５万２０００人にまで増強された。02年における国家警備隊の勢力は７５００人であった。これら全てをあわせると準軍隊は、65年から02年の間に、正規軍よりも６倍のスピードで成長したのである。その予算も劇的に増えてきており、ＢＳＦについては、87〜88年度予算２・46億ドルから96〜97年度予算３・３０３億ドルへ、ＣＲＰＦについては、85〜86年度予算１・５１２億ドルから97〜98年度予算２・９４４億ドルへと増加している。[12]

　インドにおける人口当たりの軍隊への入隊率は極めて低く、全人口の０・２％、18〜45歳の男子人口の０・６％にしか過ぎない。しかしながら、インドは、国内治安にあたる準軍隊の増加率が最も大きな国の１つに数えられる。ある統計によれば、75年から96年の間のインドにおける準軍隊の増加率は71％であった。なお、中国においては63％、パキスタンにおいては64％、スリランカにおいては81％であった。[13]準軍隊には様々な定義があるため一概に比較するのは困難だが、インドの準軍隊の総勢力は１００万人を超え、インド国内で武装する者の半分を占めていると広く信じられており、インドは世界で２番目に大きな準軍隊を保有する国である。[14]ここ30年のインドにおける人口当たりの治安部隊入隊者数の増加率はアジアで２番目であり、内戦が継続したスリランカを除けば最も高いものと報じられている。[15]

　しかしながら、この勢力拡大も十分とは言えず、中央警察隊は無理を強いられてきた。例えばあるＣＲＰＦの部隊は、87年に33回、また、86年と85年には、それぞれ31回の動員を命じられている。擾乱が頻発するモラーダーバード（Moradabad）市やウッタル・プラデーシュ州においては、ある部隊が80年から84年にかけて４年間ずっと作戦展開した。[16] 81年から92年の間、ＣＲＰＦの動員数は、ウッタル・プラデーシュ州だけで50コ中隊から２０８コ中隊（約12個大隊１万２０００名から約55個大隊５万名に相当）に増加した。[17] 90年代初めには、ＣＲＰＦの実に45％がパンジャーブ州だけに動員された。これらＣＲＰＦの動員例は最悪のケースと言えるが、他の準軍隊も同じ様に限界を超えた運用を強いられていた。

パンジャーブでの経験

警察の拡大、特に対擾乱の必要性に伴う拡大については、パンジャーブ州におけるシク教徒の反乱を鎮圧した経験にその特徴を見出すことができる。シク教徒による反乱の鎮圧に功績を上げた警察官僚のギル（K.P.S.Gill）は、治安維持作戦の成功に必要なのは、強力で独立的地位を持つ警察力とその支援に徹する軍であると言っている。ギルは、軍の大規模な動員展開について、擾乱勢力をパンジャーブ州の４つの国境地区から他の地区へ拡散させるだけであるとして、特に批判した。ギルは、パンジャーブ州警察長官２期目において、軍やその他の治安部隊を自己の管理下においた。92年～93年のラクシャクⅡ作戦（Operation Rakshak II）において、陸軍の主要な任務は、反乱者が国外からの資金や武器、影響を遮断するとともに国外への逃亡を阻止するために、国境線を封鎖することであった。

パンジャーブ州警察は、擾乱に対処するため大規模に勢力を拡大し、擾乱に加わる可能性があった若者を警察が採用することで動きを封じ込めることにも一役買ったが、それでも、陸軍や準軍隊に匹敵する勢力になることはなかった。ギルは、自ら選りすぐったパンジャーブ州警察の最も優秀な警察官とＣＲＰＦの隊員を引っ張ってきて、州警察組織の上層部を新たに組織した。さらに、機動力・通信能力の向上、火力の増強、モチベーション向上のための実績評価の導入を行うとともに、特定のシク教活動家を目標とする特殊任務部隊を創設した。ギルは州警察に〝殺人本能〟を植えつけたと評する者もいたが、[18] これらの措置は、09年代半ばに反乱が完全に鎮圧されることで十分に報われた。

パンジャーブでの経験は、カシミールにおいて州警察ではなく陸軍が試みてきた攻撃的な対擾乱活動に新たな手法をもたらした。擾乱に際して、陸軍は当該州における部隊を国内向けと国外向けの部隊に速かに再編成したのである。90年代初め以降、カシミール峡谷とジャンムー丘陵地における対擾乱任務のために、ラシュトリヤ・ライフル（Rashtriya Rifle）２個軍団（約12万人）を新編した。陸軍は国境線沿いへの部隊展開というこれまでのやり方を改め、州内をあまねく分割してそれぞれの部隊に担任区域を付与した。さらに、全ての関係機関を州長官に任命された元陸軍参謀長の下に置く新たな統一指揮システムを導入した。恐らく、陸軍に最も大きな成功をもたらしたものはイカーワン（IKhwan）民兵であった。それは当初、州が援助する少数民族（グージャル［Gujjars］）から集められ、その後矯正した反乱者をもって当てた。特に、集落防衛委員会（VDCs : Village Defense Committees）として組織された地域民兵組織は有効な対擾乱の手段であった。委員会は通常６～10人から成る班単位で構成されるが、更に規模が大きく組織化された同様の民兵組織も存在する。06年時点で、カシミールには２７００のＶＤＣｓが存在した。さらに、政府は、カシミールにおける３万人の特別警察幹部（Special Police Officers : SPOs）を認可している。[19]

ナクサライトとマオイスト

民族的な反乱は当該民族主義の集団内に自ずと限定されるが、ナクサライトと呼ばれる極左集団による擾乱については、28州のうち18州、つまりインドの3分の1の行政区がその暴力に冒されており、90年代半ば以来インド政府はこれに悩まされ続けて来た。ここ数年は、警察官、政府施設、政治家や行政官に対する襲撃がほぼ毎日報道されている。中でも、ジャールカンド州、チャッティースガル州、オリッサ州が最も深刻で、暴力事案の8割を占める。75人の中央予備警察隊の幹部がナクサライトに虐殺されるという最も悪名高き襲撃事案が10年4月に発生した。この事案は、08年のムンバイ・テロの時と同じような市民の激しい抗議を呼び起こした。マディヤ・プラデーシュ州、アーンドラ・プラデーシュ州、マハーラーシュトラ州では暴力が見られ、タミル・ナードゥ州やカルナータカ州でも散発的なテロ攻撃が生起している。ここ20年間における極左暴力再燃の原因は色々取り沙汰されているが、統治能力の貧弱な州が攻撃の矢面に立っていることは明らかである。

擾乱の脅威に対して、00年に内務大臣は、物理的なインフラ整備、機動力と通信能力の向上、武器と訓練の強化に焦点を当てた、州警察近代化計画(Modernisation of State Police Forces Scheme)を実行に移した。[20] この計画は、一般的なテロ状況の改善や警察能力の向上の他、(1)反乱の存在する州における対擾乱能力 (2)パキスタンとネパール国境付近における警察力 (3)ムンバイやデリーを含む7つの大都市における都市警察力　の強化を目指すものであった。[21]

06年、内務省はさらに、各州における治安活動を調整するために専任のナクサ部（Naxal Division）を創設するとともに、情報組織、準軍隊を含む様々な中央政府機関を纏めるためのタスク・フォースと、必要に応じ中央から増強配備された人員に指示を与えたりその活動をモニターするための省庁横断的組織を立ち上げた。

ムンバイ・テロの影響

カルギル紛争の時と同じように、ムンバイ・テロ、特に3日間続いた高級ホテルとチャバド・ハウスでのテロリストに対する包囲攻撃の一部始終が実況中継された。ヘリから降下した国家警備隊の要員がチャバド・ハウスで人質救出活動を行う場面がテレビ画面に映し出された。報道によれば、ユダヤ人を人質に取っていたテロリストはその画面を直に見るか、その放映を見ていた仲間からの携帯電話での連絡で状況を把握したとされ、そうしたテレビからの情報を得る前だったのか後だったのかは定かでないが、結局人質は全て殺害された。ムンバイ・テロは、インドの国家組織と警察システムに衝撃を与えた。コングレス党率いる中央政府は、幾つかの過ちを認め、内務大臣を更迭するとともに一連の改善措置を発表したが、それらの措置はゆっくりとしたペースで具現されようとしている。

08年のムンバイ・テロは、93年の爆弾事件や01年の国会襲撃事件の時にはなかった強い衝撃を与えた。過去の事案においてはパキスタンに対する報復が懸念されたが、この時のインド市民の当初の反応は、ある種の不信感と狼狽であった。ムンバイ・テロの模様は国内外で放映されたため、意を決したテロリスト集団に対するインド警察の無能さが痛いほど白日の下にさらされた。

一連の騒動の後、シブラジ・パテル（Shivraj Patil）内務大臣は辞職し、実直で有能との呼び声の高い政治家であるチダムバラム（Palaniappan Chidambaram）が内務大臣に就任した。コングレス党率いる中央政府は、情報と警察力の欠陥を認識し、対テロ機構の総点検・整備を推進した。

情報と警察における数々の欠陥がムンバイにおける大失態を招いたのだが、先ずは、テロリストがゴムボートを使用して全く偵知されることなくインド国内に侵入できたという事実が指摘し得る。ラム・プラダーン委員会報告によれば、ＩＢ（情報局）とＲＡＷ（調査分析部）はタージ・マハル・ホテルという特定の目標に対する海上潜入による襲撃を予測し、そのことをマハーラーシュトラ州警察とムンバイ警察に伝達したとされる。[22]沿岸警備隊と海軍は、情報に基づき対応したが、襲撃者が使用した船舶を発見することなしに捜索を打ち切り、当該情報に関してそれ以上対応することもなかった。[23]また、同報告書は、襲撃の５日前に、カシミール警察がＩＢに対して、モニターすべき35の携帯電話番号を提供したものの、何等の措置も取られなかった事も明らかにしている。そのうちの少なくとも３つの番号を襲撃者は使用していた。

次いで指摘すべきことは、襲撃への対応においてムンバイ警察の連携が取れていなかったことである。都市警察は、対テロ分隊は有していたが、数年にわたる近代化努力にもかかわらず、複数の攻撃に対して適切な情報活動を行ったり、勢力を振りわけるための指揮・統制機能が機能していなかった。07年に都市警察は、米国の協力を得て、新たな緊急事態対応のための指揮・統制システムを導入した。[24]この新システムは、地上通信回線を通じた緊急通報の発信元を迅速に特定して地図上に表示するとともに、現場の最も近傍にいる巡回警察への指令を可能とするものであった。実際は、個々の警察官がそれぞれ襲撃に対応し、警察本部は適切な目標に対する必要な戦力の集中ができなかった。
3つ目に指摘すべきは、ラム・プラダーン報告は、ムンバイ警察がテロリストの大規模な襲撃に対処するために必要な火器や弾薬を保有していなかったという単純な事実である。同報告は、恒常業務として行われる少量の弾薬の調達でさえハイレベルの許可を必要とするような硬直化した規則に縛られ、都市計画近代化計画の実行に遅れを来たしていたと指摘している。州警察及び都市警察は対テロ分隊を有していたが、委員会によれば、それらの隊は、貧弱な装備であったし、弾薬不足のため何年も射撃訓練を行っておらず、もちろん、テロ攻撃の阻止訓練も行っていなかった。警察の規定には4日毎に射撃訓練を行うとされていたのにもかかわらずである。同報告は、州政府の慢性的な財源不足の一方で、中央政府においては、ここ数年の経済成長の中で財源は潤沢であったと指摘している。ムンバイはインドで最も裕福な都市であるが、AK－47弾薬の補給があったのは05年が最後であり、06年以降、ムンバイ都市警察は一発の弾薬も受け取っていない。
ムンバイ・テロの15日後、チダムバラム内務大臣は、国家調査庁（National Investigative Agency）及び沿岸軍コマンド（Costal Military Command）の創設を発表した。沿岸軍コマンドは、省庁合同センター（Multi-Agency Centre）と呼ばれる緊急事態対処組織である。また、国家情報組織の増勢と、監視能力と通信能力の向上を可能にする最先端技術を取り入れた装備の導入に努めるとともに、テロ攻撃に対してさらに迅速に対応すべく、警察官や州警察の特殊部隊を再訓練するための対テロ学校を20校創設することを確約した。[25]
ムンバイ・テロは、大都市や国境付近における警察制度見直しなど既に走り始めていた改革を後押しした。テロの余波の中で、チダムバラム大臣は、極めて高いレベルで財源を確保することができた。09年8月の治安組織の長会議において、同大臣は、25万近くあったインド警察組織の未充足ポストが15万まで減少したと発言した。大臣は、物資調達を州に任せるのではなく、中央調達とすることを視野に入れていた。また、州警察の情報収集・分析を訓練するための情報学校の新設が動き始めていることを明らかにした。中央政府は、警察近代化計画２０００のさらなる延長を決定した。

技術的な変化

01年の国会議事堂襲撃事件の後、特に中央警察組織の予算が増加するとともに、装備の性能が向上した。近代化計画２０００では、ムンバイやニューデリーのような巨大都市に対して、暗視ゴーグル、位置評定及び地形情報システム、監視カメラシステム、テレビ回線システム、移動レントゲン装置、車両スキャン装置、車両ナンバー判読システムなどの調達を中央政府が支援することになっていた。ムンバイ警察は最近、パトロール車の追跡と管理ができる、電話回線を基にした統合警察対応システムの設置を終えた。

04年には、カシミールにおけるパキスタン側からの管理ライン越境侵入を防ぐためのフェンス構築を完了した。フェンス構築の終盤においてイスラエルからの技術支援を受けた。このフェンスにより越境活動は減少した。[26] フェンスの構築は、全域が防護されているわけではない管理ラインへのセンサーや電子的監視装置の設置を含め、山岳地形と技術上の複雑性から物理的に困難な作業であった。また、陸軍では無人機の運用が増加しているが、この動きは準軍隊と州警察にも広がっていくだろう。

海上においては、海洋監視用無人機の導入が、沿岸警備隊、特にパキスタンからの密輸が恒常的に行われているグジャラート州とムンバイ付近において進められている。ムンバイ・テロ後、沿岸警備隊では、海軍中将を兼務する新長官が任命されるとともに、新技術、航空機、監視装置の導入、及び海軍が有する沖合における任務遂行能力とのさらなる統合についての要望がなされた。

インドの関連各省庁は、即席爆発装置（ＩＥＤ）を無力化する技術に特に関心を持ってきた。インド軍は、世界で最初にＩＥＤによる打撃を受けた軍の１つである。初期段階における対応要領は、機動経路上からＩＥＤを除去するというもので、毎朝、歩兵部隊が機動経路を金属探知機で啓開した後に初めて車両機動が許された。道路啓開隊は今も存在するが、主として宿営地周辺の復旧に運用されている。90年代末までにインド軍は、機動経路上における無線起爆の爆発物による襲撃を防ぐためのラジオ・ジャマー装置を運用した。ジャマーは常に機能したわけではなかったが、高速機動や適切な梯隊機動要領とも相俟って、経路上にある爆発物の脅威は減じられた。

警察改革における課題

インド連邦制における柔軟性は、不穏な社会状況を管理する上で有利に働いてきた面がある。最も不安定な州であるチャッティースガル州とジャールカンド州は、政治的分権の動きの中で、既存の州を２分割することにより90年代に新たに創設された。行政機構と財政が分割されることにより、新たに創設された州は弱体化した。新しい州は双方とも、石炭や鉄鉱石の採掘を除いて見るべき商工業がなく、行政についても、優秀な警察官や公務員の多くが新たな州政府に参画するよりも地方に留まろうとするため、脆弱である。それ以前に分割されたビハール州とオリッサ州においても、同様の事情であったので、その貧弱な行政は悪名が高い。一方、州再編は暴力事案を増加させることになったものの、不安定を抱える新州の中に擾乱を孤立させるとともに、暴力の増加に対処するための中央政府からの動員支援を集中して呼び込むことができた。しかしながら、インドにおける警察制度改革は捉えどころがない。何故なら、それは対テロや対擾乱や警察部門といった特定対象だけでなくより大きなシステムの変化をも含んでいるからである。ムンバイ出身のインド人実業家のアーナンド・マヒンドラ（Anand Mahindra）は、米国のテレビ番組The News Hour with Jim Lehrer に出演し、近代的治安システムを機能させるために、ムンバイにもニューヨーク市長のような存在が必要であると述べたが、[27] そのような政治改革は想像し難い。ムンバイに対する行政権限を有するマハーラーシュトラ州政府が、最も大きな歳入源であるムンバイを手放すことに繋がる如何なる動きにも抵抗する可能性が高い。

47年から77年の間に、国家警察委員会が8回開催された。この委員会による提言が30年にわたって繰り返されたということは、インド政府がそれらの提言を無視し続けたことを示唆している。77年以降においては、政府は改革への意思をアピールすることすら諦めてしまった。00年に政府は、犯罪司法制度の全ての要素を検討するため、マリマス委員会（Malimath Committee）と称する新たな委員会を立ち上げたが、この委員会の報告は無視され、新たな国家警察委員会の報告書として公表されてもいないし認知されてすらいない。最新の公的な報告はあくまでも97年に公表された報告である。

公にはなっていないが、マリマス委員会報告は論争の種になった。公務員と人権団体は同報告にある提言を採用することに激しく反対した。人権団体は、警察による拘留期間の延長、自白の証拠採用、黙秘権そして究極的には推定無罪の否定といった、被疑者人権の毀損に対して猛烈な異議を唱えた。また、憲法専門家の怒りも買った。憲法専門家は、この提言がインドにおける既存の政治や警察の枠組みからの過度の独立性を警察に付与することになると考えたからである。中央政府高官を主体に構成される委員会によって州警察高官が任命されるべきとの提言は、法と秩序の責任権限を全面的に州に付与している憲法規定に反する。独立的な警察力は州政治における民主主義への信頼を損ねることになるだろう。元官僚である委員会メンバーのアショク・カプール（Ashok Kapur）は、少数意見として、委員会の提言は深刻な憲法上の問題を生起させると指摘した。

チダムバラム内務大臣が提案した改革は、州に分権された法と秩序のメカニズムを中央集権化することを目指しているが、関連する州政府において未だ真剣な検討はなされていない。中央政府においては、提案された改革に対する姿勢は前向きで恐らくより協力的なのであろうが、権力を削がれることになる州政府は全く異なる反応を見せるのだろう。改革は、州の管轄事項に係わる変革を中央政府が強いているという問題点を明らかにした。警察署の増設という重要問題において、内務大臣が提言できるのは〝州政府による警察署の強化〟といったところまでであろう。

市民権

治安維持における中心的課題は、対擾乱や対テロの政策を促進するための立法であり、市民の権利を制約することではない。マリマス委員会報告に対する人権団体からの反対は、その提案が市民権に対して有害をもたらすであろうとの理由からであった。インドの緊急事態法に関わる歴史は矛盾している。58年に、ナガランドにおいて陸軍軍人が意のままに作戦を遂行できるようにする軍特別授権法（Armed Forces Special Powers Act）が成立した。皮肉なことに同法は、42年にインド愛国運動の勢いを削ぐために英国によって用いられた緊急事態規則を手本にしたもので、殺害、逮捕、捜索、破壊行為を陸軍作戦の一環として認めるものであった。[28] また、作戦中の行為に対する陸軍軍人の免責規定もあった。同法は今日においても、北東地域の随所において有効である。

陸軍が作戦展開する場合、中央政府は、騒乱が発生している州に同法を拡大適用する。中央予備警察隊（ＣＲＰＦ）、国境警備隊（ＢＳＦ）、その他の国家警察組織は、其々の特定法令によって律せられるが、それらの法令は少なからず隊員に対する免責規定が設けられている。さらに、一連の〝騒乱地域〟に関わる法律により、中央政府は、〝市民に対する援助〟作戦遂行上必要であれば、下級裁判所の管轄権に属することなしに治安部隊を展開させることができる。02年にＢＪＰ政府は、市民権と法的手続きの停止を可能とする広範な権限を警察と治安部隊に付与するテロ防止法（POTA : Prevention of Terrorism Act）を強引に成立させた。しかしながら、コングレス党率いる連立政権は、市民、特にインド人モスリムに対する虐待の懸念から同法を廃止した。

テロ防止法の廃止は、インドの自由運動における稀に見る勝利だった。過去、コングレス党政権は、個人の権利を制限する法令を複数制定してきたし、裁判所は、法廷へのカメラ使用や無期限請拘留などの法の適用免除を認可するなど、行政側の特権を広く支持してきた。多くの関係者がインドにおける不当な権力の行使の状況が拡大しつつあることを懸念している。インディラ・ガンディーの首相在任時代について、クルディープ・マトゥー（Kuldeep Mathur）は、〝法や規範を国民に受け入れさせる能力に欠けていたガンディー首相は、権威主義や厳格主義といった姿勢を示すようになったが、それは成功の見込みがない企てであった。社会統制を強要できない事態に直面すると、こうした反応を見せるパターンは頻発するようになっていった。巨大な国家的強制機構が創設され、それが権威主義的性格をもつ法令によって国家権力と結びついていった〟と記している。[29]

テロ防止法の前身であるテロ及び騒乱行為防止法（TADA：Terorist and Disruptive Activities Act）は、常に批判の的であった。92年4月の報道によれば、過去7年間に同法の下で1万3225人が拘留されたが、証拠採用がかなり甘くなされていたにもかかわらず、有罪となったのはたったの78人であった。93年は、同じく、反体制政治家、弁護士、ジャーナリストを含む6万5000人が拘留された。もっとも、同法の有効性は有罪率にあるのではなく犯罪の未然防止にあるというのが治安機関の見解である。インド社会の軍国化に異議が唱えられる一方で、憲法及び法律上の枠組みにもかかわらず、インドの治安機関が迅速かつ有効に騒乱を制圧できないのは明らかである。

市民権の保護は、人権侵害、特にモスリムに対する人権侵害が亜大陸におけるイスラム闘争を活気づけることに繋がる阻害の連鎖の直接的要因となるため、極めて重要な問題である。パキスタンの過激主義者達は、インド政府がインド人モスリムを抑圧していると見ている。ムンバイ・テロで逮捕されたテロリスト、モハンマド・アジマル・カサブ（Mohammed Ajmal Kasab）は、取調官に対して、自分が受けた訓練においてはモスリムに対する残虐行為が強調されていたと述べた。インドで発生した一連のテロ攻撃における阻害されたインド人モスリムの連携はさらなる論議の的になっている。政府は、テロに関与する主要な組織としてインド学生イスラム運動を挙げているが、92年にアヨーディヤー（Ayodhya）のバーブリー・マスジド・モスク（Babri Masjid）を取り壊して以来、モスリム・コミュニティーの阻害はより大きな問題になっている。02年のグジャラート騒乱は、ヒンドゥー至上主義者に対する一連の殺人の嵐をもたらしたのだが、自分たちが脆弱であるというモスリム意識を強めることになった。

情報改革

情報改革の運命は、警察力近代化の厳しい試練とともにある。それは、インドの情報機関が警察官僚によって占められ、それらの者がこれを率いているため、警察における問題が情報機能に影響を及ぼすからである。警察が本来任務に問題を抱えながら、人的財源を情報分野へ振り分けるのは困難である。

インド情報機関は、首相が直接管轄する内閣府の下で機能しており、騒乱制圧の第一線で作戦を担当する国防省や内務省から相当の独立性をもって任務を遂行してきた。リアルタイムの戦術情報は、概ね陸軍、準軍隊、その他の警察組織が取り扱っている。ほとんどの情報収集は人的情報源によるものであり、それは価値の高い情報になり得るのだが、しばしば信頼性に欠ける。特に拷問や脅迫が行われるような環境においてはなおさらである。インド情報機関の関心の焦点は情報の分析よりも収集にある。情報機能を発揮する上で鍵となるのは、組織間の連携を重視することであるが、分析よりも収集に力点を置くということは、そうした連携を軽視することを意味する。情報源と情報収集に最も関心がある場合、情報源擁護の傾向が強くなるとともに、恐らく、他が収集した情報よりも当該組織内で収集した情報を信頼し重視するようになるだろう。逆に分析を重視する場合には、対擾乱作戦を指揮する者は一歩引いたところから明瞭に状況を俯瞰することができる。州レベルの情報は優先されるべきではない。マハーラーシュトラ州のラム・プラダーン委員会が纏めたムンバイ・テロについての公式報告では、マハーラーシュトラ州警察とムンバイ警察の情報組織の機能不全に焦点が当てられている[30]。

インド情報機関は、専門機関として機能しているようには見受けられず、専門的知見の欠如に苦しめられている。ＩＢ（情報局）は全て警察官によって組織されているし、国外情報を担任するＲＡＷ（調査分析部）については、プロパー職員もいるが、通常、ＩＰＳ（インド警察職）出身のジェネラリスト警察官僚が指揮する。また、インド国内の全ての警察機構における事実上全ての管理職ポストは警察官僚によって占められている。さらに、情報収集と情報分析の分離が図られていないことは、情報分析における偏向を生じさせている可能性がある。

国内情報を担当するＩＢにおいては、野党政治家への違法な電話盗聴に対する複数の申し立てが成されるなど、政権与党を利する党派的活動が批判されてきた。インディラ・ガンディー首相は、後に彼女自身の命を奪うことになるシク教徒独立運動を率いたシク教過激派リーダーを支援するためにＩＢを利用したとも報じられている。84年に陸軍が黄金寺院に立てこもった民兵を攻撃した際、陸軍上層部もＩＢも敵に関する正確な情報を持ちあわせていなかった。スリランカでは、国外情報組織のRAWがタミル・タイガーの訓練を行ったが、インド平和維持軍が作戦を遂行している間、訓練や反乱者の意識に関わる基本的な情報を提供することができなかった。それどころか、スリランカ北部に10年近く居ながら、ジャフナ（Jaffina）の地図を提供することすらできなかったのである。

ムンバイ・テロ後の改革により、一定の情報収集・分析機能を持ち合わせる国家調査庁と、さらに重要な組織であると言える、リアルタイムでの情報の収集と配布を行う省庁合同センターが設立された。同センターは〝作戦指令室（war room）〟として機能する常設機関として設計されている。改革の一環として中央政府は、州や地方政府への情報の配布を義務付ける法案を通過させた。さらに中央政府は、州に対して、州警察内における情報担当独立部署の設立や、情報を司っていた歴史があるものの数十年たった今では衰退してしまった特別支局（Special Branch）の強化を促した。また、09年8月にチダムバラム内務大臣は、州警察の情報収集・分析を訓練するための地方情報学校を開校するよう提案した。

全ての警察機構改革の中で、情報収集・分析における変化が最も期待できる。政府が短期間に相当な訓練を施せるのは限られた専門分野でしかないだろうが、情報に十分すぎるということはないのだから、改革の継続性こそが重要課題である。

国際協力

左翼ナクサリズムの高まりよりも、むしろテロにおける新たな波が、国内治安への脅威に対処するための国際協力に後ろ向きであったインドの伝統的姿勢に変化をもたらす要因になっている。インド政府は、外国政府や外国人による国内問題への〝干渉〟の排除を頑なに守り続けるとともに、インドを根源とする擾乱に関して援助や助言を求めようとはしない。一方、インドにおける武装活動を煽動する役割を演じてきたパキスタンに対抗するための国際的な支援を呼び起こすための努力は、数十年にわたり続けてきた。

しかしながら、その努力には困難が伴う。悪気のない部外者は、インドがより多くの地域を施政下においているカシミールにおけるインド側の非を指摘してきた。インド政府は、カシミール問題は解決済みの問題であり、47年の藩王による承認行為は取り消すことができないとの立場を常に取り続けている。しかしながら、こうしたインドの立場は、カシミールは公的かつ法的な係争地域であり、インドのカシミールにおける地位は〝施政権〟を有する国家であるとする国連、米国、英国の立場とは異なっている。

インドは、イスラエル、英国、米国、その他の国々と密接に情報協力を進めてきた。イスラエルからは、インド当局の対処能力向上のための新たな技術や訓練手法の導入を追求してきた。英国と米国については、情報交換の他、警察や対テロ専門家の訓練といった分野での関係が徐々に構築されつつある。英国との協力関係においては、パキスタン武装勢力に関わる情報共有が特に顕著である。

ムンバイ・テロにおいて、西側諸国の旅行者や施設が攻撃目標となり、米国人数名を含む25カ国の外国人が殺害されたことは、ある種の飛躍的変化をもたらした。それまで米国はインドとの情報協力に慎重であったが、ムンバイ・テロ後は協力関係のレベルを著しく向上させ、ＦＢＩがインドにおける現場捜査やインド関係機関との情報共有を行ったりもした。インド自身は、ハイテク技術による盗聴能力を開発し、ムンバイにおけるパキスタンの共謀に関わる情報を西側関係機関に提供した。インド高官は、パキスタンと密接な関係をもつ西側関係機関に対してずっと強い疑念を抱いていたが、パキスタン生まれの米国人で、パキスタンに根拠を置くラシュカレ・イ・トイバの構成員であるデビッド・ヘドレイ（David Headley）のような人間がムンバイをテロの標的にしたことから、今では対テロにおける国際協力の必要性を認識している。

ムンバイとチャッティースガルにおけるテロ事案を乗り越えて

カシミールは別として、インド政府は、一般的に国内の脅威を警察の領域と捉えるとともに、良好な統治と経済的発展こそが解決策であると考えてきた。過去、インド政府は、陸軍を、騒乱鎮圧のために派遣する一方で、ナクサライトやモスリム武装勢力との戦いにおいては、訓練、兵站、人的な側面での支援に留めるなど明確に距離を置かせてきた。国家警備隊の人質救出チーム（ＳＷＡＴや要人警護に運用される中央警察隊）の構成員は、警察要員ではなく兵士が主体であるが、その運用権限は、一義的には州、状況により内務省の警察組織が有している。

ムンバイ・テロは、国内治安上の問題に対する政治的関心を高めるとともに、外国政府との情報共有を促進した。チャッティースガル州において生起した75人の準軍隊将兵の虐殺事案は、治安上の脅威に対する国民及び政府の懸念を増大させた。チダムバラム内務大臣は、治安組織改革への大きな期待を表明してきたが、イスラムの脅威と極左集団の脅威に対してバランスの取れた適正な資源配分を行うという重い役割を担っている。警察力近代化は、犯罪司法制度や憲法上の問題とも相俟って、苦しい状態にあるように見受けられる。軍事力近代化のように、警察力近代化も、脅威、戦略、そして政策の混同という罠に陥っている。州警察は、ナクサライトやイスラム武装勢力との戦いの最前線にあるが、近代化を如何なる形であれ前に進めるための財源や人材を有していない。パンジャーブやカシミールにおいては、州政府が騒乱制圧に失敗した後、中央政府が騒乱制圧能力の創設をリードした。カシミールでは、強度は低下したものの紛争が続いている。カシミールでの成功は、騒乱発生州における警察力近代化に対する後ろ向きの姿勢を改めさせる上で極めて重要であろう。実際のところ、多くの警察関係者は、対テロや対擾乱の能力向上といった分野における警察力近代化に反対している。それらの者は、改革ではなく、対人口比警察官数、駐在所の機能、取調べや科学捜査の能力といった基本的な問題解決について論じているのである。

インドは、国内の問題に莫大な労力をつぎ込みながら国外への戦力投射を行うことができるのだろうか? 陸軍は、巨大な準軍隊に補完された治安維持を担任する部隊と、パキスタンとの通常兵器による機甲戦に適した潜在的な外征部隊とに分割されているが、我々は、それをできる能力を有していると信ずる。[31] しかしながら我々は、多様な任務付与は軍全体の効率性を減ずることも認識している。異なる戦争形態に要求される指揮官の能力は相当に異なるからである。過去の経験は、通常の歩兵戦や機甲戦を戦うために訓練された将校が擾乱との戦いを指揮しても、大抵は上手くいかないということを教えている。

擾乱や分離主義に対するインドの伝統的なやり方は、〝頭を叩いてからピアノの弾き方を教える〟というもので、強制と囲い込みの併用である。それは時間がかかるが、多くの成果を挙げてきた。しかしながら、局地的な不満分子、少数派宗教、民族集団、イデオロギー狂信者、部族などが新たに国際的な繋がりを持つようになった今、この戦略を適用するのはますます難しくなっている。そういった集団は今や、海外勢力や外国（近隣国勢力、移住者勢力、人権活動グループなど）との関係構築に成功してきており、そのことが治安維持部隊による武力の無制限行使を困難にしている。インドの治安関係上層部は、こうした傾向を正確に認識しており、武力行使や、経済発展と政治制度を犠牲にしてまで行動することに慎重である。そして、国際的協力関係が強まる傾向にある中、外国の警察や情報機関との情報共有や、合意した特定対象に対する外国組織のインドでの活動を許容している。

第７章　変化との闘い

歴史的、そして相対的に俯瞰すれば、インドにおける軍の管理は上出来だったと言えよう。民主的な政策に合致した軍と政治との関係を促進することで、パキスタンとバングラデシュという隣国、あるいは、アジア、ラテン・アメリカ、アフリカの多くの国に見られたような軍による政権掌握が回避されてきた。インドは、軍が国家を統治する軍事国家ではないし、政策における軍事志向が強いわけでもない。政策実現のために軍を使用する傾向はほとんど見られず、軍事力が過度に使用された場合には遺憾の念が伴っていた。軍は人気があり賞賛の対象であるが社会の要というわけではなく、インドは文化的、社会的にも軍事色の強い国家ではない。しかしながら、インドは巨大な軍事組織を維持している。陸軍は恐らく歴史上最も巨大な志願制の軍隊であるし、空軍と海軍は、規模的、そして恐らくは質的にも世界の十指に入る。インドの課題は、政治指導層からの戦略的指針が明確でない中で、軍事力を現実の脅威に適合させるとともに、脅威と機会の優先順位を適切にすることである。変革まで念頭に置かずとも、インド軍の近代化における問題点は、根深いところにあると我々は見ている。装備調達システムは、既に機能不全の状態にあり、物量が巨大になるに従いますます悪化している。

軍事力近代化は、明らかに海軍と空軍に牽引されている。核兵器の存在が故にパキスタンとの大規模地上戦が軍事的選択肢から除外されていることから、陸軍の近代化には問題が多い。海軍は、核ミサイル搭載潜水艦、近代的空母、巡航ミサイルをそれぞれ1つは取得したいと考えているものと見られ、それに向けて動いているが、統合運用や、優先する戦略部署と兵器のリンケージについてはほとんど注意が払われておらず、それらの兵器は夫々の軍が思い描く国益に奉仕している。海軍はまた、研究開発途上にある巡航ミサイルの取得実現を追求するとともに、いつかは核搭載潜水艦を保持したいと思っているが、そうした全ての種類のシステムをサンプル的に取得する余裕があるのか、あるいは取得しなければならないのかという議論は見られない。

近代化と一貫性の欠如

急速な経済発展によりインドは、安全保障上の問題に取り組むための新たな財源を得た。しかしながら、豊かさの配当は、軍事機構の硬直的な組織構造が故に限定的なものとなっている。国防予算は00年以降伸びており、00年に118億ドルであったのが09年には300億ドルと、10年で約3倍になった。ほぼいつの時代もインドの軍事費のGDP比は減少し続け、07年にはこれまで最低の2%まで落ち込んだが、09年には3%まで復活した。それでも80年代における軍事近代化に比べればまだ低いが、倍々で伸びるインドの経済は、独立以来インドの安全保障機構を苦しめてきた財源不足という問題を軽減したことは間違いない。

皮肉なことに、インドの軍事力は、財源投入に見合って向上しているようには思えない。スシャント・シン（Sushant K Singh）とムクル・アシャー（Mukul Asher）は、インド軍、特に陸軍は、多くの装備更新を行ってきたが、能力の向上は伴っていないと指摘する。[1]〝政策立案者は、国防上の目標について発表する場合、それを広範で一般的なものに止めるとともに、将来へのコミットを回避しようとする傾向がある。このことは、〈必要性が増しても、国防予算の不足は生じないだろう〉という毎年財務大臣が行う予算演説における儀礼的な発言によく表れている。国防予算は、如何なる国家計画や戦略にも明確な関連性がなく、単なる財源の振り分けである[2]〟と。確かに、インドのパキスタンや中国に対する軍事バランスは、相当な警戒を要するような状況ではないように思われるが、戦略レベルでは、ミサイル戦力においてパキスタンと不均衡に陥りつつある可能性がある。

軍種間の不均衡も引き続き存在するとともに、作戦上の連携は別にしても、戦略計画における統合についての真面目な検討は、ほとんどないか全くないかというレベルでしかない。早急に改善することは見込めないであろう重大な障害は、国防・安全保障問題に関わる研究所やシンクタンクが増えているにもかかわらず、国防・安全保障問題における民間の専門家が欠如していることである。それら研究所等のいくつかは、特定軍種の退役将校により構成されるなど特定軍種と密接な関係を有しており、狭量な見解を喧伝している。統合戦略研究所（USII：United Services Institution of India）は、１００年以上の歴史をもつ研究機関で、敬われる存在であるが、近代的な研究組織ではない。防衛研究所（ＩＤＳＡ）は、政府機関として意味のある研究成果を出そうと躍起になっているが、ある所長経験者は、ＩＤＳＡは論争を惹起するような研究論文を発表することができる、何故なら、政府高官は、それらの論文を読んでいないからであると述べている。[3]

インドの国防・安全保障問題に関する最も興味深く想像力に富んだ論評のいくつかはウェブ上に掲載されたもので、印僑によるものが多い[4]。

国力が年毎に増している中で、インドには、軍事、外交、経済、情報の各機能を一貫性ある国家戦略に統合するための単一省庁が存在しない。有効に機能する国家安全保障会議もない。国家安全保障諮問委員会（ＮＳＡＢ）は、国家安全保障に関わる提言を具現しようと努力しているが、その進展状況を評価する権限がない。軍種内、軍種間、そして、外務省、国防省、財務省、首相府の間には過度な競合関係が存在する。テレジタ・シャファーが指摘するように、インド政府は大戦略に関わる声明を発出することはほとんどない。インドの国家安全保障に関わる方針は、南アジアにおける卓越した地位、領域に入り込もうとする侵略者がもたらす脅威への対処、さらに遠方からの如何なる脅威をも抑止[5]、という漠然としたもので、最もあり得べき脅威はいずれ消散するだろうという希望的観測の下で決定は最小限度に止められ、先送りできるようなものになっている。議会について言えば、44年における議会による監視・監督の方が今よりましだった。英国統治の下で、インド人議員は、国防や安全保障問題に関わる議論を強力に推し進めることができたし、しばしばそのようにしていた。今日では、戦略問題について真剣に取り組んでいる議員はほんの一握りであり、軍事や軍事力の活用に関心を持っているのはさらに少数である。

インド人が近代化と変革の鍵として科学技術を強調するあまり、機構改革への意欲が減じられている。政治指導層にも官僚にも専門家が著しく欠如しており、軍の組織改革への姿勢は極めて臆病である。インド文化そのものに障壁があるわけではないのだが幾つかの根の深い文化的な要因も変革を妨げている。結局のところ、インドはこの10～15年間、予期しなかった特定の分野も含めて急激に成長したが、近代化のペースや科学技術へのアクセスの度合いは、米国との新たな関係性を計るための指標でしかないだろう。軍事分野でもそれ以外の分野でも先端技術は近代化への近道であると考えられているが、軍の近代化は単に技術的なことだけでなく、戦略や安全保障、構想を具現する能力といった新たな思考法、そして、高度な国際水準に追いつこうとする試みや、海外の〝優れた慣習〟をインドに適合させながら積極的に取り入れることも含まれる。そうした科学技術に対する姿勢は、核開発プログラムや軍事研究開発における特権を持っている科学コミュニティーにおいて顕著である。そうした姿勢は、政治エリートにも広がっており、インドの世界観の一部を成している。それは、科学技術の弱さ故にインドは独立を失ったのであり、さらに引き続き、米国を初めとする国々による科学技術へのアクセスを制限しようとする試みが深いところで影響を及ぼしているといった見方である。05年の米印原子力合意は、米印関係に悪影響を及ぼしてきた技術アクセス拒否がインドの政治指導層にもたらした嫌悪感や差別感を和らげる上でも重要だった。

インドの戦略や国防の近代化における新思考がある一方で、この新思考を民軍の垣根を越えて双方が理解できるようにする枠組みは未だ存在しない。異軍種間においても同様である。今後は、物量が増える一方で、軍事的即応性の不備や、脅威と能力の不整合も増していくだろう。また、異軍種間の統合強化は極めてゆっくりとしたテンポで進んでいくだろう。さらに、インドは戦略的ツールの獲得においても不満を抱え続けるだろう。インドでは、経済的躍動が国富に大きな恩恵をもたらしたにもかかわらず、安全保障政策や戦略には大方のところ関心がない。

インドはこうした特性を持つ唯一の国というわけではない。インドの政策は、日本と同様、反応型である。インドは世界の大国4~5カ国の一角を占める運命にあるという信念は、それを戦略と呼ばない限り戦略的とは言えない。一方、日本は米国と公式の同盟国の関係にある。先に述べたように、日本とサウジアラビアはインドよりも軍事近代化に予算を投じているのだが、両国ともに戦略的主張という要素は全くなく、米国との枠組みによって保護されている。これはインドには当てはまらない。

インドは、戦略的な意思決定の過程において物事に優先順位をつけられないでいる。最も大きな外部からの脅威であるパキスタンに対処するための戦略が欠落しているし、中国に対抗する能力を持つべきなのか、調和を求めるべきなのかについても決めかねている。国内治安、特にテロ問題においても、さらなる関心と財源配分が必要だろう。

結局のところ、インドが安全保障の恩恵を待つ傍観者でいることをやめ、国際社会の秩序を形作る役割を果たすべき時が来たのである。インドは、現在、老練な外交、力強い文化的影響力、強さを増す経済力といった限られた面での役割は演じているのだが、近代的な軍事力は、最も強力な手法の一部を成すものである。アッセマ・シンハ(Assema Sinha)とジョン・ドルスキナー(Jon Dorschner)はこう書いている。〝大国としての地位・役割へ向かう道は、善意で敷き詰めるよりも、政治的な意図と、自治と独立独歩を強調する伝統的なインドを変えることができる制度的な柔軟性が必要である〟[6]と。インドの国防・軍事分野ほど意志と変革が必要とされるものはない。この分野には、軍事力近代化の努力を無為にしてしまうような3つの原則的な共通認識が存在する。

第1に、独立独歩と装備品の自給自足を重要視し続けていることである。独立独歩は、長い目で見れば経費削減につながり、インド国内の生産能力を向上させるとともに、究極的には、危機発生時における兵器供給の中断、特に米国によって中断される可能性から解放されるというのがその前提である。そうしたインドの姿勢は、二流品や検証が不十分な装備品の調達、あるいは、せいぜいのところ、これまでも時として行われてきた既製品の海外からの調達や海外との共同製造——海外パートナーは今や興味を失いつつあるのだが——といった調達要領を将来もインドに強いることになるだろう。

第2に、軍は尊敬に値するが信頼はできないというインド巷間の俗説であり、それは国防・安全保障分野における文民の専門家が欠落していることと相俟って、政治指導者に対する質の高い軍事的助言がなされないことを意味する。文民の優勢というインド人の観念には、過去においてはそれなりの理由があったのかも知れないが、今ではその代償を払わされている。インドにおける〝シビリアン・コントロール〟の定義が、もっぱら、軍に対する文民の優越というだけで、政策策定において限定的な役割しか軍に与えることを許さないのであれば、インドは、その持てるところをさらに有効に国力に転化していくことはできない。

第3に、軍事的な優先順位をつける上で意見の相違がない唯一の分野である国内騒乱に対する認識である。そこには、民族、言語、さらに今では思想的要素も加わった分離独立や高度な自治を求める動きに対処するための国家的（または地域的）な戦略は存在しない。それゆえ、それに見合った効果がないにもかかわらず、国内治安のための予算は増大し、準軍隊の勢力は拡大し続けている。驚くべきことではないが、インドの政治家は、08年のムンバイ・テロや10年4月のナクサライトによる準軍隊1個大隊襲撃事案の後でさえも、パキスタンや中国の存在から想起される脅威よりも、国内治安の問題を優先する。

軍のコントロール、予算削減、武器の国内製造、そして、国外からの脅威よりも国内治安を優先することは賢明な選択なのであろうが、それらは、変革、創造的な軍事思考、政治における軍の機微な役割の理解に繋がるような安全保障や軍事政策に資するものではない。自己抑制は、期待される役割や相応の野心もなかった頃のインドにとっては許容できる戦略であったが、今やインドの能力は拡大するその野心に少しずつ追い付きつつあり、多くの国がインドを、興隆しつつある戦略的に重要な国として捉えているのである。

戦略的抑制の継続

我々はインドが、財源不足よりも、非関与、対立の回避、防勢的思考様式といった政治文化に由来する戦略的抑制志向と慎重姿勢を継続すると信じている。国連憲章7章型の平和創造任務に参画することとすら想定し難い。

戦略的抑制という大きな方向性はインドのような国には適している。尋常でない挑発に際して現政権が見せている自己抑制は賞賛に値する。しかしながら、戦略的抑制志向は重大な欠点でもある。ある種の脅威に対してインドを無防備にしてしまうとともに、脅威と能力を適合させるための改革努力を無に帰するからである。インドの組織・機能における縦横の連携の弱さ、分散した情報システム、組織間の競合関係、文民専門家の不在には本当に驚かされる。将来の戦略的奇襲に備えるためにすべきことが多く存在し、かつ、それらは、08年のムンバイ・テロの時のように迅速な反応を求められることからより複雑なものとなっている。

現時点において、インドの軍事力にとって喫緊の課題は、財源不足よりも、実行可能な戦略枠組みの範囲内で財源を如何に有効に配分するかということである。インドはそれを実現できるだろうか？　近隣国を挑発したり、大金をつぎ込むことなく、核心的な問題に取り組むことができる近代的な軍事組織を持つことができるだろうか？　必要な改革についての意味のある公の議論は（十分ではないが）行われているものの、大きな変革は望めない。インドは、軍や国防体制を徐々に改善しているものの、官僚的組織構造と政治サイドの問題把握不足に鑑みれば、それは泥縄的なものでしかない。組織間の協力や、一本化された軍事助言を政治指導者に行うためのシステムの確立といった最近の改革は、ほんの一部しか実行に移されていない。

組織改革

インドにおける近代化についての観念的あるいは現実的な議論の根底にあって、達成が最も困難な未解決問題、特に兵器の購入や製造に纏わる問題は、制度と組織に関わるものである。おびただしい数の改革提案の全てが、40年間積み上げられたままである。数十年前のインド政治家の嘆きは〝実行されなければならない！〟というものであったが、この呪文は今日においても生きている。62年の中印戦争敗戦後のヘンダーソン－ブルックス（Hendeson-Brooks）報告に始まり、90年代に継続的に出された多数の検討成果に至るまで、改革委員会による検討は数多くあるが、そのほとんどは一握りの人物の手によるものであった。それら検討の多くは未だに秘密扱いされており、ほんの一部しか実行に移されていない。国防省によって編纂された公的な戦史でさえ公表されていない。カルギル調査委員会の報告書だけが公表されているが、これはインドがこの小戦争に勝ちを収めたからであろう。いずれにせよ、その提言はほんの一部しか実行に移されていない。インドは未だに、軍改革についての真剣かつ公的な議論を進めることに前向きでない。

ほとんどの国が、効率性と適切なコントロールを実現するために軍事力を分割・分散させる一方で、その実効性を確保するため、分割・分散された多岐にわたる部門を中央政府が統括している。インドでは、軍事組織における権力が二層に分離しているが、政治指導層は軍種の優先順位、あるいは軍種内の特定機能における優先順位を示すことはない。省庁間協力はさらに難しく、脅威対処や国内政治上の必要性から協力が進んでいる中国やパキスタンよりも厳しい状況にある。この意味においてインドは、コンゴやソマリアといった破綻国家よりはましであるが、インドネシアやメキシコといった中央政府が効果的な行動をとれずに苦しんでいる国に近い。

国防省は、軍種毎に異なる安全保障や軍事力近代化に対するビジョンの調整にあたる部署であるが、際立ってその能力に欠けているように見える。ある米高官が指摘したように、国防省の18個ある局のうち2つの局以外は主として調達関連の部署であり、改革どころか、局長レベルで戦略に関心があるのはごく僅かしかいない。いずれにせよ、インド行政職（IAS：Indian Administrative Service）は、仮に戦略を担当するとしても、専門的知見がないまま国防省に転属してきている。省改革に関わる優れた提案のほとんどは実現していない。例えば、国防・安全保障関連ポスト主体の人事運用を想定した、インド行政職と外務官僚に財務官僚も加えた基幹要員集団を創設するといった提案である。過去50年間にわたって、財務省における国防・軍事への関心と専門知見の欠落は突出している。

インドにおける省庁間調整は、各省庁に任されており、問題の性質、人的要素、そして究極的には予算に拠るところが極めて大きい。国防機構における調整は時として危機における必要性から実現した経緯もあるが、平時においては、軍改革の優先順位を上げ、それを成就させていくことは難しい。インド組織機構の反応型の問題対処能力は、ある意味で調整を有効に作用させるが、改革においてはかえって障壁となる。しかしながら、予期される危機に対する備えは軍事力近代化の核心部分のはずである。

インドが科学技術の近代化と自主防衛を早い段階から強調してきたことに鑑みれば、インドの装備品取得はその戦略的なバランス感覚の副産物であり、性能より取引相手の信頼性に重きを置く取得プロセスにそのことを読み取ることができる。インドにとって最も好ましい国であるソ連とイスラエルは、常に最高の技術ではなかったにしろ、良いものを供給してくれる信頼できる相手であり、その武器取引における関係は、戦略的関係にも好ましい影響を与えてきた。フランスも主要な取引先として信頼できる相手であったが、最も安価でベストな供給元であることは滅多になかった。インドがこれらの国との取引を好んだのは、概して、それらの国が必ずしも最高の技術や最良の取引条件を提示したからではなく、供給に信頼が置けたからである。さらに、ソ連については、ソ連の工廠とインドの製造業者（及び貿易関連組織）との関係が、当時の政権与党であったコングレス党に利していた。こうした国防調達要領は、軍が与えられたもので凌がなければならなくなるのが分かっていながら、常に国産兵器開発が期待はずれに終わる要因にもなっている。

最近の取得実績には目を瞠るところもあるが、軍事力の構築にどの程度資するものなのかはかえって分かり難い。インドには、真の近代化を実現するために克服しなければならない深刻な制度的問題が存在する。先ずインドは、安全保障上の必要性から導き出される期間内に新たな装備を取得しなければならない。次に、軍においては、各軍種がそれぞれの偏狭性を克服し、協調しなければならない。さらに、分断されている国防政策立案の機能を統合できるよう組織を強化しなければならない。ムンバイ・テロにおける貧弱な対応、即ち人員・装備は十分なのに適時の部隊配置や武器使用調整ができなかったということは、組織矛盾の典型である。前もって予期しながら行動することができないというインドの組織的欠陥は際立っているが、それによる損失を政治指導者が甘受しているように見える。

軍

陸軍は、全軍の兵力と予算の相当部分を占め、インドの安全保障政策において支配的地位を占めている。空軍と海軍は、兵力と予算が増えているものの、百万規模の勢力を擁する陸軍には到底及ばない。陸軍の兵力は、ここ約20年間、ほぼ変化していないが、国内治安を担う準軍隊の増強により、今やインドにおける陸上戦力の兵力規模は200万に上っている。さらに、兵力増強への要求は減衰していない。もし軍が極左組織ナクサライトの擾乱に直接対処するようになるとしたら、さらなる兵力増強が必要となろう。兵力増強は、軍事支出の削減、再訓練、そして財源の調達への配分を難しくする。端的に言えば、国内治安任務か対外任務かというアイデンティティ・クライシスを解決する能力がないことが軍事力近代化を危険に陥れているのである。空軍と海軍においては、そのような問題はないのだが、陸軍の圧倒的な勢力は両軍に影響を及ぼしており、陸軍が削減されない限り、両軍ともに進展する余地はない。不釣合いに大きな陸軍と歩兵戦力の急増を場当たり的に行う準軍隊においては、構造的な変革が必要である。軍における極めて非効率的な昇任制度も同列にある問題であり、先ず陸軍が変わらなければ、海・空軍における変化は望めない。

我々は、悲観的なプロ集団とでも言うべきインド軍が、戦略的抑制という文化を受け入れていることに驚きを覚えるのだが、実は戦略的抑制こそが、自らの組織と戦備に関わる軍の自由度を相当程度許しているのである。ある現役准将のインタビューにおける発言は、ほとんどの将校が持っている大方の見解をよく表している。〝持っているものに完全に満足している？　否。それでは自分たちには能力がない？　否。もっと何かをしたいのか？　然り。自分たちは仕事を全うできる？　然り。〟

各軍は、基本的にそれぞれが独自の立ち位置にあって、固有の戦略を持ち、異なる戦争に備えている。各軍はそれぞれ、独自の所望リストと禁忌リストを持っていて、財源や政策上の制約を抱えている。三軍と準軍隊には、何年間にもわたって形作られた強い組織的悪弊があるが、それは、それぞれの軍が上位概念である国家戦略を無視し、独立したや戦略・作戦ドクトリンを構築して喧伝していることにも及んでいる。ドクトリンの乱立は、軍種同士や、各軍の目標と国家目標との間に深刻な相違を生じさせる可能性がある。陸軍のコールド・スタート・ドクトリンは、インド自身の問題に干渉しようとするパキスタンへのバーゲニング・パワーの獲得と代償の吊上げを可能にすべく行う、パキスタンに対する短期かつ鋭敏な陸上作戦のための教養であり、空軍による近接航空支援を得ることを想定している。しかしながら空軍が重視しているのは、戦略的攻勢、制空権、そして防空戦である。一方、海軍は、マラッカ海峡やホルムズ海峡に至るまでの海域での活動を模索している。軍種間に横たわる〝裂け目〟、即ち、陸軍に対する航空支援や海軍による偵察活動、さらに、通常の国連平和維持の域を超えた国際活動といった問題は未解決のままである。インドは、特にスリランカにおける失敗の後、平和構築活動への参加を避けてきた。イラクやアフガンにおける平和構築活動をインドが支援しなかったことについては、次章において論じたい。

異軍種間協力については、陸軍は、陸上作戦における統合を求めているが、海・空軍からも指名される可能性もある国防参謀長の任命には抵抗している。今後インドに統合軍が創設される場合には陸軍将官が司令官に任命される可能性が高いが、本土外に創設される統合軍の司令官には陸軍以外から任命されるかも知れない。インドは、米国のようなゴールドウォーター・ニコルズ法による変革には程遠いところにあり、現在の統合参謀部は象徴的なものでしかない。有効な文民によるリーダーシップが欠落する中で、陸軍としては、独自に思い描く戦力組成とドクトリンを陸軍主導の共通ドクトリンとして認めさせるため、海・空軍を説得しなければならないだろう。

こうした軍改革は、ドクトリンや戦略に対する如何なる国家レベルの包括的評価も行われることなしに進められており、個々の人物や軍種、あるいはそれらと関係するシンクタンクに由来する試みとして行われている。[7] 06年に初めて、国防大臣自らが統合作戦に関わる声明を発表した。ムカージー国防大臣は、軍は全ての将来作戦において、安全保障における全ての機能を含蓄する統合された対応をすることを要求されるだろうと述べたが、それは作戦というより願望と呼ぶに相応しいものである。新聞報道は、ムカージー大臣の発言を、インドがさらなる統合コマンドを創設するであろうことと、〝インド軍における真の統合〟の時代が到来したことを〝示唆〟したのだと評している。しかしながら、その後、対テロというむしろ警察の領域に関わる統合戦略と、水陸両用統合ドクトリンが公表されたのを除き、何等の進展も見られていない。

インドでは、戦略マターより作戦マターに重きが置かれている。各軍はそれぞれ独自に国家戦略を体現しようとしており、それぞれの作戦術は強力だが、それを戦略に結びつけることにおいて貧弱である。異軍種間のコマンド司令部を直結する通信が確立されていないことがさらに問題を複雑にしている。作戦間、コマンド司令部間の直接通話ができないので、中央司令部を介してやり取りしなければならない。西部空軍コマンドは2つの異なる陸軍コマンドに跨る地域を管轄している。また、海軍と空軍は、ムンバイ・テロにおける海上からのテロリスト侵入を阻止できたかも知れない海洋偵察に関わる戦略についての見解が異なっていた[8]。ムンバイ・テロ後、海軍と内務省の間に、どちらが沿岸部の防衛と監視をコントロールするかについての論争が生起した。

陸軍は、国内の騒乱に対処するにあたって、自身の勢力を減ずることなく近代化できることを良しとした。多くの軍高官に対するインタビューから、陸軍には国内任務と国外任務の両方を引き受ける以外の選択肢がなかったことが読み取れる。陸軍本部長期計画班は、近代化構想の立案と調査を行うべき部署であるが、異なる機能間のトレードオフを検証する責任部署を有していなかったこともあって、最終的にこの選択肢を選んだのである。これとは対照的に、カンワル退役陸軍准将は、陸軍を国内治安と対国外の2つの組織に分割することによって削減するという大胆な提案を行った。カンワルの提案は、陸軍は小規模ながらも先端技術を保有する諸職種協同の陸上戦力として、敵領土への攻勢作戦を効果的に遂行できるようになるべきであるという考えに立脚している。両世界大戦の間、英領インド軍は国内治安部隊と外征部隊によって組織されていたが、国内治安部隊の地位は下位にあった。

陸軍分割論には幾つかの問題がある。どのように分割するのか？　誰がどちらの側に所属するのか？　国内治安部隊に所属することになる者が何故次等の地位に甘んじなければならないのか？　昇任はどうなるのか？　国内治安部隊は外征部隊よりも多く実戦に従事することになるので、その献身が正当に報いられるべきであるが、外征部隊が陸軍の筆頭組織になるのである。現実には、陸軍は既に事実上その方向性に沿って分割されている。もし2つに分割されるのなら、それは分割前と同じ陸軍ではない。さらに言えば、インドは既に二分割を経験済みである。80年代から90年代における準軍隊の増強は、事実上の100万人規模の第2陸軍の創設である。準軍隊の増強は、配置、情報、管轄権における競合という問題を生起させた。また、陸軍は、ラシュトリヤ・ライフル（Rashtriya Rifle）という独自の対擾乱部隊を既存編制の範囲内で編組したのだが、全ての職種が〝歩兵化〟するという代償を払うことになった。機甲兵、砲兵、高射砲兵は、交代制でラシュトリヤ・ライフルに配属されているので、それら職種の基幹要員は枯渇している。陸軍内にラシュトリヤ・ライフルと同種の部隊を組織することは更なる問題を生起させるだけである。

サミュエル・ハンチントン（Samuel Huntington）が半世紀近く前に提示した、異なる論理で動く国内治安部隊と外征軍という2つの軍隊をもつことができる国はないという主張を想起したい[9]。少なくとも昇任制度は双方を満足させることはできないだろうから、どちらかの論理がより支配的になることは避けられないだろう。その戦力投射能力が勢力から推察される能力よりも遥かに低いというのがインド陸軍の現実である。他方、陸軍は20年以上にわたって対擾乱のための作戦展開を続けている。数十年にわたって国内治安が対外任務よりも重視されてきたのは単なる偶然ではなく、政治的選択の帰結である。インドの政治指導者は、基本的にその労力を戦力投射ではなく国内治安に費やすことを選んできたのである。それゆえ、近代化計画は既存組織から勢力を振り分けるのでなく、経済的恩恵を活かして勢力を増やすことを企図しているのである。それとは対照的に、インド空軍は戦争遂行を二義的な目標にしているものと見られる。今起きている全ての事象は、空軍が、少なくとも技術レベル、使用経費、海外調達装備の多様性といった点において近代化の最先頭にいることを示している。空軍の主要な関心は、技術の分野で確固たる指導的地位を獲得することである。そのことは、戦争状態にない国による特定兵器購入としては世界最大の契約である空軍の戦闘機取得計画に反映されている。それら戦闘機は歴史上最も高価で複雑な兵器なのだが、空軍は、独自のドクトリンにおいて、対地支援（戦闘機は局地制空権獲得のために極めて重要）を犠牲にしてでも戦略攻撃（戦闘機はこれまで取得を試みてこなかった戦略爆撃機の護衛という二義的役割）を重視することを強調している。

　空軍は、陸軍を補完する戦力として創設され支援任務に縛られていたのだが、今では、自らを〝航空宇宙空間〟の中で位置付け、その空間を支配する軍種であると見ており、陸上作戦支援任務には最小限の関心しか持たず、主要な目標を制空権の獲得に据えている。一方海軍は、自身の役割を最も政治的な観点から捉え、インド洋沿岸地域におけるプレゼンスを強調している。海軍における装備調達は、科学技術や戦争遂行の必要性ではなく、他国海軍、特に米海軍と足並みを揃え得る能力への希求が原動力になっている。こうしたアプローチの違いは近代化計画にも見られる。海軍は今、決して大陸に縛られず、これまでになく自由にインド洋における役割や世界をリードする海軍国との関係を深めていくという夢に耽っている。そして、パキスタンに関連する役割が限定的である一方で、華やかな艦隊による遠方への戦力投射、外交の手段、インド洋地域（IOR：Indian Ocean Region）における在留インド人や〝印僑〟との架け橋、世界中の海軍との合同訓練、そして地域における災害救援という〝市民援助〟における積極的役割といったことの中に自己の姿を投影させている。さらにエネルギー確保の重要性が海軍の潜在的役割を増大させている。海軍は、湾岸地域に存在する欠くことのできない多くの資源に到達でき、現に自国及び多くの西欧やアジアの国々のエネルギー確保に必要なシーレーンを哨戒するための戦力を広く展開させている（今は各国との共同活動として行っているが単独活動も可能）。我々、そしてインド研究に携わってきた多くの者は、軍自身が誰よりもそれを認識していると思うのだが、インド軍の再均衡と国家安全保障システムの再編のための近代化プロセスは、各軍によって進められるべきものでなく政府が主導しなければならないと考えている。しかし、政府において誰が主導するのか？

リーダーシップの不在

本書のために行われたほぼ全てのインタビューにおいて我々は、軍事組織及び軍と戦略の関連性について的確に把握している人物は誰だと思うか尋ねたのだが、3～4人の名前がよく聞かれた。元国防大臣のチャヴァン（Y.B.Chavan）、K．C．パント（K.C.Pant）、アルン・シン、そしてジャスワント・シンなどである。さらに、プラナブ・ムカージーも時として挙げられ、現役の国防次官や次官経験者の名前が聞かれることもあった。引退して久しいインド行政職（ＩＡＳ）、スブラマニアムやチャリ（P.R.Chari）も相変わらず目立った。この2人のＩＡＳは、中身はかなり異なるも、インド戦略コミュニティーの教化において多大の貢献をしたのだが、両名とも、インド議会における国防・軍事マターに対する関心が欠如していることをずっと懸念している。スブラマニアムは、提出された報告提言について議会が協議すらしないことや、他の政府組織や私的なグループがより責任ある活動を行うことも期待できないことを批判的に指摘した。

10億を越える人口を擁する国が国軍の役割や管理について理解する人間をほんの一握りしか輩出できなかったことについての分析の詳細に立ち入ることはしないが、我々外国人の目から見て極めて魅力的なインドの特性こそが、インドの安全保障と国防プロセスを堕落させる要因となっている面がある。[10] ハンチントンは、アメリカの〝メイン・ストリート〟における無秩序と弛緩と、陸軍士官学校における規律と厳正とを比較し、米国には前者より後者が必要であるといった誇張表現をしたが、これはインドにもあてはまる。よく機能する無秩序と評される国が、近代的な軍事組織の運用はもちろんのこと、その構築と展開を一貫した国家戦略のために行うことができるのか？　もし戦略的抑制と科学技術がインドという国を牽引する行動規範だとするなら、答えは否に違いない。特に、極めて官僚的で改革へのためらいが染み渡っているような組織においてはなおさらである。[11]

桁外れに複雑な民主主義国家においては、改革失敗の責めを政府だけに負わせることはできない。改革は、国民の支持があって初めて実現するのであるし、不完全な軍改革プロセスにおいて歴然としている欠陥と好機を認識する国民が政府に求めるものである。

インドは、むしろ過度な政治的発展を遂げた国とも言えようが、政治家には軍事・安全保障の専門的識見が欠落している。軍は、優れてプロフェッショナルであり世界の進歩にも調和しているが、政治的な影響力に欠けている。産業界は、専門性を獲得しつつあり、軍のため（そして恐らく輸出のため）の武器製造にいったん取り掛かれば精力的なロビー活動を行うであろうが、全ての軍需産業がそうであるように、国益全体のためにではなく、実利によって動くだろう。恐らくインドの最も大きな強み、即ち、適度な愛国心と相俟った、国防・軍事に対する意識の低さ、国防・軍事支出に反対する強い信条といったものは、最も大きな障害にもなっているのである。

批判の眼をもたない賛美的な、インド、インド経済、そして印米関係についての研究の数々は、的確な分析に資するものではなかった。もしそういった研究に着目する人がいたとしたら、その人間はインドの輝かしい未来とアジアの未来は中国とインドに賦与されていることに疑いをもたないだろう。米国が中国を封じ込めるために民主的なインドを支援しなければならないということは漠然と理解できる。〝中印（Chindia）〟というテーマの議論においては、事実の分析より龍とゾウについての詳説が大勢を占めているように見える。[12] そうした研究の中には、米国こそがその経済成長を維持するためにインドを必要としているのであって、その逆ではないという主張も見られる。

インドを代表する実業家で思索家のナンダン・ニレカニ（Nandan Nilekani）は、躍進中の近代的な企業国家（ニレカニはＩＴ産業において五指に入る）としてのインドと、中国との決まりきった比較の先にあるインドに対する世界のステレオタイプな見方との間のギャップについて描いている。ニレカニは、政府機能の不全、人口的・環境的に切迫した状況、政治腐敗、教育制度の欠陥を提起しつつ、適切な管理、科学技術、改革がインドを如何に変えることができるか、あるいは変えなければならないかといった机上の空論に対して、痛烈な批判を浴びせている。しかしながら、インドが直面する主要な安全保障問題、そして民間企業がそれに対して何ができるかということについては何1つ言及しておらず、[13] 中国についても、〝台頭する大国〟という観点からの比較しか論じていない。[14] 一方、ハイレベルの政策立案者は、インドの可能性や中印間のギャップについてもう少し現実的な見方をしている。ある元インド経済官僚は、中国とインドをひとまとめに捉えて意味があるのは国土の広さぐらいであり、そういった広く浸透した中印一括りの見方は、〝多くの場合、両国の本質的違いを覆い隠し、両国の拡大する経済が世界の経済秩序に及ぼす問題を的確に理解する上での障害となる〟と書いている。[15]

ニレカニは、外交、安全保障、国防問題に関心のない技術屋の典型であり、インドにおける最も近代的な階層にはこうした見方が広く存在する。そうした新たな近代的階層に属する人々は、インド発展における深刻な障害を過小評価することはなく、正しい発展を促進する上での鍵を握っている一方で、インドの戦略、そして、国内における複合的な擾乱の脅威、国際テロ、中国、パキスタンとの対立、さらには、安全保障においてインドが受益者ではなく貢献者になることを多くの国が望んでいるであろうことに如何に対応すべきなのか、といったことに対して余りにもナイーブである。

中国とインドの成長は現時点において同じレベルにはなく、中国側の約15年のリードは少なくとも暫くの間は変わりそうにない。ただし、このまま行けば、15年後にインドは中国の現在の経済規模に追いつく可能性がある。一方、シャンカール・アチャルヤ（Shankar Acharya）は、中国も3倍成長しない理由は何もないとしつつ、中印両国が同時に台頭するよりも順次台頭する方が世界経済は対応が容易であり、この格差は決して悪いことではないと指摘する。それは、中印間の戦略的競合という観点からも好ましいのかも知れない。世界は、あり得べき中印間の競合や、中印どちらを選ぶかという二者選択に迫られることで競合関係を煽るといったことをあまり心配せずに、中国の台頭を受け入れる時間的余裕を得ることができるからである。

先端技術や台頭する大国の地位といった自意識過剰な国家主義の陶酔感に一部由来する切り口から眺めたり、非論理的に推論すれば、1つの分野（ソフトウェアと業務処理）で成功したインドは他の分野でも同じように成功できるということになる。相変わらず、携帯電話の爆発的普及がインドを変革させる科学技術力の例として引用されるが、国内における娯楽以外の目的のために人工衛星を賢く活用していることを除いては、未だそれ以外の例を挙げることはできない。概して、軍事（及び社会）の近代化は、組織的要因、特に政府自身の改革に依拠するのであり、このことは、科学技術によってではなく主として近代的な組織規範を採用することによって変革してきた活気あるインドの新たな製造業界にも当てはまる。

インドの人材と創造性は公的分野ではなく民間分野に向けられていて、かつ見通し得る将来において国防・安全保障は公的分野に属するであろうから、科学技術に偏重した改革は誤ったアプローチ法であると言えよう。こうしたことは、自己満足、備えの欠如、危機発生時における驚愕と衝撃、そして喉元を通り過ぎた後の無関心と日常復帰という負の連鎖の要因になっている。インドの安全保障や軍事的脅威に対する備えと関心の欠如は、もはや財源不足に起因するものではない。

軍需産業への民間企業の参入は変わりゆくインドの前兆であるという期待感は、現時点においいては誇張されすぎている。外国企業と提携する企業も含め、多くのインド企業が軍需産業への参入を熱望しているが、インド政府は、それら企業を完全なパートナーとしたり、独占的な国営企業とその強力な労働組合を解体する覚悟はないだろう。特に官僚はこれまで、民間企業とその真意に大きな疑念を持っており、その発展を妨害してきたのだ。

核兵器

核兵器開発は、50年を要したことを差し引いたとしても、インドで最も成功した兵器プロジェクトであるが、プロジェクトを取り巻く組織上、運用教義上の混乱から目を逸らすことはできない。インドは、核における抑制を自国の利益に転化させる機会を失ったのだ。インドの核兵器政策は、実際に核兵器を運搬する軍の一定の関与はあるものの、科学者と官僚の共同体に握られてきたし、軍備管理政策は、少数の外務官僚によって立案されている。インドは今、かつて支持していた軍備管理・軍縮に関わる提案、特にラジヴ・ガンディー首相による行動計画を改めて採用している。それは、非現実的な全世界的な軍縮提案ではなく、最もインドの国益に関わりをもつ地域レベルの提案である。しかしながら、この提案は、明らかに米国の新たな軍縮イニシアティブに対する反応であり、対中国、対パキスタン、またはその双方に対する最小限抑止のために必要な能力保持のために〝核兵器がどの程度あれば十分なのか〟という（インドにとっても他国にとっても）素朴な疑問に関連付けられていない。この2つを政策レベルで関連付けることにより、インドは、明らかな外交上、政治上の優位性を獲得できるであろうし、核搭載のＬＣＡ（軽戦闘機）を海洋型戦略核運搬システムとして開発する暫定的な計画が破綻するのを未然に防ぐことができるだろう。インドでは、核兵器は依然として象徴的な存在として扱われており、抑止に関する真剣な見積もりも行われていないし、外交によって核の脅威を減ずるための戦略も採用していない。

運用教義上の著しい混乱に満ちているインドの核兵器プログラムは、核戦争遂行計画はもちろんのこと、運用教義に何等の知見も持たない科学者によって支配されている。核兵器が真の意味での兵器ではなく抑止の手段として捉えられているがゆえに、こうした状況が許されているのである。そうした捉え方は、運用教義の管理や、未だに実現していない実戦配備が行われた場合にあり得べき核兵器の物理的な管理への軍の要求に対して如何に整合し得るのか？　インドの核兵器は実戦配備されておらず、核弾頭は文民の手中にあって運搬手段に組み込まれていないと目されているのだ。パキスタンが現実に核兵器を分散して実戦配備したと宣言するのは時間の問題である。その時インドは、最も重要な兵器を〝非軍事的に〟配備している現状を継続することに関してパキスタンと合意しない限りは、何らかの形で軍が関与する核兵器運用の枠組みをもって対応しなければならなくなるだろう。

一方、98年の核実験によって生じた戦略的抑制から劇的に脱皮することへの期待は膨んだままである。バーラット・カーナンド（Bharat Karnand）やブラフマ・チェラニーのような超現実主義者と彼らの軍におけるカウンターパートは、インドの軍事的脆弱性を指摘しつつ、インドの威信を高めるための野心的な軍備再編を主張する。こうした超現実主義者の立場は、空母、原子力潜水艦、そして、中距離弾道ミサイルの海洋からの発射能力といった、海軍近代化プログラムに実質的な影響を及ぼしている。

情報

もし軍をインドの筋肉とするなら、情報機関は、差し迫った危険を警告するとともに、現政策が如何に機能しているかを報告する知覚器官ということになろうが、これほど植民地時代の遺物が全く愚かであると思わせるものはないだろう。植民地時代のインド情報組織は英国領インドへの脅威に関わる情報収集を行うために組織されたのだが、今日でも、おおよそインドの情報機関は分析よりも報告に重きをおく組織構成となっている。実際に、インドの情報機関が収集と分析という2つの機能を区別していないが故に、相乗効果によって両機能の不全が悪化する可能性が増している。

世界中を見渡しても、完全どころか、完全なものに指向している情報組織すら存在しないのは事実だとしても、他で行われている計画やプログラムについての的確な知見を持たずに将来に備えようとしても、極めて不確実な結果しか期待できないだろう。情報とは、基本的にそもそも不完全な予知機能である。インド情報機構についての公開情報分析はほとんど存在しないのだが、62年のヘンダーソン－ブルックス報告[16]、99年のカルギル調査委員会報告、01年の閣僚委員会報告、そして、多くの政府組織退官者の著述は、その組織的欠陥を示唆している。スリランカでの大失敗における情報の役割についての公的研究は未だ行われていないが、後に派遣された陸軍が武装解除を担任した正にその部隊の訓練に調査分析部（ＲＡＷ）が深く関わっていたとされている。

インド情報機関が政治指導者に適切に仕えるための能力を持ち合わせていないことは、軍の計画策定や近代化プロセスにも影響を及ぼしている。もし、将来の予測と判断が誤っていれば、如何なる組織も計画策定を適切に行うことはできない。閉鎖的な役所文化が情報機能を蝕む理由はここにある。問題の性質に鑑みれば、情報収集や対情報活動とは違って、情報分析は、情報組織が組織外部に広がる多岐にわたる情報を吸収することで利を得ることができるような開かれた手法で行われるべきである。例えば、株式市場のトレンドは、無数にある社会現象の前兆として活用できる。インドの情報機関が、パキスタンの株式や証券市場を真剣に調査研究しているかどうかは疑わしい。インドの分析能力が世界のトップ・レベルにあって、その競争力に大きな強みをもたらしているというのは、重ね重ね誤った認識である。

先端技術によって生データや分析予測を共有するためのよりよいシステムの構築が可能になるが、ハッキングや漏洩の恐れが、かかるイノベーションを阻害する。加えて、情報取扱資格付与の欠落も情報共有を阻害する。インドには、適切な個人調査に基づく情報取扱資格付与と、秘密区分に応じたアクセス権が設定された民間や非政府組織も参画可能な情報共有システムが必要である。かかる組織改革は、他の民主主義国家では既に行われているのだが、現段階においてはインドでは問題外のようである。そうしたシステムなくしては、今後の外国政府との情報共有に問題を抱えることになろう。いずれ、監視施設の増加やデータ分析のコンピューター化などによってインドの情報能力が増すにつれ、インドが提供できるものはさらに増えるだろうが、成長する民間技術部門から更なる支援や技術を引き出さない限り、インドがそうした方向に向かって動き出すことはできないだろう。多くの新技術は民間の既存品やそれを政府仕様に改良することで得られるのである。

新たな庁、軍コマンド、役職の創設は、インドの安全保障・国防政策における改革をリードしてきたのだが、財源の裏付けさえあれば、反対されることなく速やかに採用されていった[17]。しかしながら、未だ着手されていなかったり、不完全な取り組みしかなされていない改革が多くある。軍種内、軍種間、政府内における調整は不完全な状況にあり、例えば、国防参謀長ポストの創設は真剣に検討されていない。数十年にわたって続くこうした状況は、政治指導層が軍改革に特段の関心を持っていないことを示している。こうした軍事に対する緩い見方は、軍事力は政策の道具に過ぎないという信条に由来する。もし変化が起こるとしたら、最近の膨大な軍事支出と、インドが恩恵に浴している西側技術、特に米国の技術へのアクセスといったところだろう。しかしながら、かかる変化は、単に数をこなすことであったり、どこでも機能すると思われることの猿真似とでも言うべきものではないのか？　もしそうだとすれば、新たな財源によってさらに増大した戦略的抑制というシステムは、インドがその近代史を通じて、あるいはここ10年においてさえ経験したような戦略的奇襲を予測し防止することはできないだろう。

インドが自信を深めることは、新しいインドを造る上での明らかなプラス要因であるが、軍改革を主張する者の目指すところは、予算、科学技術、兵器などの許容の範囲内での増強にほぼ満足している政治指導層とは相容れない。インドでは、様々な分野において様々な変化が起きつつあるが、軍改革は極めて困難なことなのかも知れない。

主に陸軍が占めていた植民地軍から国軍へ移行する際、文民と軍における妥協の産物の１つとして組織の継続性が担保された。インド軍における軍人としてのプロ意識は、組織の団結を強固にすると同時に、欠陥が多い昇任制度による人事の浮き沈みに一喜一憂する上層部からの上意下達によって改革が行われることを示唆している。経済の好況は、ここ数年、国防予算を執行できずに余剰が出るほど増加させるとともに、インドを世界の武器輸入国の筆頭に押し上げたが、そうした状況は、かえって、危機的な組織的欠陥、特にその大半を占める国産研究開発インフラの問題を覆い隠すことになっている。

軍事力近代化が限定的に進められる中で行われる安全保障の論議の内容は、近代化の方向性やあるべき姿、ましてや、組織、教義、戦略における具体的変化に関わることではなく、もっぱら、特定装備の選択、予算、取得要領に関わることであるため、必然的に、導き出される結論のほとんどが取得する装備システムの選択に関することになっている。第1に、国家財源を国防に如何に充当するのかという選択があるが、これは事実上、インドが新たに獲得した国富を軍備にどれだけ費やすかという問題である。第2に、国内開発か海外からの調達か、あるいはその折衷かという選択がある。この選択は、開発に対するインドの考え方に沿った技術的な優越が何処にあるかによって大きく左右される。そして第3に、腐敗は、インドにおける主要装備システムの取得を減速させるどころか、事実上、それをくい止めている。他にも軍改革に関わる未解決の重大な懸念があるが、その議論は、基本的に在野で行われていて、国内治安と対外安全保障とを如何に再調和させるべきかを提示している。

現在のインドの状況下では、軍の近代化は、安全保障上の必要性からではなく、政軍関係、戦略関連の科学技術における自由度の追求、予算上の政治力学、そして、欺瞞的な装備取得によって方向づけられることになるだろう。遠慮なく言えば、インドの非常識なシビリアン・コントロールは、軍事及び戦略上、何等の効果ももたらしておらず、インドでは、管理と権限付与のバランスが全くとれていない。

インドの特異な政軍関係がおおっぴらに批判されることは稀であるが、軍はその機能不全の本質を認識している。著名な国防問題評論家である退役陸軍将校は、以下のように書いている。〝もしインドが大国にならなければならないのなら、国家安全保障に関わるシビリアンの優越というネルーの残滓を捨て去らなければならない。90年にマンモハン・シンによって率いられたテクノクラート的なプロ集団が経済の方向性を変えたばかりの黎明期にあるインドには、国防大臣と新たな閣僚ポストである治安大臣というインドが選択すべき軍事的選択肢をよく理解した2人の閣僚が必要である[18]〟。

変革プロジェクトはどのようなものになるのだろうか？　それは、戦略の近代化、組織再編、取得、そして質の問題を取り扱うべきである。戦略の近代化については、インドは、核兵器の組織体系とその目的を確立するとともに、安全保障と戦略の影響力を最大にし得るような軍備管理政策を構築しなければならない。インドはまた、歩兵部隊を危機発生地域へ緊急展開させるための空輸能力を飛躍的に向上させることを目指した過去の計画を再検討するかも知れないが、戦略的抑制がそれを阻むかも知れない。さらに、永遠の問題である陸軍を対擾乱のための部隊と本来の平地・山岳作戦のための部隊に分割することにつき体系的検討を行うかも知れない。

真の組織改革には、本格的な統合参謀本部と実際に機能する国防参謀長の創設が欠かせないだろう。また、インドは、クレイブ卿の時代まで遡る伝統的な歩兵組織を再検討するとともに、大量の欠員を補うため、将校訓練の強化と女性のさらなる採用を加速するだろう。さらに、英国統治時代から基本的に変わっていない駐屯地制度を見直すかも知れない。これらのことは、やはり、空・海軍ではなく陸軍に関連することである。[19] いずれにせよ、最も重要なことは、文民指導層、即ち官僚及び政治家に対して、インド国防大学（ＮＤＣ）が行っている限定的な教育以上の軍事教育が必要であるということだ。

調達と兵器開発においては、つまるところ、国防製造・研究において民間部門と張り合えるようにＤＲＤＯを改革しなければならないことに尽きる。遅きに失した感はあるが、最近のＤＲＤＯの機能改善の試みは、正しい方向へ向かう大きなステップである。全ての軍が、主要なプラットフォームに搭載するスタンドオフ攻撃が可能なセンサーやスマート兵器といった国産の装備品から恩恵を受ける。陸軍と準軍隊は、間違いなく、歩兵用ボディー・アーマーを必要としている。空軍は、インドの技術力を超えた性能を強要して失敗した航空機調達の要領を再検討することもあり得るが、中国やシンガポールはそのモデルとして適当かも知れない。両国とも、世界の航空産業に統合された航空整備システムをゆっくりとではあるが体系的に発展させてきた実績がある。

最後に、インドにはより強固な知識基盤が必要である。政党上層部、知識人、そしてもちろんビジネス界においては、国防・安全保障についての無知が深く根付いている。インドには、国防問題に精通したインド行政職（ＩＡＳ）、インド外交職（ＩＦＳ）、財務官僚が真に必要である。また、ＭＢＡ取得者やインド工科大学（ＩＩＴ）卒業生に国防・安全保障を学ばせ、その専門的知見をもって官僚の足りないところを補い、あるいは、直接官僚組織に取り込むことによって、安全保障・軍事問題に精通した文民基幹要員を養成すべきである。さらに、大学と国防関連調査研究機関との連携を強めるとともに、経済政策研究機関のように、本格的な政府の企画・調査研究機関を立ち上げることも有効だろう。また、民間における改革にこれ以上の後れをとらないため、新たな人材と考え方を取り込むことができる中堅レベルの官僚と〝部外者〟の間の自由な人事交流が必要である。さらに、新しいメディアや民間企業など他の機関では既に進んでいる改革プロセスにおける女性の本格的な登用を行うべきである。女性に対するさらなる門戸開放は、将校団そして軍全体の質の向上に寄与するだろう。

変革を目指す軍事力近代化においては、軍と民、三軍種間、国内治安と対外安全保障、そして、地域的役割と国際的役割の関係性における再均衡を図らなければならないだろう。インドには、脅威と保有すべき能力のバランスに関わる長期的な見方や、その能力が長期的に如何に形成されて指向されるべきなのかについて記した公式文書は存在しないが、そのためのメカニズムは、正に今、国家安全保障会議（ＮＳＣ）の形で出現しつつある。いずれにせよ、戦略的抑制というインドの歴史的な姿勢の前では脅威の優先順位といったことはあまり意味をなさないが、戦略的奇襲を不可避にすべきではない。軍事力近代化は、主として軍隊の領域で行われているが、これには功罪両面がある。功の面は、インドは、民と軍がそれぞれの責任と専門性を持つというハンチントン主義の〝目標〟を維持し、その境界を越えることがめったにないことである。一方、罪の面は、軍の助言は常に準備されているものの最良のものではない一方で、文民の専門性の欠如が軍事機構に遍く行き渡っていることである。繰り返しになるが、インドが、抑制と注意深さに支配される穏健な戦略ポリシーを追い求めるのならば、それはそれで許容できるが、もし財源と能力が急速に増大する場合、専門的識能はそれについて行けるのだろうか？

第8章　米印軍事関係の再構築

この60年間、インドの軍改革やインドが戦略的に重要であるという考えに対する米国の態度には波があった。ルーズヴェルト政権は、当初、インドの英国からの独立の早期実現を追求したものの、後になって、同盟国である英国の見解と異なるこの考えを後退させたのだが、空港を含むインフラの整備や、鉄道、軍需工場、当時アジア最大だったバンガロールの航空機整備工場の近代化に巨額を注ぎ込んだ。しかしながら、ネルーはこの関係を進展させることはなかった。

その後の政権（トルーマン、アイゼンハワー）は、インドの民主主義と国家としての一体性を評価し、最大の援助予算を充てて支援したが、ネルーの非同盟主義には苛立ちを募らせるとともに、インドと米国の公式的な同盟国となったパキスタンの軍事的対峙により困惑させられた。ケネディー政権においては、ほんの短い間、共産主義（中国）の脅威に対抗するためのインドとの同盟という考え方が浮上し、インドは軍事支援、武器取引、軍需工場といった巨額の援助を受けた。未だ秘密指定が解除されていないアーサー・リポート（Arthur D. Little Report）は、この経緯を詳述している。また、米国がインドの核開発プログラムを後押しすることを一時考慮したのもケネディー政権時代である。結局、インドがカシミール問題において、パキスタンとともに踏み込んだ前向きの行動をとることに後ろ向きだったため、そうした考えは挫かれることになり、さらに、ニクソンが中国と国交正常化した後は、インドは米国の戦略にとって二義的な存在に格下げされるとともに、ソ連とインドの特別な関係がそうした状況を確かなものにしたのだった。

カーター政権では、インド独自の軍事イノベーションに注目し、インドの核開発プログラムに積極的に反対したが、この政策方針は98年まで継続された。そしてこの方針は、貧困に苦しむインドには、核兵器を欲するのはもちろんのこと、軍備を刷新する権利すらないという意見によって支持された。なぜ米国が、最貧国（1人当たりの収入）の1つであるインドの近代的な兵器の取得を援助しなければならないのか？　インドは、40年にわたり、海外援助に支えられてきた。共通の戦略的脅威が存在しない中、米国がインドの軍事力近代化を後押しする理由はなかった。そうすることはパキスタンとの軍拡競争に油を注ぐことになるだろうと、歴代の政権は結論付けたのである。

米印関係の変容

90年12月、米国防次官補ヘンリー・ローエン（Henry Rowen）及び米太平洋軍司令官クラウデ・キックレイター（Claude Kickleighter）提督が、相次いでインドを訪問した。キックレイター提督は、毎年の相互訪問、恒常的なセミナーや協議の実施、合同訓練の実施や軍事演習への参加といった米印防衛協力拡大の提案を携えていた。その後、多くの印米両国の高官が往来し、92年5月には、印米海軍が初めて合同演習を実施した。米国は、インドの軍事力近代化のために尽力したが、インドが戦略的に更に積極的な国へと脱皮することを望みこれを目指したわけではなかった。米国は、未だ印パ間の紛争が迫り来るように思えたし、印パ間の軍拡競争を招く両国への軍事支援には気が進まなかったが、軍事関連技術へのインドの関心に対しては配慮を見せたのだ。

98年のインドによる核実験の後、クリントン政権は、今日に至るまで類を見ない最も広範なインドとの戦略対話に取り組んだ。[1] 対話は、99年のカルギル紛争の前後とその最中にも行われた。我々は、第1章と第2章において、インドの軍事改革との関連でカルギル紛争について論じたが、カルギル紛争は、印米関係にも極めて大きな影響を及ぼした。90年代まで、ほとんどのインド人戦略家が米国を戦略的に敵対する相手として見ており、インド軍はその装備要求を米国の攻撃に備えるものとして正当化していたのだが、クリントン政権後半に始まった軍事協力に加え、カルギル紛争に際して同政権が見せた迅速、公然、かつ強力なインドの立場への支持が、かかるインドの観念を変えることになった。インドは、米国がインド側に付くことを有益であると悟り、米国の政策に対する疑念は完全に払拭できずとも、米国の軍事を見習うことを口にするのはもはやタブーではなくなった。

シン－タルボット会談（Singh-Talbott talks）とカルギル紛争に際して米国が見せた2週間にわたる親インド姿勢は、両国軍間の関係深化を提唱する米国防省のイニシアティブ発揮を容易にした。そして、それは恐らく核実験に対する米国の制裁で生じた両国間における障壁修復の一環として行われたのであろう。

ジョージ・ブッシュ政権は、そうした米印間の交流を積極的に継続したが、さらに大きな戦略的見地からインドを捉えていた。インドに対する支持は、やはり国防省において強く、インドの戦略的重要性に対するブッシュ大統領の評価は就任前より強くなっていった。ダグラス・フェイス（Douglas J. Feith）などの国防省高官は、米印関係について、ＢＪＰ政権のヴァジパイ首相が造りだした用語である〝自然な同盟国（natural allies）〟を繰り返し引用して表現した。フェイスや他の高官は、米印の基本的な類似性、即ち、世界最大の民主主義国家、立憲的な代議制政府によって護られた政治・経済の自由、そして、〝インド洋の重要航路〟を含む通商流通の自由という共通の国益について語った。[2] ブッシュ大統領を筆頭に、米国の注意は、ＩＴ分野におけるインドの目覚しい台頭に引き付けられた。〝自然な共和党員〟と多くの政権高官が見ていた米のインド人コミュニティーの躍進には目を瞠るものがあった。そして遂には、テロとの闘いと〝戦略的に安定したアジア〟に対する共通の国益が二国を固く結びつけた。フェイスは、米印関係は冷戦によって多少阻害されたものの、今では、米印両国は何ものにも邪魔されずに大いに関係を深めることができると指摘したが、ブッシュ政権後の民主党政権高官も同様だった。多くの米政府関係者は、概してインドの歴史と文化に造詣がないために、インド人の心の奥底にある科学技術と自給自足経済への切望や、軍事技術を供給する国はもちろんのこと如何なる国からも恩義を受けるべきではないという植民地時代からある強力なインドの志向を軽んじてきた。

01年、ブッシュ大統領は、信頼できる助言者であったブラックウィル（Robert Blackwill）を大使としてインドに送り込んだ。ブラックウィル大使とそのスタッフは、目的を共有するインドのカウンターパートとともに、針で縫うように真の米印間の戦略的パートナーシップを構築していった。[3] 9・11以降の米国とパキスタンとの再接近後もこの方向性は変わらなかった。04年、ブッシュ大統領とヴァジパイ首相は、次段階の戦略パートナーシップ（NSSP : Next Step in Strategic

Partnership）に合意した。これは、二国間協力の範囲を正式化するとともに、事務当局間の関係を確立することについての合意であった、

ＮＳＳＰは、原子力の民生利用、民間の宇宙プログラム、ハイテク分野の貿易、ミサイル防衛における米印協力に関わるプランであった[4]。米政府関係者が非公式に〝最終着陸侵入経路（glide path）〟と呼ぶＮＳＳＰは、04年12月に正式に公表され、その後、両軍間の合同訓練・演習が拡大するとともに、ミサイル防衛（合意における唯一の軍事的事項）の調査研究開始に合意した。ＮＳＳＰを実行に移す最初の段階として、米国は、インド宇宙研究機構（ＩＳＲＯ）を禁輸リストからはずすことを含め、宇宙及び核プログラム関連の装備・技術の輸出規制を緩和した。04年10月にＮＳＳＰの第2段階に入ると、両政府は、合意実行を加速することを決め、遂に、05年6月18日、米印原子力合意に至った。ブッシュ大統領とシン首相によるワシントンでのこの合意は、米印間の原子力協力を外に向けて表明するとともに、ＮＳＳＰが成就したことを公式に示すものだった。

ＮＳＳＰは、色々な意味でブレイク・スルーであり、63年～64年以来初めてとなる米印間の緊密な軍軍関係、しかもその時のような悲しい結末を迎えない関係構築について明記するとともに、軍事、非軍事両分野におけるインドの技術力を約15年間で引き上げる企図を明確にした。米国側は、合意に至るまでに、インドにどのように対応すればいいのか、即ち厄介なインドの官僚主義が動ける速さよりも早く動くようインド政府を急かしてはいけないということを学んでいた。一方、インド側は、他国、特に旧ソ連との関係をも遥かに超える印米関係を希求する米側の要望を時として受け入れることの重要性を理解した。協調と協力がより進展していく見通しがあること

は、印米双方にとって凶兆ではなく、さらなる進展への誘因であったし、印米の新たな経済関係は、両国が共働することの価値を具体的に裏付けるものだった。米国にとってインドは、敵対者が徐々に増えつつある世界の中にあって、歓迎すべき新たなパートナーであった。一方、インドにとって、米国との関係構築は、99年のカルギル紛争において既に恩恵がもたらされているのだし、技術移転の障壁を緩和、または取り除くことが見込めるのであるから、魅力的なものだった。

05年の米印原子力合意では、インドは、軍事核プログラムの存続が許容される一方で、原子力技術へのアクセスが確約されていた。インドを不拡散レジームに取り込むための数十年にわたる努力、そして、10年にわたる制裁措置を経て、米政府は、インドを事実上の核保有国（Nuclear Weapon State）として受け入れたのである。インド政府は民生プログラムの軍事への流用を防止することに合意したが、科学者や技術者を通じて技術が拡散するのを防ぐことは困難だろう。合意は、原子力がインドにおける主要な電力源となることへの障害となっていた兵器プログラムに自由度を与えたのである。米国が不拡散の国際的枠組みをインドにとって好ましい形で再構築するのを厭わなかったことは、印米関係のみならず軍備管理の歴史上も前例を見ないことであり、米政府の合意履行に対する強い意志をインド政府に示すものであった。それゆえ、米印原子力合意は、機微な技術に相応する政治的コストの決定という前例のないケースであったとともに、68年にNPTが発効した以降の如何なる時点よりも、渇望していた原子力技術にインドを近づけたのである。

原子力合意はまた、軍民両用技術の国防分野への流入の可能性について楽観的な見方をもたらした。遅々として進まない近代化を懸念する状況の中で、多くのインド人が長年の米国への不信に目をつぶり、米国の技術がインドへ流入する道を開くことになるであろう新たな印米関係を口にし始めたのである。旧ソ連との取引方法では本物の技術を全く取り込めなかったことを公然と非難していた彼らは、米国から提案された戦域弾道ミサイル・システムといったアイテムを、インドへの売却に反対する米国務省、商務省、国防省の官僚による反対を押し切れるかどうかの試金石と見ていた[5]。

ブッシュ政権の8年間において、印米は戦略的パートナーになれるし、インドは米の援助を得ながらもっと戦略的な積極性を発揮すべきだという政権の立場が試される時が4回あった。その内3回のケースでは、どちらかの側が単独で行動するよりも協力する方がよりリスクが高いか喫緊性がないと判断し、相手側に同意しなかった。

9・11テロの後、インドはタリバンとそれに連携するアルカイーダを追跡し抹殺するための協力を米国に申し出た最初の国の1つであった。しかしながら、タリバンと戦う唯一の軍である北部同盟をインドが支援していたにもかかわらず、ブッシュ政権はこの提案に大きな注意を払わなかった。その代わり、米国はパキスタンを、タリバンとアルカイーダに対抗する上でインドよりも重要な同盟国だと判断した。それどころか、ブッシュ政権の政策関係者はインド側に、アフガンにおけるその顕著なプレゼンスを非公式に警告したのだった。

その2年後、インドは、イラク侵攻を企図する米国率いる多国籍軍への参加を促された。インドが結局参加しなかったことについて結果的にどう評価すべきかは、米国からすればどちらとも言い難いが、インドにとっては良い選択だった。米側は、インド軍が作戦できるような比較的軽易な状況を想定していた。また、何人かの米国人戦略家は、インド陸軍の訓練が行き届いていることや、インドの民主主義、藩王国時代からの外征の長い歴史を指摘していた。

一方、インド側は、陸軍本部がイラク北部地域における任務の可能性を自覚し、1万8000～2万人の部隊派遣について内々議論した。[6] しかしながら、政治的決断はなされず、内閣も外務省も明確な態度を示さなかった。[7] インド政府は、米国の指揮下にインド部隊を置くことを躊躇していたが、米国は代替案を示さなかった。また、イラクでインド部隊がモスリムを殺傷する可能性に対してインド国内は極めて過敏な状況にあったし、そのことを野党左翼勢力とモスリム勢力がBJP政権攻撃の具として利用するかもしれなかった。イラク派兵に対するパキスタンの後ろ向きな姿勢もインドは計算に入れていた。パキスタンの将軍たちが派兵に前向きでないのに、何故インドが？ もしインドが派兵すれば、インドの古い友人であるイラクに対するある意味帝国主義的な作戦において、パキスタンと同様に、長きにわたる冷戦的な同盟関係の仲間入りをすることになるのではないか？ インドは、かつてイラク陸・空軍の要員を訓練していたし、サダム・フセインの振る舞いにかかわらず、多くのインド人がイラクをインドと同じような世俗的な国として見ていた。04年半ば、コングレス党が与党となったインド政府において派兵に関する再検討がなされたが、同年7月7日、シン首相は、国会にて、政府内で何らかの政策変更があったことも、派兵に反対する国会決議に政府がコミットし続けているということも否定した。[8]

米印軍事協力における成功例には、04年のインドネシアにおける津波直後の対応がある。両国は、インドネシアからインド本土にわたる地域での大規模な救難援助活動に共に加わった。しかしながら、それはインドが戦略的な役割を積極的に果たそうとする行動とは言い難く、恐らくその方向に向かう初めの一歩とでも言うべきものであった。この協同作戦は、元々、米、豪、日、印の４カ国によるもので、中国は、救援活動における主要な役割から一部除外されていた。作戦は、戦術的には成功であった。インドと米国が共に活動する場面も（インドの領土や領海内ではなかったが）多少はあった。米国との協力の中でインドにとっての最も顕著な成果は、インド自身が行った複合的な災害救助活動の効果を高めたことである。例えば、06年にインド海軍がレバノンからの避難民輸送に運用された時、引き続きインド艦艇が緊急食料輸送を行った。しかしながら、救援活動から当初中国が除外されていたことを除き、米印間の協力は戦略的パートナーシップではなく人道的なものと見なされた。とは言うものの、将来における同様の作戦の先鞭をつけることになったし、もちろん、インドの海軍と行政の力量を実証することになった。

一方、インドが逸した大きな機会があった。02年、インドはペルシャ湾とアデン湾における哨戒活動を行うタスク・フォース（ＴＦ－１５０）への参加を招請されたかも知れなかったのだ。ＴＦ－１５０は、元々、米海軍の任務部隊であったが、後に12カ国以上の海軍が参加する国際任務部隊に転換したものである。ＴＦ－１５０の当初の任務はイラク・アフガンにおける対テロ作戦の支援であったが、後に対海賊活動に転換した。米中央軍（ＣＥＮＴＣＯＭ）は穏健なイスラム国を作戦に参加させることを欲したため、インドを参画させるという案は却下された。それでもインドは、08年、ハイジャックされたインド人クルーが乗船するタイ国籍の艦船を追跡する中で、１隻の海軍艦をアデン湾に派遣した。この行動は、インド海軍にとってその役割が大きく拡大することを意味するものであったが、間もなく中国がその海域に海軍艦３隻派遣することを発表したことによって中国に出し抜かれ、さらに、08年11月にテロリスト集団がカラチからムンバイへ発見されることなく海上潜入したことが判明すると、事実上忘れ去られた。

インドは、このように米国との重要な連携に対して一貫して不同意か曖昧な反応を示してきたが、武力行使を含む場合には、米国のみならず、如何なる国との如何なる連携にも首を縦に振ることはなかった。一方、米国は、イラクやアフガンにおけるインドの軍事的プレゼンスに対するインド国内政治における機微に配慮して妥協することはなかった。そして、インド政府は、米国と国内からの批判を同時に満足させる方策を案出するために交渉するよりも、それぞれのケースを分離して追求するほうが遥かに容易であることを見出した。

ブッシュ政権は、これまでの政権とは異なり、インドの先端技術への要求を聞き入れる意向をより強く持っていたのだが、インド側からの戦略的互恵はほとんど得られなかった。それでも、長い目で見れば、多くのことが達成されたのだ。インドは、大きな戦略的妥協をせずに、技術と幾つかの最先端兵器を手に入れることができた。米側においては、ある米国情報組織の高官がこう言っている。〝この世界の中で、インドの指導層は、経済的・政治的な現実主義という性格をもつ独自の道を歩み続けるだろう。インド政府は、米国初め如何なる大国の立場をも、自動的に支持することも反対することもないだろう〟[9]と。インドの警戒心を未来予測の指標にしてはならない。これまで述べた米印協力は、悪ければ敵対的、良くてもせいぜい無関係だったつい最近までの二国間関係における最初の試みなのである。

米国コンサルティング会社ブーズ・アレン・ハミルトン社（Booz Allen Hamilton）による卓越した研究は、ブッシュ政権時代に、〝さらに力強い戦略的枠組みと両国の高官によって提示された共通の見解〟を発展させるための進展が限定的ながらあったことを指摘している。[10]同研究によれば、米印の高官がインタビューにおいて〝印米関係には戦略的枠組みが必要である〟と答えたとされている。それは、二国間及び多国間の問題に関わる長いリストであることが判明しているが、その多くが印米間の意志疎通の困難性に関わるものである。〝共通の戦略ビジョン〟は中国の脅威に焦点を当てていないし、パキスタンに焦点を当てることで両国が一致しているわけでもない。我々は、冷戦が印米間の良好な関係の障害になっていたという見方、そして、ソフトウエアの世界でよく使われる表現法である、冷戦時代が印米関係Ver.1.0、クリントン－ブッシュ時代がVer.2.0といった概念は、ナイーブに過ぎると考えている。米印両国は、冷戦による以上に、未だに存在する世界秩序そのものに対するビジョンの相違においてより隔たりがあったのである。世界経済秩序、世界的なエネルギー・環境といった問題における米印間の大きな相違は、それらの問題での米印協力の必要性を双方が認識しているために多少は狭まったのかも知れないが、依然として残っている。

結局、ブッシュ政権がインドとの戦略的協力関係を希求し、技術移転にも前向きであったことは、インドと米国の双方の利益になったと言って良いだろう。ブッシュ政権の8年間に、インドはカシミールや国際的な軍備管理の問題において米国の圧力に晒されることはもはやなかった。インドカシミール問題については、対インド政策と対パキスタン政策を切り離して考えるいわゆる〝非連結（de-hyphebation）〟を米国が確約したし、軍備管理問題については、軍備管理に対するブッシュ政権の嫌気が表出していたのであった。

新たな好機

対インド政策を具体化する上でのオバマ政権にとっての好機、特に本書において検討したインドの軍事力近代化戦略の見通しに関わる好機とは、一体何だろうか？　それを考えるにあたっては、インド経済の成功と米印戦略的協力関係に直接的な相関関係があると想定するのは避けるべきであり、インドの軍事力近代化への支援は安定的に行われるべきである。

インドの驚異的な経済発展によって、米印間における技術的親和性やインドへの軍事技術移転の拡大はもちろんのこと、戦略的協力関係が自動的に導かれると想定すべきではない。そうしたインド戦略の理解への熱意溢れるアプローチは行き過ぎであり、ほとんどありそうもないことである。インドの活動や国益が米国のそれと合致するか、せいぜい矛盾しないであろうというところに、米国によるインドの軍事力近代化支援を安定的に行うべき理由を見出すべきである。インドの平和維持活動を行う能力あるいは平和構築作戦の遂行能力の増進、国内テロリストや分離主義者への対抗能力の強化、テロ攻撃予防のためのインドとの協力といったことは、米国の国益の範疇である。一方、インドとその近隣国の間における核及び通常兵器の終わりのない軍拡競争は米国の国益に合致しない。インドにおける国防政策プロセスの有効性の改善は、たとえ困難であっても、価値のある目標であり、問題はインドの組織が改革に対してどの程度なじむかということである。

オバマ政権は、米国の対インド政策が移ろいがちであることを改めなければならない。オバマは、アフガンがイスラム過激主義者によるテロとの戦いの主戦場であるとの信念をもって大統領になったが、その関連でパキスタンも極めて重要であると認識していた。そして、インドは、対パキスタン政策に影響を及ぼすとの観点から、ある程度は重要であるという認識であった。大統領報道官は、パキスタンが西部地域における戦いに集中しつつアフガンにおける米国支援を継続するために、印パ関係の正常化が重要性であると繰り返し述べている。目に見えるハイレベルの交流や、こうした発言を和らげるような力強い声明が数多く発出されるにもかかわらず、こうしたアプローチにより、インドは三級の役割しか持たない国に追いやられてしまっている。

ブッシュ政権が切り開いた幾つかの分野を含め、米国にとっての新たな好機が多くある一方で、オバマ政権の主要な戦略的タスクは、インドを再び南アジア政策全般の中に位置付けるとともに、軍備管理において更に努力するというインド政府がかつて確約したところに再び連れ戻すよう説得することである。しかしながら、経験豊かな南アジア研究者であるアシュレイ・テリスは、09年11月のシン首相による訪米の後、〝インドは、ホワイトハウスから概して泡沫的な存在としか見られていない。インドの重要性に疑いはないが、そのことは地政学的な優先順位をもはや押し上げてはいない〟と述べている。[11]

それでは、前政権の業績、即ち、ブッシュ政権が南アジアそして全世界におけるオバマとは異なる独自の優先順位に基づいた現実的な政策を追求したという事実の上に積み上げるべき、オバマ政権にとって最適な道筋とは如何なるものなのか？　我々は、現在米印関係の中核を成している長大な政策課題リストの内容を越えたところに、戦略的に協力すべき多くの分野があると認識している。[12]第1に、米国は、技術移転と武器売却を通じたインドの軍事力増強というブッシュ政権のアジェンダを継承しつつ賢く前に進んでいくべきである。成長し自信を深めていくインドが米国の利益にもなる一方、軍事力近代化と戦略的協力だけで新たな米印関係を維持することはできないだろう。軍事力近代化の主要な手段として技術移転を行っても、軍事力近代化における深く根付いた根本的問題である組織上の問題は解決できない。問題解決に必要なのはハードウエアよりも政治的手腕、即ち、隣接する２つの核保有国との大規模戦争に備えつつ、国内における幾つかの小規模紛争に同時対処する状況からインド軍を救い出すことのできる能力である。加えて、隣接地域の安定という米国の国益を補完するであろうある種の戦力投射能力は、インドの軍事アジェンダにおいて低い優先順位しか与えられていないことを認識すべきである。軍事力近代化を米印関係の中心に据えるのは間違いの元であろう。何故なら、幾つかの技術において思うように事が運ばないことがあるだろうし、米国以外から供給の方が適しているものもある。また、インドの互恵主義は限定的であり、米国のハイテクとインド経済の不均衡を補整するようなオフセットは困難だろう。[13]それはそれとして、米国は技術移転のプロセスを加速すべきである。このことは（少し過度に主張されている嫌いはあるが）インド側から見れば極めて重要であり、インドが友好国の中で特定の技術を導入する最後の国になるようなことは避けなければならない。

第２に、それら武器取引のプログラムは、インドの国防組織と政策プロセスの改革を促進するために構築されなければならない。インドは、武器取引や技術移転において長期にわたって儲けを見込めるだけの相手と見なすには、重要すぎる国である。関係が深まればそれは自ずと容易になってくる。インドの総体的な武器取得の要求に鑑みれば利益を生むのが確実なことであったとしても、武器取引や技術移転のプロセスが、米軍需産業のニーズによってのみに引っ張られるべきではない。

第３に、何らかの兵器システムによって地域的・世界的に危険な不均衡が生じようとそうでなかろうと、インドに隣接する２つの国との間に核抑止が働いているため、インドが戦略的抑制のパターンから脱して通常兵器の優位性を活かすことは困難である。インドの軍事力増強は、国のプライドや自信を強めたり、戦力投射能力を向上させるものなのかも知れないが、基本的に地域における力の均衡を変えるものではない。米国は、インドとパキスタンの〝バランス〟（この場合、平等に扱うこと）を図ろうとすべきではないし、逆に、米政府がならず者国家のパキスタンの方を向いているというインドの不平をことさら重く見る必要もない。

第4に、インドの国防・戦略組織の近代化は、さらに期待できるかも知れないが、同時に、さらに困難かも知れない。米国では上手く行くことを異なる文化や社会に適応させなければならない。インドでは長い間、軍事が社会から隔絶されていた。武器製造における米国の様式やモデルは、インドにおいては必ずしも最適なものではないかも知れない。たとえそうだとしても、米軍におけるプロフェッショナルな活動、特に自己学習や成功・失敗経験の反芻学習を行い得る能力は、インドの軍事力近代化を促進し得るであろう。よって、インドの軍人のみならず、官僚や行政官、そして可能であれば政治家に対して、米国の国防・戦略計画策定を直接習得する機会を付与し得る国際軍事教育・訓練（IMET：International Military Education and Training）を初めとする訓練プログラムは、米印関係にとって決定的に重要な意味を持つ。しかしながら、言うは易し行うは難しであり、87年に米印間において一連の簡素な政策対話の試みが行われた際、印外務省には、そうしたレベルの対話に携わる能力に欠けていた。このことは、例えばインドより遥かに広範囲な対話を行っている中国に比べれば、今日においても大して変わりはない。元米政府関係者は、〝米印間における対話実績は、如何なる主要国とのそれよりも少ない。中国でさえ米国との対話は、アフリカ問題について3回、中央アジア問題について3回、南アジア問題について複数回だけでなく、ラテン・アメリカ問題についてさえも行われている。インドとの間ではそのような実績はなく、昨年インドは、かかる地域問題に関する対話開催についての米国からの提案を辞退した。インドはアフリカを初め様々な地域においてドナー国となっているにもかかわらず、途上国援助に関する米印間における調整は行われていない〟と指摘している。[14]

第5に、米印軍の合同訓練が拡大されるべきである。[15] 合同訓練は、米印が共有する戦略ビジョンにとって代わるものではないが、多くの二義的目的の達成に寄与する。その1つは、もちろん、インド側が米国製装備に慣熟することであるが、米側にとってもプロフェッショナルな軍が運用する旧ソ連・ロシア製装備の作戦特性を学ぶことができる。さらに、将来における米印協力の基礎を築くことができる。両軍の将校は互いをより良く知ることができるし、行動様式の違いが埋められ、双方の能力と限界がより的確に理解される。合同演習により、戦略上の成果が直ちに導かれるものではないかも知れないが、不確実な世界においてあり得べき将来の不測事態における両国軍の合同対処を促進するだろう。

第6に、最も期待される分野として、両国海軍間の協力と、海軍関連の技術及び技能の移転がある。海軍間の協力においては、津波災害救難・救援活動における合同の作戦行動が傑出している。それは、夫々が相手方の行いに慣熟しただけでなく、インド海軍を、災害救助、国外戦力投射、その他の任務に運用可能な多用途プラットフォームに指向させた。印海軍艦ジャラシュワ（Jalashwa）（07年に中古購入した旧米海軍オースティン級揚陸艦レントン）が就航1年目に200日に及ぶ海上活動を行ったことは、印海軍艦艇としての偉業である。同クラスの新造艦をインドが購入する計画が進行中であるが、それにより、インドの戦力投射能力が増大するだろう。この計画には、機微な扱いを要しない重要な技術のインドへの移転も含まれる。インドの艦艇は全て運河内にある造船所におけるモジュール式の製造ラインで建造されているが、移転技術は、最先端造船技術ではなく、米国の同盟国である韓国と日本によって既に使用されているものである。海軍間の協力には他にも、インド海軍艦載機パイロットの訓練がある。米軍も印軍も英国製の高等ジェット練習機ホークを訓練機として運用しており、多くのインド海軍パイロットが米国艦での訓練で空母搭乗員資格を取得している。ただし、インドのホークは印空軍のみが装備する非空母仕様機であるため、米国で訓練したパイロットは、インド海軍が唯一装備する空母（ヴィラート）での発着艦はできない。

海上での海軍の協同は技術的に容易である。協同の単位である艦艇は戦術的統制が容易であり（1艦1局）、陸軍の協同のように、指揮階梯や調整の問題が生じ難い。また海軍は、インド軍で最もプロフェッショナルな軍種であるし、ほとんどの作戦行動がインド本土から遠く離れた場所で行われるため、政治的な機微が最も小さい。もっと具体的に言えば、米国政府は、インド、中国、その他の国の海軍が信頼醸成措置にもなり得る取組みに加わるべく働きかけるべきである。[16]

最後に、情報共有については、ムンバイ・テロ発生以前は、米印関係における重要な分野ではなかった。かつて、テロ攻撃がインドで発生した場合にＦＢＩが支援を提供できるだろうと公に発言したために本国に呼び戻されて叱責された米大使がいたが、ムンバイ・テロ後、ＦＢＩは公然と密度の濃い捜査協力を行い、インド当局が作成した事件に関する一件書類は、米当局が提供した情報を多く引用している。

しかしながら、米国自身がもつ組織の特異性は、軍事に関してインドと共に活動する上での障害となっている。米国の地域コマンドは地理的に区分けされており、コマンド間に多くの〝継ぎ目〟が存在する。[17] 中央軍と太平洋軍（PACOM）は、それぞれ、パキスタンとインドと密接な関係を維持することにそもそも大きな関心を持っており、共通の政策に向けて取り組むことが困難であると考えている。中東からパキスタンに至る地域を管轄している中央軍コマンドは、ＴＦ－１５０にインドを加えることを否認した（中央軍は、パキスタンのような穏健なイスラム国を艦隊に加えたいと思ったが、インド海軍とパキスタン海軍は協同できないだろうと推察した）。中央軍がパキスタンとの協力にのみ焦点を当てる一方で、太平洋軍は当然のことながら違う角度からインドを見ており、定期的に実施される米印合同訓練を主催してきた。この問題は、アフリカに独自の優先順位を持つアフリカ軍コマンド（AFRICOM）が創設されたことによりさらに複雑になっている。インドが南アフリカを初めとする多くのアフリカ国家と密接な関係を持っているからである。インド海軍を初めとするインド軍との更なる協力関係を促進するためには、こうしたコマンド軍の縦割り問題の解決には高い優先順が与えられるべきである。

ブッシュ大統領が印－パのハイフンを外す政策をとったことは、かかる連携不足の問題をさらに悪化させたが、オバマ大統領がアフガン－パキスタン（Af-Pak）という新たな地域概念に焦点をあてたことで、米国のインドに対する責務を発散させることになった。前述したように、印パ間の通常兵器軍拡競争の問題はパキスタンが言うほど深刻ではない一方、米国が印パ両軍と同時に同一プロジェクトにおいて共に活動することを考慮しない場合の機会損失は存在するだろう。

海軍以外の軍種はそれほど期待できない。陸軍においては、複雑な合同演習や新たな戦略的役割を拡大し得る状況にはない。陸軍は、米軍と対擾乱において一定の交流がある一方、10年４月には米西海岸で模擬上陸を行ったりもしているが、このことは驚くべきことではない。なにせ陸軍は、長きにわたって放置されてきた印中境界沿いのインフラを再建する必要があり、国内の対擾乱で動きが取れずにいても、未だ、パキスタン攻撃の機会を熱望しているのであるから。この期に及んで陸軍上層部には、海軍においては明瞭な長期的戦略思考が欠けている。

空軍は、米空軍と多くの演習を実施している。インド側に最も益となっているのは、近接空中戦においてソ連製の航空機が米国の新鋭機に対して通用することを認識できること、そして米国の戦術や技術を学べることである。空軍にとってパキスタンが主たる関心であり続けているところ、地域外で米国と共に活動することを可能にする新たな役割や能力の進展にはほとんど関心がない。インド空軍は世界で最も優れた空輸能力を有する空軍の1つであるが、その能力は適切な運用計画と軍種間の連携がなければ無益である。かかる観点から最も顕著な空軍の失態は、ムンバイ・テロ対処のためのコマンドウ部隊の空輸支援をタイムリーに提供できなかったことであった。空軍には戦力投射に係わる実戦的な計画が存在しなかったし、空軍の戦争理論は陸軍のそれと真っ向から対立しているのである。

このことは、統合能力、即ち異なる軍種が戦略・軍事目標を達成するために連携し得る能力への疑問をもたらす。この分野において米国は、自身の〝教訓〟をインド側と共有できるし、すべきであるが、機能的な軍組織再編に向けて米国を初めとする他国の経験を活用するかどうかは一にインド側にかかっている。経験の共有のために最も優れた方法は、正式な同盟国とは既に行っているように、軍の将校や文官を、統合における指揮・幕僚活動を看取したりそれに参加できるようなポストに受け入れることである。

米国における改革

本書はインドの軍事力近代化の問題に焦点を当てているが、米国側の厄介な行政プロセスによって米印関係が複雑化している面もある。米国の行政プロセスは、諸外国や軍事組織との問題を律するための複雑な法の網に適合させるべく制定されたものもあるし、米印関係のように新たに出現した戦略的関係を全く無視した、官僚的なルール策定のための機能に過ぎないものもある。

米印の軍事関係は、初めてのケースとして、ようやく法的枠組みを必要としているところである。インドは正式の同盟国ではない。09年7月にクリントン国務長官が訪印するまで、武器取引、技術移転、軍駐留、兵站支援、最終用途監視に関する全般指針を規定する有効な合意は存在しなかった。情報保護協定もない。過去、少なくとも2つのこの分野における米印合意があったが、いずれも米国が供給した装備や軍事技術の使用状況の監視に関わるものであった。かかる合意は、米国製装備を購入または使用する国に適用される標準的なものであり、議会に課された義務であった。事情通のインド筋は、最も部内に立ち入る検査に関わる条項をインド側が削除するのに成功したのだが、そのことが合意の正確な文言が秘密となっている理由であるとしている。[18] 05年のブッシュ大統領とシン首相による米印合意においては、この問題が議会における主要な懸念となることは必ずしもなかった。米印軍事協力を進展させる上での障害になっていると思われる他の要因には、米国軍事技術のインドへの移転拡大をインド側の官僚が強く反対していることや、米国からインドへの軍民共用技術や軍事技術の流入を増大させることになるであろう米印合意をフランスやロシアのロビイストが阻止しようとしていることがある。[19] さらに、米国人がずっと持ち続けている例外意識という問題がある。米国人は、他に同調する必要はなく、米国の技術は徹底して守られるべきであると信じている。一方、インド人は異なる期待を持っている。例えば、ブーズ・アレン研究に参画したインド軍の将軍は次のように述べている。〝我々は米国が、大人の関係を基調とする第3のカテゴリー区分を設けてインドに適用することを期待している。米国は、同盟国や従属的な国と共に働くことに慣れている。自主的な外交政策を保持し、他国から影響されずに我々自身の選択肢を実行することは、インドにとって重要である。さもなくば、インドは、地域における独立的地位を失うことになる〟と。[20] 誰しも対価を払うことなく何かを手に入れたいと思うのだろうが、米印関係が機能するためには、最上レベル（大統領－首相）でのコミットメントを繰り返すことが重要である。

インドが米国を、技術移転や装備取得の取引において極めて難しい相手であると見ていることに疑いはない。賄賂や政治的便宜は、ソ連、イスラエル、そして一部の西側諸国との関係を比較的円滑ならしめた。公式の同盟関係や戦略枠組みが存在しない中、インド側は、ワシントンにおける極端な遅延や官僚の抵抗に見舞われていることを悟った。そうした不平不満は、米国の制度がインドとの取引促進を妨げていると認識した米国企業にも反響した。米の武器製造企業は、インドの新たな国富と重要性の増大により、インドをさらに魅力的なものと感じたが、同時に、インドが他国との軍事関係で手一杯になっていると見ている。ある米国大使館筋は〝インドはチリから中央アジアに至るまでの全ての相手と安全保障及び軍事的な関係を持っている〟が、それらの関係を全て捌くことができる人手と専門家をインドは保有していないと我々に語った。さらに同筋は、インドの軍事的関係は、政治的配慮によって形作られていることに不平を漏らした。インド人は、〝もし米国人と何かをしたら、ロシア人とも同じようにしなければならず、フランス人や日本人に対しても然りである〟と信じているように見えると。

インドの核兵器とどう向き合うべきか

米国は、核やミサイル技術の他の国や地域へ流出させるリスクを最小限に抑えるためだけでなく、インドが不測の戦争発生のリスクを最小限にしつつ安全保障を最大限に獲得し得るような核兵器と核ドクトリンを形作るために、インドと共に取り組むことができる格好の状況にある。それが実現するためには、いくつかの条件が整うことが必要である。

第1に、インドとの合意は、軍事利用が疑われる核施設に他国が立ち入ることを許容するための基準といった政策方針に最終的に適合させるべきである。そうした核施設は、核水平不拡散の完璧な実績と引き換えに、民生の核支援を享受することになろう。インドは、パキスタンや北朝鮮とは違い、今やイスラエルと同じような最も順当な評価を得ている。

第2に、米国は、インドとともに、アジアにおける核抑制体制を通じて、垂直拡散を封じ込めるためのイニシアティブをとるべきである。このイニシアティブには、インド、パキスタン、ロシア、中国も含まれ得る。そのような枠組みは、達成することが極めて困難であろう核弾頭保有数の制限に関わる公式の取決めではなく、核分裂性物質カットオフ、核実験の自制の継続、兵器配備の制限に根ざすものであり得る。インドの民生プログラムへの技術移転についての合意に立脚した米印間の核交渉は、このイニシアティブの一部を構成するが、より広い多国間のイニシアティブはパキスタンとインドの間の軍拡競争を防ぐことができるかも知れない。もちろん、中国が核実験再開を決定する場合、それは米国の核計画への対応行動なのであろうが、米国は、核態勢を損なうことなく、自身の核実験の恒久的禁止を継続することができる。

第3に、米国は、米国とロシア／ソ連の核とミサイルに関わる経験や他国の経験から積み上げられてきた〝最良の要領〟を学ぶためのセンターを設立すべく、インドを援助すべきである。それについては、既にトラックⅡでの討論が行われているが、米露の核削減に始まる核軍縮プロセスにいずれはインドも参加するとの期待があって然るべきである。そのような長期的目標について最新の米印共同コミュニケにさえも言及されていないのには失望させられる。

第4に、インドが信頼できる世界的なステイク・ホルダーであると見られることは、インドの経済的利益の範疇にあり、恐らくは、多くの重要な国がインドへの投資を行う誘因となるだろう（多くの投資家にとって、インドの民主主義と穏健な姿勢は、中国との競争における優位性の一因である）。米国は、グローバルに活動し信頼できるインドは米国投資のよき対象であるという議論と連携させつつ、そのような枠組みにインドが参画することの重要性を強く訴えていくべきである。民生用原子力技術もそうした投資の対象になり得るだろう。フランスやロシアはこの分野への比較的関心が低いかも知れないが、日本は、インドの民生用原子力産業への投資を計画している。

第5に、そのような合意は、単にインドのエネルギー需要を満たすというだけでなく、広範で複雑な軍備管理と安全保障に関わる懸念を解決に導く外交を形成する大きなプロセスの一部であるべきであろう。米国は、イスラエルから中国に至るまでの地域においてそうした懸念を有している。同地域には、核兵器を既に保有する少なくとも5カ国と核兵器保有を画策しているであろう2カ国が存在する。05年～07年の米印核交渉は、傷ついた米印戦略関係の修復に大いに寄与するとともに、インドの深刻なエネルギー不足を緩和する役割を果たしたが、米国の不拡散や戦略上の国益に懸念がある限り、終わりとしてではなく、初めの一歩として捉えるべきである。

　米国政府がインドとの核に関わる新たな関係を求めたのは正しいことだった。インドは、事実上の核保有国として扱われるべきである。インドは、自身が信頼に値することを示しており、特段の恩恵を受けることなしに、その地位は根本的に変わっていくだろう。核実験を原子炉の保障措置としてはならない。インドは、ＮＰＴの保障措置下にある〝核保有国〟が保有する原子炉を全て合わせた数よりも多くの原子炉を保有することになるであろう。米国は、インドが近隣国との軍拡競争のトリガーとならないように、不拡散やカットオフ条約（ＦＭＣＴ）を初めとする様々な枠組みへの支持に対するインドの協力、そして核兵器開発におけるインドの抑制志向にもっと関心を持たなければならない。あるインド人研究者は、インドは、近隣の核保有国との間に、戦力レベルやターゲッティングに係わる多国間、あるいは二国間の合意を確立することにより、地域的な核抑制の枠組み構築を目指すべきであると提案している。[21]そうする代わりにインドは、ＮＰＴの改正を提案してきたが、それはパキスタンを除外してインドが核協議の主賓となることを示唆するものであり、ほとんど実現不可能なものである。そうしたインドの提案は、〝抜け目ない駆け引き〟ではなく、かつてＮＰＴとＣＴＢＴを巡る議論において見せたインドの理想主義的で非妥協的な態度を彷彿させるものである。[22]米国政府は、先ずは、ＮＰＴの条文とその精神をインドが事実上遵守するようにしむけるべきであるが、同時に、インドの核兵器プログラムを正当化するとともにインドが地域的核抑止における適切な地位を占めるような、アジアの核抑制枠組み構築に向けた地域的な努力を支援するべきである。

インドが巨大な核弾頭を製造するようなことは考えにくい（インドの核政策は受動的であり、主要な核超大国になるべく策定されたマスター・プランに基づくものではない）。一方、インド以外の国の動機は、地域や状況に特有のものである。他国（例えばイラン）が核開発を正当化するために使うレトリックはインドが先鞭をつけたのだが、その一方で、イランは、インドを真似るのではなく、正に独自の理由により核兵器を求めているのである。南インドにおいては、全ての国がそれぞれの国益に従い行動しつつも際限のない核軍拡競争を回避するようにしむけるべく積極的外交に出なければならないだろう。この観点から、インドが核を保有する責任ある国家として指導的な役割を演じるようにしむけなければならない。

第6に、核実験に関しては、米国が（中国、パキスタン、あるいは米国の核実験に呼応して行われる）インドの核実験を大目に見るような状況が生起し得るかも知れないが、そのような場合でも、我々の些細な懸念は、インドの小型で未実証の核兵器に止まるだろう。米外交は、主要国（及び小国）が核実験を当該国の最良の国益であると捉えないことを確保すべきである。

最後に、もしインドが核大国を目指す、つまり、中国よりも強大な戦力を展開するとともに、ヨーロッパや米国の目標を射程に収める核運搬システムを構築しようとするならば、その時は、地域の安定へのインドの貢献に対する、あるいは、はたしてインドが戦争や自国の安全保障のリスクを増加させてきたのか減じてきたのかに対する、合理的な懸念が生じるだろう。今のところ、インドの戦略・核コミュニティーは、そのようなインドの核能力を望んではいないだろうが、もしインドを取り巻く環境条件がそのような方向に向かわせるのなら警戒を要するだろう。インドの計画が穏健であるとの確信は、インドが、民主的、世俗的で、世界との繋がりを保持する国家であり、歴史的に見て戦略的に対峙する主要国との軍拡競争を回避してきたという仮定の上に成り立っている。そうした姿とは全く異なるインドを完全に否定することはできない。現に、ラジヴ・ガンディー政権時代の18カ月の危機的状況下においては、インドは専制国家だった。しかしながら、見通し得る将来においてインドがそうした国家になるとは考えられない。それ故、米国がインドを核保有国と認め、民生核プログラムを支援することは、新たな軍備管理外交と連携させるならば、それは米国を利するものであり、特にそのような外交のパートナーにインドがなるのならなおさらである。歴史的な米印原子力合意やインドの穏健で抑制的な現在の核兵器配備計画は、そのような米印パートナーシップを可能にするものであるが、それを保証するものではない。

アフガンーパキスタンを越えて

米政府は、ハイフンで国を連結するのを止める（de-hyphenation）だけでなく、アフガン、イラン、パキスタンという3つの戦略的に緊要な国にインドを関与させることを可能にするさらに有効な政策への転換を図らなければならず、それは、オバマ政権のこの地域における外交政策の優先課題である。インドと米国とのそれらの3国、そして全てのイスラム世界との関係は、異なる軌跡を辿ってきた。インドを突き動かしているのは、経済と国内的要因である。イランはインドが消費する油の約1割を供給し、インドの製油所はイランに燃料を供給している。また、インドは、イランに次いで、世界第2のシーア派人口を擁すると推定される。インド北部の都市、ラクナウー（Lucknow）は、シーア派の新たな中心地である。さらに、インドとイランは、アフガン問題において、タリバン過激派に対抗するカルザイ政権を強化することに共通の利益を見出しており、密接に連携している。もちろんこのことは、アフガン問題に限っては、両国が米国側についていることを意味している。米国政府は、たとえそれがイランとの連携を意味するとしても、アフガンにおけるインドとの協力拡大の可能性を追求すべきである。それは、そもそもタリバン打倒の直前と最中における米国の政策であったのだし、インドとのパートナーシップは、アフガン問題、そしてイランとの関係の双方における米国国益の一部を利することになろう。

アフガンにおけるインドのプレゼンスは、パキスタンを封じ込めるための長期戦略の一環にもなる。インド政府は、アフガンのインフラ強化のために、高速道路、電力網を初めとする多くのプログラムに相当の財源を投入している。インド政府の行うアフガンへの公的援助（12億ドル）はパキスタンの5倍に達する。インドが構築したイランとアフガンを結ぶ道路はパキスタンを迂回しており、パキスタンのアフガンへの依存を減じている。この政策は、過激主義の犠牲となってきた穏健な近隣国（アフガン）を強化するが、それは、タリバンによるパキスタンの影響力との均衡をとり、中央アジアへのパキスタンのアクセスを拒否し、情報機関を介してパキスタンに嫌がらせをする手段の1つでもある。08年に在カブール・インド大使館が爆破された際、アフガンにはインドの国益がかかっておりアフガンから撤退すべきではないとの意見が広くインド国内に見られた。

しかしながら、インドがアフガンでの独立的な作戦遂行能力を直ぐに獲得するような兆候はない。然るに、アフガンで米国を支援するというインドの当初の申し出は向こう見ずなものだった。

インドは、有効な軍事的な財源や国力を有していなかった。旅団レベルどころか大隊レベルの作戦であっても、陸上インフラを構築しなければならないであろうし、米国、NATO、そしてイランとも緊密に連携しなければならない。恐らくインドは、国連による独立した権限付与と作戦統制権の委任に固執するだろう。アフガンにおいて、インドが自国軍を展開することはありそうになく、将来最もあり得べき枠組みは、インドが多国籍軍に限定的な支援を提供するというものであろう。しかしながら、インドは、アフガンの治安要員訓練をさらに行うことにより、米国とアフガンの双方を手助けできる。それはパキスタンの抵抗にあうだろうが、同国が米国から得ている実質的な経済的・軍事的援助プログラムに鑑みれば、相殺される見込みはある。

米国の政策は、アフガン－パキスタン、あるいはパキスタン－アフガン（いずれにしても忌まわしい表現）を超えたところを見据えなければならず、今後5年以上先におけるパキスタン自身の安定と国家としての生存可能性は、見通し得る如何なる米印戦略関係においても辛い試金石となろう。クリントン政権と引き続くブッシュ政権のいずれもが、インドとパキスタンの双方が米国の友人（パキスタンは非NATOの主要な同盟国で、インドは非公式な同盟国）という立場をとってきた。しかしながら、米国の役割は、対話の重要性を説くといった事態沈静化のための発言や、危機に際して行うパッチワーク的な干渉の域を出てこなかった。過去、米国はインドとパキスタンを同一視しない政策を行った。例えば、インドとの核協議において、パキスタンに対する妥協をインドに迫ったりしなかったし、パキスタンに対しても、核に関わるそういった妥協をすることによって、核問題への更なる真摯な取り組みやタリバンに対するパキスタンの立場を引き出そうとするようなことはなかった。

米国の政策立案者は、パキスタンとインドが互いに戦略的脅威であると真面目に捉えている限り、両国を別個に取り扱うことは不可能であると認識しつつある。[23] しかしながら、インドにすれば、インドとパキスタンを同一視しない政策は歓迎すべきものだった。何故ならそれは、インドの対パキスタン政策は問題にされず、インドが国際的に弱い立場にあるカシミール問題を米国は取り上げないということを意味したからである。しかしながら、カシミールにおけるテロ攻撃や緊張の激化があったり、パキスタンが対擾乱作戦のために軍を印パ国境から西部地域へ転用を可能にすべくインドに対して圧力をかけるよう米国に要求したりする時は何時でも、米国の一貫した対インド政策は、その政策自体に内在する不条理が故に立ち行かなくなった。

オバマ政権は、米国の対パキスタン政策を、インドを利すると同時に警戒もさせるような形で急速に変更しつつある。２００９年に成立した平和法（Peace Act［2009］）は、バロチスタン（Balochistan）、北西辺境州、そしてパンジャーブにおいても、擾乱と過激主義の脅威へ対処するためにパキスタンが部隊を転用した場合に、当該部隊への米国の軍事的支援を可能にした。これは、インドを大きく利することになろうが、インドは、パキスタン軍がそのように動くのを容易にすべく、慎重な政策をもって対応するだろう。そのためには、カシミールに関わる印パ間の合意を必要としないが（もし必要だとしても、先ずあり得ない）、パキスタンが相当規模の部隊を再訓練し転用し得るような、インド側の部隊展開とドクトリンの現実的な変更を必要とする。コールド・スタート・ドクトリンに拘っていては、この目標は達成できない。

パキスタンに対してどう出るべきかについてインド人の意見は割れており、インド以外の者がパキスタンに抑制を強いるのを待っている。インドは、最も厄介な隣人が既にこれまでインドに与えてきた以上のダメージを今後20年にわたって生じさせないことを保障するための長期的戦略を有していない。[24]

今後数年間、パキスタンは米印関係における最も大きなファクターとなるであろうが、その後は、中国の方がより重要になるだろう。ブッシュ政権は、インドをアジアにおける戦略的プレイヤーとして、そして、中国に対するカウンターバランスとして捉えていた。オバマ政権は、中国に対して潜在的問題よりもパートナーの可能性を見出していたブッシュ（父）政権やクリントン政権により近い捉え方をしている。米国の政策目標は、再生するインドと中国の力の均衡を図るというよりも、可能な分野、特にアフガンやパキスタンにおける中国との協力を求めることであるように見られる。それは真実である一方、ファリード・ザカリア（Fareed Zakaria）は、中国の台頭はアジアの戦略バランスを覆すものであり、米国とインドの新たな絆は、〝将来のアジアにおける力の均衡が如何なるものになろうとも、米印両国にとって有益であろう〟と記している。[25]また、オバマ政権にとって、当初の数年は、均衡を図るよりも、中国との協力を追求する方がより重要であることも真理であろう。インドは、アジアの主要国の中では一番弱く、アジアで3番目か4番目に位置する国といったところであろう。米国にとって疑いのない最大の魅惑は、アジアにおける最大の大国と協調することだろう。

このことは、インドの対中国政策とも符合する。アジアの各国は、超大国米国を含めた他国に対する態度を曖昧にしている。〝覇権主義〟という言葉は、中国が大人しい国である限り陳腐な常套句でしかないが、米印間の軍事的・戦略的な枠組みを継続することは、両国にとって、敵対的な中国が出現する場合の再保険である。

米政府は、インドの国防組織と軍の近代化を支援できるし、そうすべきであるが、そうすることが印米を重要な戦略的同盟関係へ導くことはなさそうである。自国が世界の中心にある主要大国の1つとして台頭する国家であると見ているインド人エリートは、多くの大国との協力関係を希求しているが、従属的な地位に置かれることを好まない。一方米国は、常に一定程度の駆け引きがあったり、しばしば相互に受け入れ可能な結論が存在するような同盟関係に慣れている。そうした観点からは、インドはフランスに似ている。フランスは、長年にわたって米国の技術的・軍事的支援を相当程度受けている比類の民主主義国家であるが、自国の立場を高めつつ、米国と〝普通〟の関係性を保つという大きな戦略目標を持ちながら、無骨な独自の外交政策を希求している。インドは、10億を越える人口を抱えた英語を話すフランスとでも言うべき方向に向かって発展するかも知れない。我々は、インドを、01年に我々が指摘した見通しの如く、繁栄する民主的な国家で、さらに多くの重要な米国の国益が存在する国として、〝インドたれ〟と言いたい。[26]

バーンズ国務次官（R.Nicholas Burns）は、そのことを正しく理解し、これまで認識されていたよりも大きな軍縮の余地があると思われるインドとの友好関係を調整していかなければならないと記した。[27]

さらに言えば、民主主義の建前は米印関係の重要な要素である一方、民主的な政治こそが米政府とインド政府がかつて描いた大胆な外交政策への転換を挫く可能性がある。米国を支援するためのインド軍部隊のイラク派遣への展望は、インド国民の懐疑主義が故に開けなかった。シン首相率いるコングレス党政権が09年5月の選挙で勝利したことで、この問題は幾分和らぐとともに偏狭な地方政党の影響力も弱められたが、世代間と党派間におけるコンセンサスが必要な戦略的思考は常に困難を伴う。インドが選択する欠陥のある戦略は抑制であり、インドは何時も、直接的な変化、特に国境付近での変化がない限り、我関せずなのである。インド戦略家の一部は、イスラエルを羨望の目で見ており、イスラエルのように越境報復攻撃をしたいと思っているし、また、米国の世界的なテロとの戦いを真似たいとも思っているのだが、インドに対する国外脅威は核報復能力を持つ国家に由来している。スリランカでの大失敗（87年〜90年）という負の遺産から、外征軍を何処へでも派遣することへの賛意を呼び起こすことができるインド人はほとんどいない。陸軍にはイラクでの米国の作戦に加わりたいと思う者がいたであろう一方で、そうしなかったことは、後知恵ではあるが、賢明な決定であったように思われる。

新たな経済関係における現実と建前があっても、米国側からインド側に対する長期的な軍事的・戦略的コミットメントはほとんど見られず、インド側から米国側に対するそれはさらに見られない。インドの民主主義は、環境問題や経済問題における主要なプレーヤーとしての役割と同様に評価されている。そうした評価は、アフガンやパキスタンにおける米国の外交を混乱させたり印パ危機を生起させるであろうことをある程度考慮外においたとしても、印米間のあるべき戦略的、世界的、地域的なパートナーシップには及ばない。しかしながら、事あらば、戦略的協力の見通しが急激に変化する可能性はある（それ故、現在の軍事上・国防上の協力関係のレベルを拡大することが必要）。インドは冷戦後に出現した安全保障上の脅威への対処手段を構築し始めたばかりなのだという長期的視野に立って考えるべきである。

インドは、弱い国家に統治された強い社会といえるが、崩壊の危機にある国を含む周辺諸国に比べれば、遥かに強力な国である。インドは、経済を活性化する国民の起業家としての才能に道を開くことによって台頭しつつある。しかしながら、インドはそうする一方で、カルギル紛争のような直接的な変化がない限り、軍事や安全保障のために財源を割くことや軍事の必要性を国民に納得させることに前向きではないように見られる。

今日の米印関係は、単調ではなく、様々な要素が複雑に絡んでいる。インドは、30年前はほとんど全ての重要な世界的な戦略問題において対立する側にいたが、状況は著しく変化し、米国が抱く多くの懸念に配慮するようになった。米印原子力合意は、ここ数年かなり注目されているもののインドのエネルギー不足へはさほどの影響を及ぼさないであろう一方で、その長期的な重要性は象徴的なものであった。35年間にわたる制裁的な扱いの後、インドは平等に扱われたのである。米印関係における真の変革は文化的領域と経済的領域にこそある。文化的領域では、急速かつ成功裏に同化しつつある巨大な印僑の存在を通じて、米国におけるインドの文化的影響は増大しつつあり、アカデミー賞を受賞した映画「スラムドッグ$ミリオネア」はその象徴である。[28] 経済的な結びつきは自明である。98年に失われた印米関係の安定剤は、今日蘇り、両国において育まれている。インドは、恐らく戦略的パートナーとして猛烈に売り込まれ過ぎたのかも知れないが、そうなる可能性はある。ただし、それは非常に遅い軍事近代化のペースに阻害され、さらに政治家の外交・国防問題への関心の薄さによって阻害に拍車がかけられている。インドは、潜在的な戦略的資産である。今はまだ顕在化しておらずとも、米国はインドの軍事力向上の速度と質に影響を及ぼすことができるし、これまで述べた分野における軍事的・戦略的協力関係の緩慢な拡大は期待し得る。

軍事・安全保障分野を含め、堅固で広い基盤をもつ米印関係は、両国のための再保険の一形態と見るべきである。観念的にも政策的枠組みとしても、そのような保険は軽んじられるべきではない。印米両国は、双方とも中国とイスラム過激主義という二正面に対して四つに組めるだけの手段を今は有していないことを認識している。パキスタンに対して動けば中国の牽制を招き、中国に対して動けばパキスタンとの関係を強化するための別の理由を中国に与えることになる。[29] 手段の観点からは、米国は海洋において卓越しているが、そのことはアフガンやイラクにおいてはほとんど意味がない。一方、インドは巨大な地上軍を持っているが海軍力は小さい。インドが誇る地政学的位置は、皮肉なことに戦略的に過ぎる。インドは、多様な国内外からの脅威に直面しているが、適切な決断が為されないために周期的に苦しめられている。可能な手段が局限されているため、軍事的解決は不可能ではないにしても、それを実行するのは大抵の場合困難であるし、軍事費を増やすことに抵抗する官僚や政治家に対してばかり、その労力が費やされているのである。

インドが事に及んで可能な限りプロフェッショナルかつ慎重に対応することは米国の国益に合致する。インドが国境の現状維持を基本的に望んでいる国家であるという広く認知されている仮定は正しいし、インド政府にはチェック&バランスが働き、国民の意見にも耳を貸す。近隣諸国は必ずしも同意しないかも知れないが、その国家としての振る舞いは概して責任あるものである。そうしたインドの質の高さゆえに、閉鎖的でより予測のできない中国の為政者に対し秘かに恐れを抱いている多くのアジアの指導者がインドの台頭を歓迎しているのである。明確な戦略ビジョンが保証されないインドとやっていくことが時に腹立たしいことかも知れないが、その質の高さは米国の長期的な国益に合致する。一向になくならない官僚的悪弊などの明白な障害を取り除くことはできずとも、それを和らげるために双方が行う努力は正しいものであるという米国とインドのそれぞれの認識を、両国は十分に分かち合えるのである。

訳者あとがき

本書は、Stephen P. Cohen & Sunil Dasgupta, ARMING without AIMING--INDIA'S MILITARY MODERNIZATION ---, Brookings Institution Press, Washington, 2010 (Paperback, 2013) の翻訳である。「ARMING without AIMING」を直訳すれば、「特定の照準を定めない軍備増強」つまり特定の脅威対象評価に基づく軍事力整備というアプローチをインドは採っていないという著者の見方を表しているのだが、それを日本の読者が誤解なく端的に理解でき、かつ原書タイトルのようにキャッチーでインパクトのある訳語を見出すことが困難であったため、「インドの軍事力近代化――その歴史と展望のゆくえ」という訳を充てた。著者のブルッキング研究所上席研究員スティーブン・コーエン博士は、米国世界問題評議会が選出した〝米国で最も影響力のある５００人〟に名を連ねたこともある現代南アジア研究における世界的な権威である。また、同じくメリーランド大学ボルチモア郡校政治学講座主任教授のスニル・ダスグプタ博士は、インディア・トゥディ紙での上級特派員の経験も有する、アジア地域の安全保障・軍事分野における優れた研究者である。

訳者とインドとの関わりは、１９９８年６月、インド国防幕僚大学に陸上自衛隊から官費留学生として派遣されたことに始まる。時まさに、５月11日と13日にインドが核実験を行った直後であり、留学が取りやめとなる話も出たが、何とか出国することができ、家族と共に約１年間、タミル・ナドゥー州の避暑地に位置する同大学で、印軍のことを主体に広くインドについて学ぶことができた。同大学では、「台頭するインドと日本の戦略的関係について」というテーマで論文を書き、マドラス大学から戦略・防衛学修士号を授与されたのだが、論文発表会において、日印の戦略的関係の重要性を熱っぽく論じたものの、同時にインドが積極的に核軍縮に向けたステップを採る必要があるといった意見を付言したため、インド人教官や学生から相当やり込められたことを記憶している。その後、01年６月～04年６月までの３年間、ニューデリーの日本大使館で防衛駐在官として勤務したが、この間、01年12月に発生したインド国会議事堂襲撃テロを契機に印パ両軍合わせて１００万人にも及ぶ大規模な動員展開が約10カ月間にわたって続けられるいう異常な軍事的緊張の中で、情報の収集・分析などの任務を遂行した。いったん戦端が開かれれば、核戦争へのエスカレーションも否定できない状況下で、それまでの自衛隊勤務を通じて身につけた知識や経験を総動員して任務に当たったわけであるが、今になってみれば、「戦略的抑制」という見方を含め、本書に書かれているインドに関するさらに深い知識と理解を持ち合わせていれば、さらに的確な情勢分析が出来たのではないかと思う。その後、印パ両軍の動員が解除され緊張が緩和してからは、防衛庁長官として初の公式訪問となる石破長官の訪印はじめ、守屋事務次官、遠竹空幕長の訪印などが実現し、また、テロ特措法に基づきアラビア海で活動する海上自衛隊艦艇が数次にわたって寄港するなど、安全保障・防衛分野における日印関係が動き出し、訳者も熱意を持ってこれに取り組んだ。

現在の日印関係は、00年の森首相とヴァジパイ首相が宣言した「日印グローバル・パートナーシップ」が、06年にマンモハン・シン首相と安倍首相によって「戦略的グローバル・パートナーシップ」に進展、さらに、昨年（14年）9月、モディー首相が訪日した際、安倍首相との間で「特別な戦略的グローバル・パートナーシップ」に格上げされている。「特別な戦略的」という用語は、これまでのところインド以外にはオーストラリアとの間でしか使われていない、まさに「特別な」ものである。これはインドが、シーレーン上のほぼ中央に位置する我が国にとって地政学的に重要な国であること、そして、民主主義、法の支配、人権の尊重、資本主義経済といった基本的な価値観を共有するとともに、アジア及び世界の平和と安定、繁栄に共通の利益を有するとの認識から来るものである。こうした認識の下、安全保障・防衛分野においても、モディー首相訪日時に両国防衛大臣間において「防衛協力及び交流に関する覚書」が締結され、ますます関係が強化されている。また、我が国国産の救難飛行艇US－2をはじめ、防衛装備に関わる協力についても両国政府間で協議が行われている。

こうした日印間の戦略的協力関係がますます進展することは、我が国を含む地域の安全保障にとって極めて有益であると確信する。ただし、本書が指摘するようにインドには特有の歴史的背景、思想・文化、政治風土などがあり、今後インドにより深く関わっていくためには、こうした点を含め、インドに対する表層的でステレオタイプではない理解が不可欠であろう。そういった観点から、本書の最終章最終パラグラフに記されている一節（左記。一部編集）の「米国」をそのまま「我が国」に置き換えて読むことができ、そうした認識をもってインドとの関係を深めていくことが重要であると考える。

インドが事に及んで可能な限りプロフェッショナルかつ慎重に対応することは米国の国益に合致する。インドが国境の現状維持を望んでいる国家であるとの仮定は正しいし、インド政府にはチェック&バランスが働き、国民の意見にも耳を貸す。その国家としての振る舞いは概して責任あるものである。そうしたインドの質の高さゆえに、閉鎖的でより予測のできない中国の為政者に対し秘かに恐れを抱いている多くのアジアの指導者がインドの台頭を歓迎しているのである。明確な戦略ビジョンが保証されないインドとやっていくことが時に腹立たしいことかも知れず、一向になくならない官僚的悪弊などの明白な障害を取り除くことはできずとも、その質の高さは米国の長期的な国益に合致する。

翻訳にあたっては、正確を期しつつも、努めて平易な表現に心掛けたつもりであるが、本書は、学術書であり、一定程度の関連知識を有していることを前提に書かれているため、一般の読者には難解に感じるところもあるものと推察する。そうした読者の方には、細部にあまりかかわらず、大意を把握すべく読み進んでいただいても、インドの安全保障・軍事に関する理解を相当深めていただけるものと思う。なお、各種用語や地名・人名については、用語や訳語として一般的に広く使用されているものについてはそれを採用し、必ずしもそうでないものは、総合的に判断して適語と考えられるものを充てた。誤訳に対する責は全て訳者個人が負うことは言うまでもない。

最後に、原書房石毛編集部長、海洋政策研究財団長尾研究員はじめ、本書の刊行に際して大変お世話になった方々に対してこの場を借りて心より御礼申し上げたい。

２０１５年４月

訳者

U.S.-India Defense Relationship, pp.92-96. も参照せよ。

20. Ibid.

21. Suba Chandran,"Exploring Regional Zero: An Altanative Indian Nuclear Disarmament Strategy?" South Asia Brief 16（New Delhi: Institute of Peace and Conflict Studies, October 2009）.

22. K. P, Nayar, "Singh's Nuke Gamble II" *The Telegraph*, December 1, 2009（http://tele graphindia.com/1091201/jsp/frontpage/story_11806763.jsp [December 26,2009]）. この駆け引きに対する肯定的な解釈として、David P. Fidler and Sumit Ganguly, "Singh's Shrewd Policy Move; A shift on India's Nuclear Policy," *Newsweek*, December 4, 2009（www.news week. com/2009/12/03/singh-s-shrewd-move.htm [December21,2009]）を参照せよ。

23. パキスタン政府の側に立てば、新たな米印関係は、米が信頼できない同盟国であることの証左となる。パキスタン軍のある古参将軍は、新たな印米"同盟"は、米国が如何に信頼に値しないかを認識させるであろうし、米国もまたインドの欺瞞を知ることになろうと述べた。

24. インドの無気力さについては、Stephen P. Cohen, "India and Pakistan: If You Don't Know Where You Are Going, Any Road Will Take You There," in *Pakistan – Consequences of Deteriorating Security in Afghanistan*, edited by Kristina Zetterlund（Stochholm: Swedish Defense Research Agency, 2009）,pp.131-45. を参照せよ。

25. Fareed Zakaria, "What Bush Got Right," *Newsweek*, August 9, 2008（www. newsweek. com/2008/08/08/what-bush-got-right.html [February 2009]）.

26. Stephen P. Cohen, *India Emerging Power*（Brookings Institution Press, 2001）を参照せよ。

27. R. Nicholas Burns, "America's Strategic Opportunity with India," *Foreign Affairs*（November/December 2007）（www.foreignaffairs.com/ articles/63016/r-nicholsa-burns/ americas-strategic-opportunity-with-india）.

28. *Slumdog*は技術的は素晴らしいが、多くの不正確な描写がある。*Outsourced*という映画は、淡い色合いではあるが、米印の邂逅をより良く捉えている。

29. 何年にもわたってパキスタンは、中国にとって最大の軍事支援の受け手であったし、極めて機微な核技術の受け手でもあった。北朝鮮の核開発を支援したのも中国である。

Defense, November 2008, unclassified.

11. Ashley Tellis, "Mr.Singh Goes to Washington − Part I," *YaleGlobal Online*, November 30, 2009（http://yalegrobal.yale.edu/print/6069［December 21,2009］）.

12. それらには、印米間の新たな貿易・経済関係、文化・社会的な結びつきの促進があり、さらに、インドの農業、教育分野での改革、エネルギー政策など既に特定された分野における協力関係もあるが、予期された以上に相対立することが明らかになってきている。それは、軍事技術の流入や購入と同じように、経済的自立や独立に関する自らの価値観を脅かすかも知れないという懸念を広くインドに呼び起こしている。米印関係についての優れた概観として、Teresita Schaffer, *India and the United States in the 21st Century: Reinventing Partnership*（Washington: Center for Strategic and International Studies, 2009）を参照せよ。

13. 供給国側は、オフセットを好まない。一般的に供給側の見解は、自分たちは機器や農業ビジネスをしているのではなく航空機ビジネスをしているというものである。交換取引のようなやり方は、最終合意を極めて複雑なものにするため、往々にして満足行くものでないし、異なる種類の技術間のトレードオフは極めて現実性に乏しい。

14. Former Deputy Assistant Secretary of State for South Asia Evan Feigenbaum, "Clinton's Challenge in India," Council on Foreign Relations Expert Brief（www.cfr.org/ publication/19852/［August 2,2009］）.

15. 米印合同演習に対するインド側の見方には、米国にインドの能力を看破されてしまうこと、さらにはパキスタンや中国に情報が流出することなど"大きなコスト"を伴うリスクがあるといった、かなり懐疑的なものもある。Gurpreet S. Khurana, "India-U.S. Combined Defence Exercises: An Appraisal," *Strategic Analysis* 32, no.6（Novenber 2008）.

16. 特にインドとの連携の必要性に言及したインド洋に関連する米国の包括的な声明として、Robert Kaplan, "Center Stage for the 21st Century: Rivalry in the Indian Ocean," *Foreign Affairs*（March 16,2009）を参照せよ。要点は、米国が最大の連携構築のための推進者となるべきであるというもの。

17. この議論として、Booz Allen report, pp.88ff を参照せよ。

18. Ajay Shukla, "India Had Signed Two Earlier Agreements," *Business Standard*, July 29, 2009（http://ajaishkula.blogspot.com/2009/07/india-had-signed-two-earlier-end-user. html）及び Brahma Chellaney, "End-Use Monitoring Agreement（EUMA）: A Back grounder," July31, 2009（http://chellaney-spaces.live.com/blog/cns!4913C7C8A2EA4A 30!1053.entry）for a sustained criticism of these agreements. を参照せよ。

19. Indrani Bagchi, "End-User Travails," *Times of India* blog, May 25, 2009, "Counter- Terrorist Equipment High on India's Priority List after Mumbai Attack"（http://blogs. timesofIndia.indiatimes.com/globespotting/entry/end-user-travails）. Danyluk and MacDonald, Boooz Allen Hamilton, *The*

直しには、これまで後ろ向きであった。駐屯地・基地については、伝統的に、国及び地方選において一票を争うような時は、鉄道駅に次いで、議会で最も多く論議されてきたが、いかなる政府も駐屯地・基地政策に関わる大きな見直しをしようとはしていない。

第8章

1. このことについては、核実験を行ったBJP政権で国防、外務、財務大臣を歴任したJaswant Singhと十数回にわたって会談したStrobe Talbott国務副長官がよく話している。Strobe Talbott, *Engaging India: Diplomacy, Democracy, and the Bomb*（Brookings Institution Press, 2004）を参照せよ.
2. Under Secretary of Defense for Policy Douglas J. Feith at the U.S.-India Defense Industry Seminar（Washington, May 13,2002）（www.defense.gov/speeches/speech. aspx?speechid=217）.
3. Ashley J. Tellis, "The Merits of Dehyphenation: Explaining U.S. Success in Engaging India and Pakistan," *Washington Quarterly*（Autumn,2008）:21-42. を参照せよ。
4. Tellisは、インドのミサイルと国防政策の変化とそれらが米国のミサイル防衛計画と関連付けられるようになったのかについてのきめの細かい信頼できる説明をしている。Ashley J. Tellis, "The Evolution of U.S.-Indian Ties: Missile Defense in an Emerging Strategic Relationship," *International Security* 30, no.4（Spring 2006）:113-151を参照せよ。
5. Gurmeet Kanwal（Director of the Centre for Land Wafare Studies）, "Defence R&D: What India Needs to Do, "Feb.12.2009,Rediff.com（www.rediff.com/news/2009/feb/12 -defence- rand-what-India-needs-to-do.htm [February 14,2009]）
6. T.V. Parasuram, "Troops to Iraq: Sibal Meets Rice,"*The Tribune*（Chandigarh）, July 2, 2003.
7. 2003年5月、内閣安全保障委員会（CCS）は、イラク派遣について議論したが何等の決定もしなかった。伝えられるところによれば、その後、米国の要請は"BJP以外のCCSメンバー"つまりGeorge Fernandes国防大臣によって反対された。
8. "Troops to Iraq: Manmohan Clarifies Natwar's Remark," *The Hindu*, July 8,2004.
9. Director of Natinal Intelligence Dennis C. Blair, *Annual Threat Assessment of the Intelligence Community for the Senate Select Committee on Interlligence,* February 12, 2009, p.24（www.dni.gov/testimonies/20090212_testimony.pdf）.
10. Bethany N. Danyluk and Juli A. MacDonald（Booz Allen Hamilton）, *The U.S.-India Defencse Relationship: Reassessing Perceptions and Expectations*, report prepared for the Director, Net Assessment, Office of the Secretary of

10. インドの外交・安全保障政策プロセスに関する評価として、Dhruva Jaishankar, "Meta- Morphosis: the Role of Think Tanks and Independent Policy Analysts," *Pragati*（September13,2009）（http://polaris.nationalinterest.in/2009/09/13/meta-morphosis/）; Daniel Markey, "Developing India's Foreign Policy 'Software,'" *Asia Policy*, no.8, National Bureau of Asian Research, July 2009,pp.73-96 を参照せよ。

11. Subramanyam は、回想録 *Retrospect* において、インドの数少ない信頼できる研究所である防衛研究所（IDSA）に対して各軍が要員を派遣しないなど協力を拒んできたこと、加えて最近では各軍がそれぞれ所管する研究所を創立したことを痛ましい出来事として描いている。

12. 我々は、、*The Dragon and the Elephant.* や *The Elephant and the Dragon.* といった竦んでしまうような文献を誠実に分析した Tara Chandra 女史に感謝する。

13. Nandan Nilekani, *Imaging India: The Idea of a Renewed Nation*（New York: Penguin Press,2009）. インドの同様な見解として、Jim O'Neil and Tushar Poddar, "Ten Things for India to Achieve Its 2050 Potential," Goldman Sacks, Global Economic Paper 169, June 16, 2008. を参照せよ。同論文は、ゴールドマン・サックスの "Growth Environment Scores" の観点では、他の "BRIC" 国（ブラジル、露、中）に劣っていると指摘している。

14. こうしたアジアの超大国症候群についての批判として、James Lamont, "India Prays for Rain as It Reaches for the Skies," *Finacial Times*, July 16, 2009, p.9. 及び Pranab Bardhen, "China', India Superpower? Not so Fast!" *Yale Global Online*, October 25, 2005（http:/yaleglobal.yale.edu/content/china-india-superpower-not-so-fast）; Minxin Pei, "Think Again: Asia"s Rise," *Foreign Policy*, June 22,2009（www.foreignpolicy.com/articles/2009/06/22/think_again_asias_rise）を参照せよ。

15. Shankar Acharya, "Rising India Labours in the Shadow of Asia's Real Giant," *Financial Times*, July 29, 2009, p.9.

16. Neville Maxwell, *Henderson-Books Report: An Introduction*, April 14-20, 2001（www. Claudearpi.net/maintenance/uploaded_pics/AnIntroductiontotheHendersonBrooks.pdf [July 7,2008]）を参照せよ。

17. Anit Mukherjee, "Failing to Deliver: The Post Crises Defense Reforms in India, 1998- 2008, "January 2010, School of Advanced International Studies, Johns Hopkins University, unpublished manuscript.

18. Major（retired）Maroof Raza, "Serious Business of War," *Times of India*, December 11, 2008.

19. 主として正規部隊が駐留するスペースを確保するために幾つかの訓練センターが廃止されたが、我々の知りうる限り、駐屯地が廃止された例はない。関連する改編としては、都市化を推進するために陸軍の所有する土地を譲りわたすことがあるかも知れないが、駐屯地・基地の安価な場所への移駐、駐屯地・基地の統合、コスト見

backgrounder/2008/india0808）.

29. Kuldeep Mathur, “The State and the Use of Coercive Power in India,” *Asian Survey* 33 no.4（April 1992）:337-48.

30. Baweja, “Why Can't You See the 26/11 Report?”

31. 非公式な議論として、P.R. Chari, “Countering the Naxalites Deploying the Armed Forces,” Institute of Peace and Conflict Studies, Special Report 89, April, 2010, New Delhi（www.ipcs,org/pdf-file/issue/SR89-PR_Chari.pdf［May 3,2010］）を参照せよ。

第7章

1. Sushant K. Singh and Mukul Asher, “Making Defense Expenditure More Effective,” *Progati, the Indian National Interest Review*（February 2010）:19-22（http://Pragati.com［February 2, 2010］）.

2. Ibid.

3. K. Subrahmanyam, *IDSA – In Retrospect*（New Delhi: Institute for Defence Studies and Analyses, 2007）, p.14.

4. それらには、ウエッブ上の Bharat Rakshak Pragati（Singapore）がある。93年以降は、陸・海・空軍が所管するシンクタンクが米国の制度を真似て創立された。今日、それぞれの軍は、陸軍：Centre for Land and Warfare Studies（CLAWS）、空軍：Centre for Air Power Studies（CAPS）、海軍：National MaritimeFoundation というシンクタンク・コミュニティーをカウンターパートとして持っている。国防省は、引き続き防衛研究所（IDSA）を所管している。他方、Institute of Peace and Conflict Studies は、独立研究所として安全保障・軍事に関する洗練された見解を発信している。

5. Teresita Schaffer, *India and the United States in the 21st Century: Reinventing Partnaership*（Washington:Center for Strategic and International Studies, 2009）, p.66

6. Aseema Sinha and Jon P. Dorschner, “India: Rising Power or Mere Revolution of Rising Expectations?” *Polity* 42, no.1（January 2010）:74

7. 例えば、2009年に“火力”に関する三軍共同研究会を主催したのは、陸軍所管のシンクランク CLAWS であった。http://claws.in/index.php?action=event&task=44 を参照せよ。他にも CLAWS のプロジェクトは、国防調達、三軍協力、軍社会学について創作的な研究を行った。

8. 中国は、陸軍が他軍種を隷下におく地域軍区を有している。米軍は、太平洋軍や中央軍などの巨大な地域コマンドを有しており、“継ぎ目”の問題はあるが、管轄地域内における三軍連携の問題にうまく対処している。

9. Samuel P. Huntington, “Patterns of Violence in World Politics,” in *Changing Patterns of Military Politics*, edited by Huntington（Glencoe:Free Press, 1962）, p.22.

pp.82-83 を参照せよ。

17. Anjali Nirmal, *Role and Functioning of Central, Police Organisations* (New Dehli: Uppal Publishing House, 1992), p.14.
18. Chaman Lal, "Terrorism and Insrugency," *Seminar*, no.483 (November1999) :20.
19. Annual Report of the Ministry of Home Affairs, 2007-08, P.7.
20. Ministry of Home Affairs, "Scheme for Modenizaion of State Police Forces," New Delhi, 2000 (http://mha.nic.in/pdfs/MPF.pdf) を参照せよ。
21. 警察力近代化計画に対する評価として、Om Shankar Jha, "Impact of Modernaisation of Police Forces Scheme on Combat Capability of the Police Forces in Naxal-Affected States: A Critical Evaluation, "Institute of Defence Studies and Analyses (New Delhi: Institute of Defence Studies and Analyses, December 2009) (www.idsa.in/system/files/OccasionalPaper7_Naxal.pdf [March 7,2010]) を参照せよ。
22. Harinder Baweja, "Why Can't You See the 26/11 Report,"*Tehelka,* April 25, 2010 (www.tehelka.com/story_main42.asp?filename=Ne220809why_cant.asp) を参照せよ。
23. Statement in parliament by Home Minister P. Chidambaram, December 11, 2008 (www. mha.nic.in/pdfs/HM-S-MAtteck.pdf).
24. Intergraph Corporation (a U.S.-based security training company), "Mumbai Police Implement Intergraph Public Information System, " Huntsville, Ala, Feb. 14, 2007 (www.intergraph.com/assets/pressreleases/2007/47105aspx) を参照せよ。
25. Simon Montlake, "India Overhauls National Security after Mumbai Attacks." *Christian Science Monitor* (December 11,2008) (www.csmonitor.com/2008/1211/ p99s01 -duts.html [February 17,2009])
26. Defence Minister Pranab Mukherjee's statement in the Press Trust of India story, "LoC Fencing Completed: Mukhejee," *Times of India*, December 16, 2004 (http:// timesofindia.indiatimes.com/articleshow/960859.cms) を参照せよ。Joseph Josy, "India to Acquire High Tech Military Equipment," *Rediff News* (www.rediff.com/news /2002/jan /08josy.htm) も参照せよ。フェンス構築は、インド・イスラエル間の情報分野における緊密な協力関係の端緒となり、それにより、2国間の協力関係の幅と、MIG-21 近代化改修から機上レーダーや指揮装置に至るまでハイテク装備における相当の技術協力が拡大されることになった。
27. Jim Lehrer, "India's Government under Scrutiny after Mumbai Attacks,"transcript *News Hour*, Desember 2,2008 (www.pbs.org/newshour/bb/asia/july-dec08/mumbaianger _12-02.html).
28. Human Rights Watch, "Getting Away with Murder: 50 Years of the Armed Forces Special Powers Act," August 2008 (http://hrw.org/

3. P.Chindambaram, "Concluding Statement of the Home Minister," at the Conference of Chief Ministers on Internal Security, New Delhi, August 17, 2009（www.mha.nic.in/pdfs /HM-S-280809.pdf）.
4. 中でも、David H. Bayley は、警察力というのは、先進工業社会においてでさえ、そうした要素を包含すると主張するが、相対的な観点からすれば、ここで指摘したことは、なお適用可能である。Bayley, *Changing the Guard: Developing Democratic Police Abroad*（Oxford University Press, 2005）を参照せよ。
5. National Police Commission Report, 1977（www.bprd.gov.in/images/pdf/reserch/police -commission-report/first-report.pdf）を参照せよ。
6. Patricia Grossman, "India's Secret Armies," in *Death Squads in Global Perspective: Murder with Deniability*, edited by Bruce B. Cambell and Arthur D. Brenner（New York: St. Martin's Press, 2000）, pp.262-86.
7. Sanjay Kumar Jha, *Internal Security in a Third World Democracy: The Role of Paramilitary Force in India*（Ph.D. Diss, Jawaharlal Nehru University, Center for International Politics, Organization, and Disarmament, School of International Studies, 2000）, P.89.
8. B. V. P. Rao, "Small Weapons and National Security," *Seminar*479（July 1999）:38.
9. Bashyam Kasturi, "Review of Four Books," *Seminar*479（July 1999）:53
10. James Fearon, "Why Do Some Civil Wars Last So Much Longer than Others?" *Journal of Peace Research* 41, no 3（May 2004）:275-301
11. ムンバイ・テロについての優れた概観として、*India Today* special issue on terrorism, "The Agenda for Action," January 19, 2009 を参照せよ。元インド情報組織当局者による組織に関する 26 の提案リストの詳細は、B. Raman, "After Mumbai: Points for Action," *International Terrorism Monitor*, Paper 474, Global Inteligence News, December 2, 2008（http://globalintel.net/wp/2008/12/02/after-mumbai-points-for-action/）を参照せよ。
12. Jha, *Internal Security in a Third World Democracy*, p.68.
13. Kit.Collier, *The Armed Forces and Internal Security in Asia: Preventing the Abuse of Power,* Politics and Security Series Occational Papers 2（Honolulu:East-West Center, 1999）,pp.8-9.
14. 140 万という推計値もあるが、そうであれば、インドの準軍隊兵員数は中国のそれよりも大きくなる。D.C.Arya and R.C.Sharma, eds, *Management Issues and Operational Planning for India's Borders*（New Delhi: Scholars Publishing Forum, 1991）, p.31 を参照せよ。
15. Collier, pp.8-9.
16. CPRF 当局者は、"CPRF は、*Chalte raho pyare*（Keep on Move my dear）の略である " と冗談めかして言っている(全くの作り話でもない)。Shekhar Gupta, "The Tired Trouble Shooters," *India Today*, International ed., February 15, 1988,

Asia を参照せよ。

39. 核施設とインフラに対する攻撃の問題についての包括的な見解として、Roddam Narasimha and others, eds., *Science and Technology to Counter Terrorism: Proceedings of an Indo-US. Workshop,* U.S. National Academy of Science, Committee on International Security and Arms Control and the National Institute of Advanced Science, Bangalore（Washington: National Academies Press, 2007）を参照せよ。
40. この基礎研究は、S.Rashid Naim, "Asia's Day After," in *The Security of South Asia: Asian and American Perspectives*, edited by Stephen P. Cohen（University of Illinois Press, 1987）:a revised version appears in *Nuclear Proliferation in South Asia*, edited by Stephen Cohen（Boulder, Colo: Westview Press, 1990）による。これらに引用された数値は、改訂版 pp.45-56 からのもの。インドの主要都市への核攻撃に関する図解資料としては、 M. V. Ramana, *Bombing Bombey? Effects of Nuclear Weapons and a Case Study of a Hypothetical Explosion*（Cambrige, Mass: Internationa Physicians for the Prevention of Nuclear War, 1999）（www.ippnw.org/PDP%20files/Bombay.pdf）を参照せよ。
41. Lieutenant-General（retired）Eric Vas, "Nuclear Policy Options: The Satyagraha Approach," monograph, Indian Initiative for Peace, Arms Control, and Disarmament（Pune, India: INPAD, 1999）（www.inpad.com）.
42. インド政府は、この考えを発展させることはなかったが、これを支持する立場として、M. Vidyasagar, "A Nuclear Power by Any Name, "*Pragati*（January 2010）:15（http:// pragati.nationalinterest.in/wp-content/uploads/2010/01/pragati-34-jan2010-communityed.pdf [January 10,2010]）を参照せよ。
43. 2001-2002 年の危機における特例として、インドの主要なニュース誌である *India Today* は、核戦争によってもたらされるインド都市部の惨状について長編の特集記事を掲載した。Ramana, *Bombing Bombay*? も参照せよ。.

第 6 章

1. Ajai Shukla, "Dysfunctional Defence," *Asian Wall Street Jounal*（July 19,2007）（http:// ajaishukura.blogspot.com/2007/07/dysfunctional-defense.html）,p.206.
2. 2008 年、内務担当相 Prakash Jaiswal は、印上院議会 Rajya Sabha において、"警察研究開発局（the Bureau of Police Research and Development（BPR&D）のデータによれば、2006 年 1 月 1 日現在のインドにおける人口 10 万人当たりの警察官の数は 142.69 人である"と証言した。（www.theindian.com/newsportal/uncategorized/only-142-policemen-for-every-100000-people-in-india-10024380.html#ixzz0XbY27aD8）.

の補給線の一部を構成する艦艇が存在するカラチ港の攻撃を差し控えた。

28. Rajesh Rajagopalan, *Second Strike: Arguments about Nuclear War in South Asia,* (New Delhi: Penguin Books, 2005), P.128.
29. S. Paul Kapur, "India and Pakistan's Unstable Peace: Why Nuclear South Asia Is Not Like Cold War Europe," *International Security* 30, no.2 (Fall 2005) :141 を参照せよ。
30. Colonel Anil Chauhan, "Consequence Management in the Aftermath of a Nuclear Strike" (report of a seminar sponsored by Centre for Land Warefare Sutudies [CLAWS], New Delhi, May 1,2009) を参照せよ。CLAWS の研究チームによって取り纏められたこの報告は、基本的に、米国の大学において 1982 年に行われた研究の焼き直しであった。2008 年にマンモハン・シン首相が心臓外科手術を受けていた時、首相としての機能不全間に核に関わる意思決定の責任を誰が移譲されるのか全く明確でなかった。
31. インドの核運搬に関わるドクトリン上の問題についての研究として、Rahul Bedi, "India's Nuclear Doctrine Unclear, " *Jane's Defence Weekly,* 34, no.16 (October 18,2000) を参照せよ。
32. パキスタンは、NCA と統合参謀本部における戦略計画局の創設に素早く対応したが、それは、カーン博士が核関連技術を複数の国から獲得したり共有していたりしたことが 2002 年に暴露された際の衝撃に一因がある。それは政府のいい加減な核の管理を示唆するものであったからである。カーン博士は最近になって、自己の行動はブットー首相が率いる当時の文民政権によって間違いなく容認されていたと反論している。
33. Nuclear Threat Initiative, *India Profile* (Washington, 2009), p.81 (www.nti.org/e_ research/profiles/India/Missile/index.html [Novenber 15,2009]) の報告書。
34. Nuclear Threat Initiative, *India Prfile* (www.nti.org/e_research/profiles/India/Nuclear/index.htm)
35. Ibid.
36. そのような意見として、Ali Ahmed, "Re-visioning the Nuclear Command Authority" (New Delhi: Institute of Defence Studies and Analysis, Septenber 9, 2009) (www.idsa.in/strategiccomments/RevisioningtheNuclearComandAuthority_AliAhmaed_090909) を参照せよ。
37. "India Needs Two More Nuclear Tests," *Rediff News* (http://news.rediff.com/report/ 2009/sep/21/india-needs-2-more-nuke-tests1.htm [Novenber 18,2009])
38. ある種の核の脅威を伴った３つの危機を含めた全ての最近の印パ間の危機において、一方または双方の側が、深刻な判断の誤りを犯し、また、情報における欠陥の犠牲者であった。幾つかの危機においては、米国もまたそうだった。Chari, Cheema, and Cohen, *Four Crises and a Peace Process: American Engagement in South*

13. "Draft Report of the NASB on Indian Nuclear Doctrine," August 17,1999（www. acronym.org.uk/39draft.htm）.
14. 広範な議論として、P.R.Chari, Pervaiz Iqbal Cheema, and Stephen P. Cohen, *Four Crises and a Peace Process: American Engagement in South Asia*（Brookings Institution Press,2008）を参照せよ。
15. 勿論、パキスタンに対するそのような大規模攻撃は、たとえパキスタンがインドに対する核攻撃を出来なかったとしても、フォールアウトによってインド側にも多大な損耗を生起させるだろう。
16. そのようなシステムの推定値については、人によって相当の開きがあるが、そのほとんどが核兵器 100 〜 300 個の範囲に入っている。、熱核爆弾を支持する者もいるが、核抑止には第一世代の核爆弾で十分と確信する者もいる。
17. Jaswant Singh, *Defending India*（New York: St Martin's Press,1999）,p.270.
18. Ibid.,p.128.
19. The *Kargil Review Committee Report*（New Delhi: Government of India,2000）. 3 名で構成される委員会のメンバーは、ジャーナリストの George Veghese、元政府高官の K. Subrahmanyam（委員長）、退役陸軍中将 K. K. Hazari である。
20. Ibid, chapter 10, "Nuclear Backdrop."
21. 最近の分析的な概観として、Sumit Ganguly and Ted Greenwood, eds., *Mending Fences: Confidence-and Security-Building Measures in South Asia*（Boulder: Westview Press, 1996）を参照せよ。
22. 概観として、"Advanced Technology Vessel" in GlobalSecurity.org（www. globalsecurity. org/wmd/world/india/atv.htm［August 6,2009］）p.204 を参照せよ。
23. 南アジアにおける核実験の文脈からの中国の核戦略についての概観として、Ming Zhang, *China's Changing Nuclear Posture: Reactions to the South Asian Nuclear Tests*（Washington: Carnegie Endowment for International Peace, 1999）を参照せよ。
24. Jasjit Singh, "A Nuclear Strategy for India," in *Nuclear India*, edited by Singh, p.317. 一般的に、ヒマラヤ地区で勤務した経験を有する陸軍将校は、中国に対して戦術核を使用するという構想に前向きである。
25. Ibid.
26. パキスタンの戦略についてのより正確な描写が、Major-General（retired）Mahmud Ali Durrani, "Pakistan's Strategic Thinking and the Role of Nuclear Weapons," Cooperative Monitoring Center Occasional Paper 37（Sandia National Laboratories, July 2004）,（www.cmc.sandia.gov/cmc-papers/sand2004-3375p.pdf［May2,2006］）にある。Durrani は、2009 年初頭の短期間、パキスタンの安全保障アドバイザーだった。
27. 非核レベルにおいては、2009 年の危機の間、インドは、アフガンに展開する米軍

Dveloping Countries," がある。これは、Sundarji 将軍が何年もかけて準備した数多くの未公開や秘密の文書に基づいて書かれている。その後将軍は、2つの重要な発表を行って関心層を拡大することとなった。1つは、Mhow の戦闘大学校長の時に主催した "mail seminar" であり、もう1つは、退役後に著した小説 *Blind Men of Hindoostan Indo-Pak Nuclear War*（New Delhi: USBSPD Publishers, 1993）である。将軍は、Kenneth Waltz の格言 " 少なくて事足りるのなら、多すぎない方が良い " をよく引用したが、それはインドでもパキスタンでも " 実利主義者 " の旗印となった。将軍が陸軍参謀長になる約1年前に発表した見解の体系的な内容については、Lieutenant –General K. Sundarji, *Strategy in the Age of Nuclear Deterrence and its Application to Developing Countries*, unpublished manuscript, Simla, India, June 21, 1984 を参照せよ。

7. K. Suprahmanyam, "Indian Nuclear Policy − 1964-98, A Recollection, "in *Nuclear India*, edited by Jasjit Singh（New Delhi: Knowledge World,1998）,pp.43-44. 1983 年に公式に開始されたインドのミサイル・プログラムは、同様に 1988 年以降加速した。Prithvi ミサイルの最初の実験は 1988 年に実施された（1997 年までにさらに 15 回実施）。Agni ミサイルの最初の実験は 1989 年に実施された（1992 年と 1994 年にも実施）。これら実験は、米国へ圧力をかける外交的努力と連携していた。
8. 米国の核兵器不拡散コミュニティーの主要構成国の観点から見た拡散問題に関する公式声明として、Randy J. Rydell, "Giving Nonproliferation Norms Teeth: Sanctions and the NNPA, "*The Nonproliferation Review* 6, no.2（Winter 1999）:1-19 を参照せよ。
9. 三つの学派またはそれを主張する一派の見解として、Kanti P. Bajpai, "War, Peace and International Order: India's View of World Politics," in Harvard Academy for Internatinal and Area Studies, Project on Conflict or Convergence: Global Perspectives on War, Peace and International Order（Cambrige Mass: Weatherhead Center,1998）,p.2 and chapter2; "TheWorld View of India's Strategic Elite, "in Stephen P. Cohen, *India Emerging Power*（Brookings Institution Press, 2001）を参照せよ。
10. インド科学者コミュニティーとその欧米及び核兵器に対する姿勢についての研究として、Abraham, The Making of the Indian Atomic Bomb を参照せよ。優れた年表として、 Nuclear Thrat Institute, *India Profile*, Feb. 18,2010（www.nti.org/e_research/profiles/india/index.html）を参照せよ。
11. 2005 年から 2007 年における米印原子力合意を巡る議論の最中、多くの同様の見解が再び現れた。
12. Strobe Talbott 米国務副長官は、このことを核実験後のインド及びパキスタンとの関係について書いた著作の冒頭で記している。Talbott, *Emerging India: Diplomacy, Democracy, and the Bomb*（Borrokings Institution Press, 2004）を参照せよ。欺へん活動は、インドの企図に対する米国の疑念を深めた。

第５章

1. 以下の３冊はインドの核プログラムの経緯を包括的に記している。George Perkovich, *India's Nulcear Bomb: The Impact on Global Proliferation*（University of California Press, 1999）は、インドの関係者へのインタビューに基づく慎重な解説である。Itty Abraham, *The Making of the Indian Atomic Bomb*（London: Zed Books, 1998）は、インドの国威発揚の観点から核プログラムを捉えている。Raj Chengappa, *Weapons of Peace: The Secret Story of India's Quest to Be a Nuclear Power*（New Dehli: HarperCollins, 2000）は、核及びミサイル・プログラムの関係者についての逸話を多く含む。
2. 第一回目の核実験と第二回目の実験に長い空白期間があることから生じる核機構関係者の懸念の１つは、核プログラムにおけるキーパーソンが引退してしまうことと、国民からの公の支援がない見返りの少ない秘密プログラムで働く意欲のある新世代の科学者を採用するのは困難であろうということだった。
3. 米国における議論の詳細は、1990年にケネディー関連文書の秘密指定解除された後に公になった。インド側には信頼できる記録は存在しない。1961年における米空軍の立場は、インドをはじめとする中国との対抗国は核兵器保有を許されるか奨励されるべきであるというものであったが、国務省は核兵器不拡散政策の如何なる変更にも反対していた。NPT発効前の10年間、米政府関係者は、中国との紛争が再び生起した場合の米国とソ連による共同保障に関心を有していたインドを取り込もうとしたが、何の進展もなかった。公記録文書を調査してくれたTanvi Madan女史に感謝する。米の公記録文書と多くの関係者による忌憚のない証言に基づくインドの見解としては、A. G. Noorani, "The Nuclear Guarantee Episode, "*Frontline* 18, no.12（June 9-22,2001）（http://webcache.googleusercontent.com /search?q=cache:8Hdz-AHChdAJ:www.thehindu.com/fline/fl1812/18120940.htm+the+ nuclear+guarantee+episode+frontline+the+hindu&cd=1&hl=clnk&gl=us［cachedversion]）を参照せよ。
4. Ibid.
5. 意思決定にかかわった関係者がこの点について指摘している。当時国防省の重要ポジションにいたP. R. Chariは、"平和的爆発"と婉曲的に称された実験実施の決定は、戦略的必要性に迫られたものではなく、また、利・不利についての慎重な考慮によって為されたというより、インディラ・ガンディー首相の国内政治上の問題によるところが大きいと見ている。幸運もあった。技術的にも担当組織的にも実験準備が整っており、実験を行わないことは、全ての努力が水泡に帰すことを意味していたであろう。P. R. Chari, Pokharan-I: *Personal Recollections I*, Institute of Peace and Conflict Studies Special Report（New Delhi: IPCS, August 2009）,（www.ipcs.org［December 2009]）を参照せよ。
6. K. Sundarjiの著作でしばしば引用されるのは、1984年に中将の時に書いた未発表論文 "Strategy in the Age of Nuclear Deterrence and Its Application to

ajaishulka. blogspot.com/2007/07/how-not-to-do-it.html）.

43. Rupak Chattopadhyay, "The Indian Air Force: Flying into the 21st Century." Chattopadhyay は印空軍についての優れた専門家であり、カナダに在住。

44. 冷戦期にインドは、西海岸のボンベイとコーチンに西側製の艦艇を、ヴィシャーカパトナムを主体として、東海岸にソ連製の艦艇を配置した。東海岸に存在したソ連製の艦艇はソ連海軍の艦艇に間違えられたが、実は、インド海軍は全ての国の海軍艦艇の駐留を拒否し、NATO と WTO の海軍艦艇の双方を最小限の給油や寄港のみを受け入れていた。インド側の見解としては、Onkar S. Marwah,"India's Strategic Perspective on the Indian Ocean," in *The Indian Ocean: Perspectives on a Strategic Arena*, edited by William L. Dowdy and Russell B. Trood（Dule University Press, 1985）, pp.301-17 を参照せよ。

45. Roy-Chaudhury, *India's Maritime Security*, p.125.

46. Ibid, pp.127-31.

47. 印海軍の傑出した提督である Arun Prakash の小論説集として、*Force Magazine*, New Delhi, March 2010（www.forceindia.net/arunprakash.aspx［March3,2010］）を参照せよ。

48. Indian Defence Reports（www.india-defence.com/reports-2594［August 23,2007］）.

49. Geoffery Till, "Maritime Strategy in a Globalizing World," in Ruger Papers2, *Economics and Maritime strategy: Implications for the 21st Century,* edited by Richmond M. Lloyd（Newport,R. I.: Naval War College,2007）, pp.19-24 を参照せよ。

50. The 2004 Indian Maritime Doctrine は、Corbett に言及している。

51. 拡大インド洋地域におけるインドの役割については、多くの西側諸国の著作が指摘している。最近の研究としては、Walter C. Ladwig III, "Delhi's Pacific Ambition: Naval Power, 'Look East' and India's Emerging Influence in the Asia-pacific," *Asian Security*, vol.5, no. 2,2009,pp.87-113; David Scott, "India's "Extended Neighborfood' Concept: Power Projectin for a Rising Power," *India Review*, Vol8, no.2（April-June 2009）,pp.107-43 の 2 つを参照せよ。

52. 例えば、最近の海軍参謀長 Sureesh Mehta 提督の広範なコメント "India's National Security Challenges—An Armed Forces Overview," Speech delivered to the India Habitat Centre, August 10,2009（www.outlookindia.com/article.aspx?261738,［August 2009］）を参照せよ。

53. Harsh V. Pant, "India in the Indian Ocean: Growing Mismatch between Ambitions and Capabilities," *Pacific Affairs*, vol.82, no.2（summer 2009）,pp.279-97.

54. 2001 年にインドが国際観艦式を開催した際にパキスタンを招待しなかったが、中国も参加を拒否した。8 年後に中国が国際観艦式を開催した際には、インドもパキスタンもこれに参加した。

29. George K. Tanham, *The Indian Air Force*（Santa Monica, Calif: RABD,1995）,p.65.
30. 国産 Mig 機の品質、劣った製造技術、国防調達における汚職の問題については、人気のボリウッド映画 *Rang de Basanti* のテーマとなった。
31. 印議会委員会による HAL についての有用な歴史と批判として、the Seventh Report of the Standing Committee on Defence（2006-07）, "Ministry of Defence: In-Depth Study and Critical Review of Hindustan Aeronautics Limited（HAL）, "Lok Sabha Secretariat, New Delhi, May 2007 を参照せよ。この報告は、大部分が公式声明を引用しており、HAL は、ISRO やブラモス・ミサイル開発部署のようなプロフェッショナルな組織として再編すべきこと、研究開発の活性化、法人代表を役員会に含めるべきことを主に勧告している。
32. 実話的な議論として、K. Chatterjee, Hundustan Fighter HF-24 Marut, Part I, Building India's Jet Fighter"（www.bharat-rakshak.com/IAF/History/Aircraft/MarutI.html［Augu st 20,2007］）; Amit Sisir Gupta, *Building on Arsenal: The Evolution of Regional Power Force Structures*（Westport, Conn, and London: Praeger, 1998）, 特に chapter 2, "The Indian Experience." を参照せよ。
33. 印空軍の問題点及び業績に関する信頼できる概観として、Rupak Chattopadhyay, "The Indian Air Force: Flying into the 21st Century" を参照せよ。
34. LCA は、80 年代にプロジェクトを精力的に支持した科学者を当てこすり、"Late Coming Aircraft" "Light Combat Arjun（戦車）" "Last Chance for Arunachalam" といった蔑称をつけられている。
35. Vivek Raghuvanshi, "Home Strech for LCA?" *Defence News*, April 26,2009,p.16.
36. 米国人による分析として、"All Fall Down," *Strategy Page*（www.strategypage.com/htmw /htatrit/20090603.aspx［July9,2009］）を参照せよ。
37. LCA の全容は未だ語りつくされていないが、洞察力のある論説には、Air Marshall（retired）M.S.D. Wollen, "The Light Combat Aircraft Story," *Indian Aviation, Opening Show Report, Aero India*,2001, reproduced in *Bharat Rakshak Monitor*, vol. 3, no. 5（March-April2001）（www.bharat-rakshak.com/MONITOR/ISSUE3-5/wollen.html［August 30,2007］）; Sunil Saini and George Joseph, "LCA and Economics"（www.bharat -rakshak.com/MONITOR/ISSUE3-5/sainis.html［August 30,2007］がある。
38. Tanham, p.20.
39. 概観として、Manu Pubby, "The MRCA," *Indian Express* June, 30,2007 を参照せよ。
40. Ibid.
41. Tanham, p.95
42. Ajai Shukla,"How Not to Do It…," *Business Standard*, June 3,2007（http://

18. Ibid. Chattopadhyay は、この 10 年間において印空軍が如何にしてそれらのことを追求してきたかについての実質的な議論を提示している。
19. Air Marshall A. K. Tiwary, *Aerospace Defence: A Holistic Approach*（New Delhi:Manas Publications, 2006）,p.180.
20. 議論のひとつとして、T. D. Joseph, "Air Power in Limited Wars," in *Aerospace Power*, edited by Singh, pp.165-67 を参照せよ。
21. Ibid. Air Commodore（retired）R. V. Phadke, "Air Power and Escalation Control," 2007, the Stimson Center（www.stimson.org/pub.cfm?id=83［August 14,2007］も参照せよ。Phadke は以前、"要するに、将来インドが強圧的な脅威との対峙を企図した場合、近代的なハイテク空軍力は獲得できない"として、60 コ戦闘飛行隊に空中給油能力、AWACS、巡航航ミサイル、その他のハイテク装備を導入すべきと主張した。さらに、Phadke は、"最先端の航空機と装備を設計・開発できる健全な航空宇宙産業を確立する必要がある"とした。R. V. Phadke, "Response Options: Future of India Air Power Vision 2020," *Strategic Analysis*, January 2001, vol.24, no.10, published by the Institute of Defence Studies and Analyses（www.ciaonet.org/olj/sa/sa_jan01phr01.html［August23,2007］）.
22. これこそ正に一人の有能な退役陸軍人が提唱したこと、つまり、印空軍は航空阻止と近接航空支援の２つの役割しかない（加えて核兵器運搬）ということである。Brigadier（retired）Gurmeet Kanwal, "Close Air Support to Land Forces: New Thinking Is Needed" *India Strategic*（New Delhi）, vol 4. No.9（Steptember 2009）, pp.12-15 を参照せよ。
23. Sandeep Dikshit, "IAF Unhappy with War Doctrine," *The Hindu*, November 24,2004（www.thehindu.com/2004/11/25/stories/2004112503051200.htm）,p.200.
24. Tiwary,p.55.
25. The Gulf War Air Power Survey（www.airforcehistry.hq.af.mil/Publications/Annotatio ns/gwaps.htm）及びコソヴォ紛争における様々な研究は、航空作戦の効果に対する当初の楽観的な見方は誤りであったことを明らかにしている。航空作戦は十分な損害を与えなかったし、与えた損害は的外れだった。Stephen Biddle, "The New Way of War," *Foreign Affaiers*, May-June2002（www.foreignaffairs.com/articles/58015/stephen-biddle/the-new -way-of-war）も参照せよ。
26. Emily Wax, "India's Space Ambitions Taking Off," *Washington Post*, November 4, 2009.p.A-10.
27. K.K.Nair, *Space* :The Frontiers of Modern Defence（New Delhi: Knowledge World, 2006）,p.85.
28. 印空軍は、インド海軍への売却が解禁になると直ぐに Hawkeye に興味を示した。Gulshan Luthra, "US Clears Hawkeye E-2D for India," *Inidia Strategic*（New Delhi）, vol.4, no.9（Setember 2009）,pp.8-11.

5. インドは、パキスタンのF-86セイバーを7機撃墜したと主張しているが、パキスタン側は3機であるとしている。Gnatが1機、パキスタンの飛行場へ強制着陸させられて捕獲された。インド側は、Gnatを"セイバー殺し"と呼んでいる。www.warbirdalley.com/ gnat.htmを参照せよ。しかしながら、Gnatは印空軍において最も事故発生が多い戦闘機となったため、Gnatの調達は印空軍にとって教訓じみた話になっていった。Gnatは、他のいかなる印空軍機よりも多く墜落した。Gnatは、他国空軍が採用しなかったため、実用試験の完全な過程を経ていなかった。Group Chaptain Kapil Bhargawa, "Quarter Century of the Jaguar in India"（http://bharat-rakshak.com/IAF/Aircraft/Current/607-Jaguar-25.html）を参照せよ。
6. Rear Admiral（retired）Raja Menon, *The Indian Navy*（New Delhi: Naval Headquarters, 2000）P.52.
7. K. M. Panikkar, *India and the Indian Ocean*（London:Allen and Unwin,1945）.
8. K. M. Panikkar, *Problems of Indian Defence*（London: Asia Publishing House, 1960）,P.114
9. K. R. Singh, *Navies of South Asia*（New Delhi: Rupa and Company Books, 2002）; K.Subrahmanyam, "Naval Security Doctrine For India," in *Strategic Analysis*, February 1990, vol.12,no.11,p.1144を参照せよ。
10. Jasjit Singh, Some Reflections on the IAF, "*Air Power Journal*, vol.1, no.1（Monsoon）, 2004,p.166.
11. インド空軍は、製造国が採用していない航空機を購入するのに慎重である。それが、1986年に高性能なNorthrop社F-20を採用候補にしなかった理由の1つである。同機製造のための工作機械や工具は入手できたかもしれないが、同機は、多数の同盟国に採用・運用されていたものの米空軍は採用していなかった。
12. 1985年にJaguarが、核爆弾を投下した航空機が核爆発の影響を回避し得るトス爆撃の訓練を印空軍行った"証拠"について、パキスタンと米国の当局者は見解を異にした。米偵察衛星は同機を捕捉し損ねたのだが、パキスタンの声明は暫くの間信頼できるように見受けられた。しかしながら、インドはその時、核爆弾を保有しておらず、もしその話が本当であったとしても、同機のパイロットは、意図的にパキスタンを脅かそうとしたか、単に将来核爆弾を搭載した時のために訓練していたかのいずれかであろう。
13. George Tanham, *Indian Strategic Thought: An Interpretive Essay*（Santa Monica, Calif,: Rand,1992）.
14. Ibid,p.62.
15. Tanham, pp.45-46.
16. Rupak Chattopadhyay, "The Indian Air Force: Flying into the 21st Century," July 2,2009（http://bharat-rakshak.com/IAF/Today/Contemporary/327-Flying-21st-Century. html［December 4,2009]）.
17. Ibid.

41. Kidwaiのレッドラインは、著しい領土の占領に繋がるパキスタンへの攻撃、陸軍または空軍の破壊、パキスタン経済の崩壊、政治的不安定や大規模な国内混乱の煽動というものだった。Paolo Cotta-Ramusino and Maurizio Martellini, "Nuclear Safety, Nuclear Stability and Nuclear Strategy in Pakistan"（Como,Italy: Landau Network, 2001）.p.5 を参照せよ。影響力のある退役パキスタン陸軍将官はそれらレッドラインを再定義し、その過程において、それらを不明確で曖昧なものにした。Major-General（ritired）Mahmud Ali Durrani, " Pakistan's Strategic Thinking and the Role of Nuclear Weapons", Cooperative Monitoring Cenrer, Occasional Paper 37, Sandia National Laboratories, July 2004 を参照せよ。パキスタンのレッドラインを取り巻く不確実性についての議論として、Rajesh M. Basrur and Stephen Cohen, "Bombs in Search of a Mission: India's Uncertain Nuclear Future," in *South Asia in 2020: Future Strategic Balances and Alliances*, edited by Michael R. Chmbers（Carlisle, Pa:Strategic Studies Institute, 2002）p.130 を参照せよ。
42. Ravi Rikhye, "A Short Histry of Indian Division Deployments against China," version 2.0, July 5, 2006（http://orbat.com/site/hisory/volume4/448/deploymentsagainstchina. pdf [July 1,2007]）. Rikhyeは、様々な軍の戦列の研究に専従するウェブサイト *Orbat* のオンライン編集者。
43. 軍事分析ウェブサイト globalsecurity.org for "Indian Army Divisions," www.global security.org/military/world/india/divisions.htm. を参照せよ。
44. 中国の反応に対するインド当局の見解については、D.S. Rajan,"How China Views India's New Defence Doctrine," *Rediff,* January 7,2010（news.rediff.com/column/2010/jan/07/ how-china-views-indias-new-defence-doctrine.htm）を参照せよ。
45. Brigadier（retired）Arun Sahgal, "National Military Aspirations and Military Capabilities: An Approach," in *Army 2020*, edited by Oberoi.
46. Ibid.

第4章

1. Rahul Roy-Chaudhury, *The Indian Navy: Forces, Missions, and Engagement in the Indo-Pacific*（Singapre: Institute of Defence and Strategic Studies, 2005）（www.rsis.edu. sg/research/PDF/the_india_navy.pdf）を参照せよ。
2. Rahul Roy-Chaudhury, *India's Maritime Security*（New Dehli: IDSA,2000）,p.127.
3. Jasjit Singh, "Air Power and National Defence: the Strategic Force for Strategic Effect," *in Aerospace Power and India's Defence*, edited by Singh（New Delhi: Knowledge World,2007）, pp.146-47.
4. P. V. S. Jagan Mohan and Samir Chopra, *The Indo-Pakistan Air War of 1965*（New Dehli: Manohar Books,2005）

29. Kanwal, "Strike Fast and Hard: Army Dctorine Undergoes Change in Nuclear Era."
30. Arun Joshi, "Army Opposes Demilitarisation, Joint Management," *Hindustan Times,* January 8, 2007（www.hindustantimes.com/News-Feed/nm21/Army-oppses-demilitari sation-of-J-K/Article1-198489.aspx）.
31. "Commanding Heights," interview with Lieutenant-General V. K. Singh, GOC Eastern Command, in *Salute,* January 20, 2010（SalutetoIndiansoldier.com［January 23, 2010］）.
32. George Fernandes, "The Dynamics of Limited War," *Strategic Affairs,* October 16,200.
33. 懲罰的抑止の概念に関する研究として、Glenn H. Snyder, *Deterrence and Defense: Toward a Theory of National Security*（Princeton University Press, 1961）, pp.9-16. を参照せよ。この際、懲罰抑止が効かないであろうという議論として、Sumit Ganguly and Michael Ryan Kraig, "The2001-2002 Indo-Pakistani Crisis: Exposing the Limits of Coercive Diplimacy," *Security Studies,* vol.14, no.2（Winter 2004-05）,pp.316-17 を参照せよ。
34. Edward N. Luttwak, "The Operational Level of War," *International Security,* vol.5（Winter 1980-81）,p.731; Carter Malkasian, "Toward a Better Understanding of Attrition: The Korean and Vietnam Wars," *Journal of Military History* 3（2004）,P.940.
35. Luttwak, P.65.
36. コールド・スタートについて、インド陸軍とパキスタン陸軍のいずれの側にも真にリスクをとれる者はいないと論ずる皮肉な見方としては、Brigadier（reired）Shaukat Qadir, "India's Cold Start Strategy," *Daily Times,* May 8, 2004（www.dailytimes.com.pk /default.asp? page=story_8-5-2004_pg3_3）を参照せよ。
37. 1982 年には早くも、パキスタンの将軍との私的な会話において、南アジアにおいて核の傘の下での制限戦争は可能であるという Kapoor 参謀長の陳腐な見方を表現するのに "正気でない" "無責任" "狂気" といった用語が使用されていた。パキスタン統合参謀長委員会議長 Tariq Majid 大将による控えめなパキスタン陸軍の反応としては、Iftekhar A. Khan, "India Told to Beware of Strategic Mistake,"*Dawn,* January 26,2010（www.dawn. com/wps/wcm/connect/dawn-content-library/dawn/news/pakistan/18-gen-kapoors-statement-outlandish-am-13［January 3,2010］）を参照せよ。
38. Shekhar Gupta, "Our Harmed Forces,"*Indian Express,* January 16,2010（http://Indian express.com/story-print/567998［January 23,2010］）
39. Tariq M.Ashraf,"Doctrinal Reawakening of the Indian Armed Forces,"*Military Review,* November-December 2004, p.59.
40. 3 個コマンド制となったパキスタン陸軍の最近の再編により、状況は何ら変化していない。

Capabilities – 2020 a Prognostic Survey," in *Army 2020: Shape, Size, Structure and General Doctrine for Emerging Challenges*, edited by Lieutenant-General Vijay Oberoi（New Delhi: Knowledge World, 2005）を参照せよ。

16. Lieutenant-General Vijay Oberoi, "Approach Paper" in *Army 2020*, edited by Oberoi, p.13.
17. コールド・スタート・ドクトリン研究の初期段階における成果を提供して頂いたWalter Ladwig III に対して深く感謝申し上げる。Ladwig, "A Cold Start for Hot Wars? The Indian Army's New Limited War Doctrine," *International Security*, vol.32,no.3（Winter 2007-08）, pp.158-90 を参照せよ。
18. Robert E. Osgood, *Limited War Revisited*（Boulder, Colo: Westview Press, 1979）, p.3.
19. NATO に つ い て は、"India's New 'Cold Start' War Doctrine Strategically Reviewed, "*Southe Asia Analysis Groupe*, paper 991, May 4, 2004, pp.3-4（www.southasiaanalysis groupe.org/papers10/paper991.html［May9, 2007］）を参照した。元陸軍准将 Dr. Kapila は、英軍の教育課程で同様の科目を学んだとしている。Gurmeet Kanwal 准将は、印軍の新たな部隊と師団規模の統合戦闘部隊であるロシアの 'OMGs'-Operational Maneuver Groups の類似性を指摘している。Kanwal, "Strike Fast and Hard: Army Doctrine Undergoes Change in Nuclear Era, "Observer Research Foundation（http://orfonline.org/analysis/A607.htm）. reprinted from *The Tribune*（Chandigarh）, June 23,2006.
20. Harbaksh Singh Nanda, "Analysis: Flaws Seen in India Military Doctrine, "UPI, December 16, 2004.
21. Ladwig, "A Cold Start for Hot Wars?" pp.158-190 を参照せよ。
22. Patel,p.3
23. Rahul Bedi, "India to Buy 330 T-90S Tanks from Russia," *The Hindustan Times*, Octorber 26, 2006.
24. Madhusree Chatterjee, "Bids Received for Towed, Light Howizers; Trials in February," *Indo-Asian News Srvice*, January 13, 2009. Ajai Shukla, "Catchovsky-22:The Scandal That Is the T-90," *Business Standard*, July 26, 2008 も参照せよ。
25. しかしながら、何人かの古参のインド人将軍は米国に対する著しい不信感を示してきており、元陸軍参謀長の一人は米国のことを、その圧力に屈せず世界的な封じ込めを仕掛けるインドによって結局は打ち破られる和解し得ない敵として描写している。General S. Padmanabhan, *The Writing on the Wall: India Chekmates America*（New Dehli: Manas, 2003）を参照せよ。
26. Kapila, "India's New 'Cold Start' War Doctrine Strategically Reviewed."
27. その見解の全容については、Malik, *Kargil* を参照せよ。
28. Ahmed, "No to 'Cold Start'"

Fearful Symmetry: India-Pakistan Crises ind the Shadow of Nuclear Weapons（University of Washington Press,2005）; P. R. Chari, P. I. Cheema, and Stephen P. Cohen, *Four Crises and a Pease Process: American Engagement in South Asia*（Brookings Institution Press, 2008）を参照せよ。

7. 著者の一人との会話の中で、スンダルジ将軍は、ブラスタックス演習はインドがパキスタンとの戦争において勝利することができたであろう最後の機会であったと述べた。南アジアにおいて核抑止の状況が生起すると、スンダルジ将軍の描く陸軍再編の前提は崩れた。それ以来インド陸軍は、戦車戦を戦っていないが、巨大な部隊を維持し続けている。

8. K. Sundarji, *Blind Men of Hindoostan: Indo-Pak Nuclear War*（New Dehli: UBS Publishers, 1993）

9. Sakat Datta,"War against Error,"*Outlook*,February 28,2005, P.39（www. outlook india. com/full,asp?fname=Cover%20Story%20（F）&fodname=20050228&［May 2009］）に引用。

10. この問題についての公然の議論において傑出していたのは、カルギル紛争の際に陸軍参謀長であったVed Malik大将であった。大将は、核環境下における制限戦争についての広範な記述や講義を行っている。Malik, *Kargil: From Surprise to Victory*（New Dehli: HarperCollins, 2006）: Malik, "Limited War and Escalation Control," parts I and II, Institute of Peace and Conflict Studies, articles 1570-71, November 25, 2004（www.ipce. org/Military_articles2jsp?action=showView&keyArticle=1018&status=article&mod=a［May 7, 2007］）を参照せよ。

11. カルギル委員会は非公式な調査組織であったが、陸軍の活動に対して幾分寛大であった。*From Surprise to Reckoning: The Kargil Review Committee Report*（New Dehli: Sage, 2000）を参照せよ。カルギル紛争についてのインドにおける著作は数多いが、最近の概観としては、陸軍のCenter for Land Warfare Studies, CLAWS Journal, Summer 2009において編纂された論文集がある。

12. Firdaus Ahmed, "No to Cold Start, "Institute of Peace and Conflict Studies, article 1485, August 31, 2004（www.ipcs.org/Military_article2.jsp?action=showView&kValue= 1497& keyArticle=1018&status=article&mod=a［May 2007］）

13. Y. I. Patal, "Dig Vijay to Divya Astra – A Paradigm Shift in the Indian Army's Doctrine," *Bharat Rakshak Monitor*, vol.6, no.6 May-July 2004）,（www. bharat-rakshak, com/ MONI TOR/ISSUE6-6/patel.html［May7,2007］）.

14. *Indian Army Doctrine*, Promulgated by Lietenant-General K. Nagaraj, GOC Army Training Command, Simla, October 2004, p.7（http://indianarmy.nic. in.indianarmy doctrine.htm［July 2007］）.

15. Nirmal Chander Vij大将がコールド・スタート・ドクトリンの創始者であった。Brigadier Rahul Bhonsle, "India's National Aspirations and Military

Changes and Impact on Armed Forces" と題する優れたセミナーを開催した。(www.claws.in/index.php?action=master&task=314&u_id=36).

32. このことについての根拠は逸話的であり、ほとんどが個人的なインタビューによる。また、将校の出身階層に変化がないことは論点ではない。入隊者の属するグループやコミュニティーには顕著な拡大が見られるものの、階層の違いもまた顕著に残っている。インド陸軍における将校不足という事実は、陸軍が将校募集において過度な制約を設けているという見方の信憑性を高めるもの。
33. 退役 JCO の N. Kunju は、陸軍内の階層軋轢について広範に記している。Kunju, *Indian Army* (New Delhi: Reliance Publishing, 1991) を参照せよ。Kunju は、陸軍における世俗主義についての論文 (http://dcubed.blogspot.com/2006/11/my-colleague-kadar.html [December 2009]) によって、2006 年の *Indian Express* Citizens for Peace Prize を受賞している。
34. インドの "若い芽" は財産であるという主張にも拘わらず、軍は老齢化しつつあり、女性を除いては若年将校の募集は難しい。対擾乱など大きなストレスがかかる状況下における作戦での年長の将校・兵士の働きは必ずしも良くない。P. K. Gautam, "Why a Nation Needs a Young Military," CLAWS, pp.250-56.

第3章

1. 中印境界の西部地域においては、中国の主攻正面であったにも拘わらず、インド側は陣地を死守し、決定的な敗戦を喫していない。中印戦争の詳細については、Bharat Rakshak のウェブ・サイト (www.bharat-rakshak.com/ARMY/History/1962War/PDF/index.html [August 6,2009]) にて、未発表の公式戦史を参照せよ。
2. K.Subrahmanyam,"Indian Defence Expenditure in Global Perspective," *Economic and Poitical Weekly* 8, no.26 (June 30,1973) ,pp.1155-58 (www.jstor.org/stable/4362796).
3. 陸軍はヘリコプターを導入するとともに、航空兵種を新設した。1982 年から 1990 年の間に、戦車は 2,120 両から 3,150 両に、空軍戦闘機は 614 機から 836 機に、海軍主要戦闘艦は 36 隻から 49 隻にそれぞれ増加した。
4. Mandeep Bajwa and Ravi Rikhye, "Indian Army RAPIDS Dvisions," February 11,2001 (www.ordersofbattle.darkscape.net/site/toe/toe/india/rapids.html [December26,2009]) を参照せよ。RAPIDS は、1957 年に "pentagonal" 改編が行われた欧州正面配備の米師団 ROCIDS (Reorganizaion of Current Infantry Division) をもじったもの。
5. スンダルジ将軍の部下の多くは、将軍の計画が意図するところと、陸軍が迅速に変革し得る能力を有するのかについて懐疑的だった。危機の後、スンダルジ将軍の後任の V.N.Sharma 大将は既に設置されていたハイテクの指揮装置を撤去し、陸軍は極めて慎重な指揮統率へと逆戻りした。
6. これら危機についての研究としては、Sumit Ganguly and Devin Hagerty,

20. Admiral Vishnu Bhagwat, *Betrayal of the Defence Forces*（New Delhi:Manas,2001）; and Gaurav C. Sawant, "Bhagwat Chronicles His Sacking, Book Release Today, "*Indian Express*, February 16,2001 を参照せよ。
21. Report of the Kargil Review Committee, *From Surprise to Reckoning*（New Delhi: Sage Publications, 2000）.
22. インド側戦死者（527 名）の約半数（240 名）が失われることとなった、パキスタンが占領した最も戦略的に重要な高地である Tololing での 3 週間にわたる緒戦において回避し得た損耗に関する結論に、カルギル調査委員会が如何にして至ったのかについて知るのは困難である。敵の砲火に晒されながらの約 3 週間にわたる高地測量の後、インド陸軍は、やっと Bofors-155mm 榴弾砲を配置して高地に対する火力を発揮し、反撃を制圧した後、インド歩兵部隊は遂に陣地を奪回した。榴弾砲運用の遅延は、航空火力運用上の問題と同じくらい驚くべきことだった。
23. 報告書のうち秘密解除された部分は、http://mod.nic.in/newadditions（December 1. 2007）にて閲覧可能。
24. このうち最も包括的なものは、2008 年 1 月の *Indian Express* 連載。
25. Admiral Arun Prakash, "Keynote Address,"*Proceedings of a USI Seminar in Higher Defence Organisation*（New Delhi: United Services Institution of India, 2007）,p.9 を参照せよ。
26. Anit Mukherjee, "Failing to Deliver: The Post Crises Defense Reforms in India, 1998 -2008," unpublished manuscript.
27. 新たな装備取得ガイドライン策定に向けての最近の動きは低調である。Ajai Shukla, "Western Doctrie, Russian Arms," *Business Standard,* Aug 12,2008 を参照せよ。Sukla は、インドの新装備取得要領は " 同じくらい無味乾燥であった前バージョンをさらに上回るくらい進展がないという点だけが際立っている " と記している。
28. The Centre for Joint Warefare Studies journal, *Puple Pages*（www.cenjows.in/home. php）.
29. インドの情報活動における一貫性の欠如に対する調査と批評、及びカルギル調査委員会提言と閣僚委員会報告については、Sunil Sain,"Intelligence Reforms," Bharat Rakshak Monitor, vol. 3,no.4,（January-February 2001）（www.bharat-rakshak.com/MONITOR/Issue3-4/sainis.html［December 1,2007］）を参照せよ。
30. 1930 年代まで、インド陸軍将校の全てが英国人であることに大きな問題はなかった。その後、徐々にインド人将校が増えていったが、このプロフェッショナルな将校団こそが陸軍の大きな強みであったし、今日においてもそうである。将校団の概要については、Stephen P. Cohen, *The Indian Army: It's Contribution to the Development of a Nation*（University of California Press, 1971）を参照せよ。
31. より革新的な軍所管のシンクタンクの 1 つである Centre for Land Warfare Studies（CLAWA） は、2009 年 4 月 28 日 に "Military Sociology: Societal

8. 西側はインドに対して二流レベルの技術しか売らなかったのに対して、ソ連は最良の装備を供給したという、今や機能していない親ソ連ロビーによって作り上げられた話があるが、それは真実ではない。ソ連がインドではなく自らのために設計した装備の幾つかはインドへの供給を不適とされ、そのことに選択の余地はなかった。
9. 防衛装備品製造に関するインド産業連合会の報告（http://64.233.169.104/search?q= cache:othn9-8Z3b4J:www.ciidefence.com/Main%2520Pages/About_US/Anout_US.htm+Vijay+Kelkar+Committee+defense&hl=en&ct=clnk&cd=2&gl=us&client=safari［December 1,2007］）を参照せよ。
10. Defence Procurement Procedure and Defence Procurement Manuals（New Delhi: Ministry of Defence（http://mod.nic.in/dpm/welcome.html）.
11. Josy Joseph, "DRDO May Have Major Say in Defence Purchases,"*DNA*,April 1,2008（www.dnaindia.com/dnaprint.asp?newsid=1158214［December 21,2009］）.
12. Manu Pubby, "DRDO Revamp: Antony Appoints High-level Panel," *Indian Express*, June 12, 2009（indianexpress.com/story-print/475162/［December 21, 2009］）
13. Confederation of Indian Industry, "Opportunities in the Indian Defence Sector," report by KPMG,2009（www.in.kpmg.com/TL_Files/Pictures/Oppotunities_in_the_Indian_ Def ence_ Sector.pdf［March 2,2010］）
14. Abhinaba Das and Kausik Datta, "L&T, EADS Review JV plans; to Tweak Equity Structure to Clear FDI Hurdle,"*The Economic Times*, February 5,2010（http://economic times.indiatimes.com/news/news-by-industry/indl-goods-/-svs/engineering/LT-EADS-revive-JV-plans-to-tweak-equity-structure-to-clear-FDI-hurdle/articleshow/5536473.cms）
15. Sandeep Unnithan, "Dent in the BRASS," *India Today International Edition*, January 4,2010,pp.38-44. これらスキャンダルの観点からの軍のイメージについての緻密な議論については、Shelkhar Gupta, "Our Harmed Forces," *Indian Express*, January 16,2010（www.indianexpress.com/story-print/567998/［January 20,2010］）を参照せよ。
16. Matthew Porter, "More Indian Defence Corruption – But We Need the Weapons So What to Do?"（http://industry.bnet.com/government/10002027/more-indian-defense-cur ruption-but-we-need-the-weapons-so-what-to-do/［March 1,2010］）.
17. Ibid.
18. 元 *Financial Times* インド特派員 John Elliott のブログ "Riding the India Elephant"（http://ridingtheelephant.wordpress.com/2010/02/23/the-gun-that-has-crippled-the-equipping-of-India's-armed-forces-is-"innocent"/［March 2,2010］）から引用。
19. Ibid

Israel-India Arms Deal," *Haarentz,* April 1, 2001（www.haaretz.com/hasen/spages/1074540.html）を参照せよ。印露間の武器取引については、"Defence Contracts Expected to Dominate India- Russia Talks,"CNN report October 2,2000（www.cnn.com/2000/ASIANOW/south/10/01 / India.putin.advancer/［September 2004］）を参照せよ。

23. インドは独自の早期警戒機開発計画を打ち上げたが、如何なる具体的成果を示すにも程遠い状況にある。
24. FICCI press release, Feburary 24, 2009（http://ficcidrdoatac.com/press-release.pdf）を参 照せよ。
25. John Wilson Lewis and Xue Litai, "China's Seach for a Modern Air Force, "*International Security* 24, no.1（Summer 1999）, pp.64-94（http://link.jstor.org/ sici?sici=0162-2889%28199922%2924%3AI%3C64%3ACSFAMA%3E2.0.CO%3B2-R）.

第2章

1. Reforming the National Security System—Recommendations of the Group of Ministers, chap.1,p.1. 秘密指定解除部分の閲覧は、http://mod.nic.in/aboutus/body. htm# as1（December 1,2007）で可能。
2. 本問題についての広範で優れた分析として、Admiral Verghese Koithara, *Society, State and Security: The Indian Experience*（New Delhi: Sage Publications, 1999）を参照せよ。
3. この点についての信頼できる説明として、P. R. Chari, *Pokhran-I: Personal Recollections I*, Institute of Peace and Conclict Studies Special Report, August 2009, IPCS, New Delhi（www.ipcs.org［December 2009］）を参照せよ。
4. インドの核プログラムに対する批判として、印原子力委員会（AEC）はそれほど調査を行わなかったということがある。核兵器技術は広く利用可能であったし、インドは当初、施設建設、燃料調達、原子炉運転において、欧米からの援助の恩恵に浴した。核兵器製造におけるインドの業績は技術流用の成功例である。インドの工業分野での広範な失敗や他の第三国が核兵器開発において無能（国際的な制裁措置に打ち勝つことを含めて）であったことに鑑みれば、この業績は特筆に価する。
5. DRDOの概観については、2008年1月に*Indian Express*が優れた連載記事を掲載した。シンガポール軍事研究家による論評として、Rchard Brizinger, "India's Once and Future Defence Industry," *RSIS Commentaries*,October 8, 2007（www.rsis.edu.sg［Decenber 26, 2009］）を参照せよ。
6. Amitav Ranjan, "Arjun, Main Battle Tanked, "*Indian Express*, Novenber 27,2006（www.indianexpress.com/story_print.php?storyId=16589）.
7. Manu Pubby, "What Went Wrong with LCA, Arjun Tank, Akash Missle," *Indian Express*, March 3, 2009（www.indianexpress.com/news/what-went-wrong-with-lca-arjun-tank- akash/429935/）.

いた。

11. 中国の脅威をことさら強調する現実主義者のインドの核実験に対する見解について　は、Bharat Karnad, *India's Nuclear Policy*（New York: Praeger Special Series, 2008）を参照せよ。インド国防ジャーナルの編集者の一人である Captain Bharat Varma は、中国が間もなく戦争に突入するのを余儀なくされ、インドを攻撃するだろう予見している。"'Nervous' China ' May Attack India by 2012: Defense Expert,"expressindia.com（www. expressindia.com/latest-news/nervous-China-may-attack-India-by-2012-defence-expert/488349）を参照せよ。

12. 中国の国防近代化は、数年間にわたって、インドでは想像もできないような規模の投資による恩恵を受けている。Rechard A. Bitzinger が言うように、中国は軍事的に打って出る準備ができているとともに、アジアにおける武器生産において筆頭の地位にある。このことは、台湾海峡と東南アジア、そしてさらに西側地域において、他国に挑戦するための手段と自信を付与する可能性がある。Richard A. Bitzinger, "China's Military-Industrial Complex: Is It（Finally）Turning a Corner?" *RSIS Commentaries* no.121, S. Rajaratnam Scholl of International Studies, Singapore, November 21, 2008（http://dr.ntu.edu.sg/handle/10220/4533）.

13. Chicago Council on Global Affairs, *The United States and the Rise of China and India: Result of a 2006 Multination Survey of Public Opinion*（Chicago, 2006）.

14. Ibid, pp.41-42.

15. http://specials.indiatoday.com/petition_english/index.shtml（March 2010）を参照せよ。

16. Jonathan Marcus, "India-Pakistan Military Balance, "BBC News, May 9, 2009（http:// news.bbc.co.uk/2/hi/south_asia/1735912.stm）.

17. Anthony H. Cordesman, "The India-Pakistan Military Balance"（Washington: Center for Strategic and International Studies, May 2002）.

18. 国防費の GDP 比は算定法によって異なる。3% という値は、World Development Indicator（世銀）による。他に、2.5%程度になるという統計値もある。

19. SIPRI は、購買力平価を指標とした 727 億ドルを提示している。この算定法だと、中国は 1400 億ドルとなる。(www.sipri.org/yearbook/2008/files/SIPRIYB0805.pdf）.

20. Ibid.,p.75. 2007 年のデータに基づく。

21. Rajat Pandit,"India to Aquire New Undersea Cruise Missiles, "*Times of India*, August 4,2008（http://timesofindia.indiatimes.com/articleshow/msid-332388.prtpage-1,cms [Jan uary 2010]）

22. 進展するインドとイスラエルの軍事関係については広く言及されている。汚職の懸念についての議論は、Yossi Melman,"Media Allege Coruption in Massive

第1章

1. 軍及び軍事力使用に対するインド独立運動家の態度についての包括的議論としては、Stephen Cohen, *The Indian Army: It's Contribution to the Development of a Nation*,2nd ed.（Oxford University Press,2001）を参照せよ。
2. Lorne Kavic, *India's Quest for Security*: Defence Policies, 1947-1965（University of California Press, 1967）,pp.24-25.
3. インドの安全保障政策についてのPanikkarの最終的な見解の1つとしては、K. M. Panikkar, *Problems of Indian Defence*（London: Asia Publishing House, 1960）を参照せよ。 Panikkarの業績は、現代のインド人現実主義者によって再発見された。*Pragati:The Indian National Interest Review*, January 2010に "Before the Enemies Reach Panipat"（http://pragati.natinalinterest.in/wp-content/uploads/2010/01/pragati-issue34-jan2010-communityed.pdf）として再版されたSchool of International Studies（当時）におけるPanikkar演説（1961.2.13）の引用を参照せよ。
4. Apurba Kundu, *Militarism in India: The army and Civil Society in Consensus*（New York: St Martin's Press 1998）,PP.76-80; 及び、Raju G. C. Thomas, *Indian Security Policy*（Princeton University Press, 1986）,pp.119-34を参照せよ。
5. Robert S. Anderson, "Patrick Blackett in India: Military Consultant and Scientific Intervenor, 1947-1972, Part I,"*Notes and Records of the Royal Society of London* 53, no.2（May 1999）;pp.253-73; and Andeson,"Empire's Setting Sun? Patrick Blackett and Military and Scientific Development of India," *Economic and Political Weekly*, Septemper 29,2001,pp.3703-20を参照せよ。
6. K. Subramanyam, "Indian Defence Expenditure in Global Perspective,"*Economic and Political Weekly* 8, no.26（June 30,1973）,pp.1155-58（www.jstor.org/stable/4362796）.
7. Neville Maxwell, *India's China War*（London:Jonathan Cape,1970） を参照せよ。中印戦争に関するMaxwellの最近の見解については、"How the East Was Lost," Rediff.com. April 29, 2004（www.rediff.com/news/2001/may/23spec.htm）を参照せよ。
8. Maxwell, "How the East Was Lost," Part II.
9. 中印戦争と他の2つの戦争の公式戦史は編纂されているが、未だ一般開示されていない。官僚の臆病さに対するInder Malhotraの容赦ない論議については、"Babus and Their Top- Secret Fetish," *The Asian Age*, April 1,2009（www.asianage.com/presentation/ left navi gation/opinion/opinion/babus-and-their-top-secret-fetish.aspx［April 2009］）を参照せよ。
10. 1985年頃まで、米政府高官は、ソ連が印東海岸ヴィシャーカパトナムに海軍基地を維持しており同基地を出入港するソ連製艦艇はソ連海軍の一部であると誤認して

9. Teresita Schaffer, *India and the United States in the 21st Century: Reinventing Partnership* (Washington: Center for Strategic and International Studies, 2009).
10. 古典的な解釈については、Kenneth Waltz, *Theory of International Politics* (Reading, Mass.: Addison, 1977) を参照せよ。
11. Juli A. Macdonald, "Indo-U.S. Military Relations: Expectations and Perceptions, "Office of Net Assessment, October 2002. 後続研究としては、Booz Allen Hamilton's, Bethany N. Danyluk and Juli A. MacDonald, *The U.S.-India Defense Relationship: Reassesing Perceptions and Expectations*, report (unclassfied) prepared for the Director, Net Assessment, Office of Secretary of Defense (Washington, November 2008) を参照せよ。
12. Amit Sisir Gupta, Building an Arsenal: *The Evolution of Regional Power Force Structures* (Westport, Conn, and London: Praeger, 1998)
13. Amitabh Mattoo, "Upgrading the Study of International Relations, "*The Hindu*, April 21,2009 (http://thehindu.com/2009/04/21/stories/2009042156680800.htm) ;Anit Mukherjee, "The Absent Dialogue, "*Seminar* 599 (July 2009) :24-28, by a former Indian Army officer; and the American Daniel Markey, "Developing India's Foreign Policy 'Software', National Burau of Asian Research, *Asia Policy*, no. 8 (July 2009) : 73-96 (http://asiap olicy.nbr.org [July 8, 2009]). インド外交政策における官僚主義についての Markey の見解を支持する優秀なインド人学生によるコメントとして、Kishan S. Rana."MEA's Institutional Software—A US Prognosis, "*Business Standard*, July 24, 2009 (www.business-standard.com/India/news/kishan-s-rana-mea%5Cs-institutional-softwareUS-prognosis/364646/ [August 1,2009]) を参照せよ。
14. Jaswant Singh, *Defending India* (New York: Palgrave Macmillan, 1999)
15. Harsh V. Pant,"A Rising India's Search for a Foreign Policy, "*Orbis* 53, no.2 (Spring2009) :263. Pant. *Contemporary Debates in Indian Foreign and Security Policy: India Negotiates Its Rise in the International System* (New York: Palgrave Macmillan, 2008) も参照せよ。
16. Subrahmanyam の著作及び経歴の概観については、P. K. Kumaraswamy, ed., *Security beyond Survival: Essays for K. Subrahmanyam* (New Delihi: Sage,2004) を参照せよ。
17. インドが過去から脱する能力と意図を有することについての最も説得力のある主張が、著名なインド人学者—ジャーナリスト C. Raja Mohan によって *Crossing the Pubicon* (New Delhi: Viking,2003) の中でなされている。

原　注

序文

1. Geroge Tanham, *Indian Strategic Thought: An Interpretive Essay* (Santa Monica, Calif.: RAND, 1992)
2. Stephen P. Rosen, *Societies and Military Power: India and Its Armies* (Cornell University Press 1996)
3. Rajesh M. Basrur, *Minimum Deterrence and India's Nuclear Security* (Stanford University Press, 2006)
4. これに対する反駁としては、Pranab Bardhan,"China, India Superpower? Not so Fast!" *Yale Global Online*, October 25, 2005 (http://yaleglobal.yale.edu/content/china-india-superpower-not-so-fast) ; and Minxin Pei,"Think Again: Asia's Rise," *Foreign Policy* (June 22, 2009) (www.foreignpolicy.com/articles/2009/06/22/think_again_asias_rise?p;irnt=yes&hidecomments=yes&page=full) の２つを参照せよ。
5. Ashley J. Tellis,"The United States and South Asia,"Testimony bfore the House Committee on International Relations, June 14, 2004 (www.Carnegieendowment.org/publications/index.cfm?fa=view&id=17070) ; Tellis, "India as a New Global Power: An Action Agenda for the United States,"Carmegie Endowment for International Peace, July2005 (www.carnegieendowment.org/files/CEIP_India_strategy_2006.FINAL.pdf) ; and Robert D Blackwill, "The India Imperative,"*National Interest*, no.80 (Summer 2005) :9-17
6. Tellis,"India as a New Global Power," pp.33,36.
7. Rodney W. Jones, "Conventional Military Imbalance and Strategic Stability in South Asia,"Research Paper 1, Souht Asia Strategic Stability Unit (University of Bradford, March 2005) .
8. Paul Bracken, *Fire in the East: The Rise of Asian Military Power and the Second Nuclear Age* (New York:HarperColins,1999) ; Kishore Mahbubani, *The New Asian Hemisphere: The Irresistible Shift of Global Power to the East* (New York: Public Affairs, 2008) ; and Fareed Zakaria, *The Post-American World* (New York: W.W.Norton,2008) を参照せよ。

LeT（Lashkar-e-Taiba）……ラシュカレ・イ・トイバ

LOC（Line of Control）……管理ライン

LTTE（Liberation Tigers of Tamil Eelam）……タミル・タイガー（タミル・イーラム解放の虎）

MEA（Ministry of External Affairs）……外務省

MoD（Ministry of Defence）……国防省

MRCA（Multi-Role Combat Aircraft）……多用途戦闘機

NCA（Nuclear command Authority）……核指揮機関

NEFA（Northeast Frontier Agency）……東北辺境特別区

NPT（Nuclear Non-Proliferation Treaty）……核兵器不拡散条約

NSA（National security adviser）……国家安全保障顧問

NSAB（National Security Advisory Board）……国家安全保障諮問委員会

NSG（National Security Guard）……国家警備隊

NSSP（Next Steps in Strategic Partnership）……戦略的パートナーシップにおける次のステップ

NTI（Nuclear Threat Initiative）……核脅威イニシアティブ

POTA（Prevention of Terrorism Act）……テロ防止法

R&D（Reserch and Development）……研究開発

RAMIDS（Reorganized Mountain Infantry Divisions）……山岳歩兵師団（改）

RAPIDS（Reorganized Plains Infantry Divisions）……歩兵師団（改）

RAW（Research and Analysis Wing）……調査分析部

SIMI（Students Islamic Movement of India）……インド・イスラム学生運動

SIPRI（Stockholm International Peace Research Institute）……ストックホルム国際平和研究所

SOG（Special Operations Groupe）……特殊作戦群

TADA（Terrorist and Disruptive Activities Act）……テロ及び騒乱行為防止法

ULFA（United Liberation Front of Asom）……アソム統一解放戦線

USII（United Services Institution of India）……統合戦略研究所

VDCs（Village Defense Committees）……集落防衛委員会

◉英字略号

BARC（Bhabha Atomic Research Centre）……: バーバー原子力研究センター

CBM（Confidence-building measures）……信頼醸成措置

CCPA（The Cabinet Committee on Political Affairs）……内閣政策委員会

CCS（Cabinet Committee on Security）……内閣安全保障委員会

CDS（Chief of Defense Staff）……国防参謀長

CIA（Central Intelligence Agency , U.S.）……中央情報局（米）

CRPF（Central Reserve Police Force）……中央予備警察隊

CSC（Chief of Staff Committee）……参謀長委員会

CTBT（Comprehensive Test Ban Treaty）……包括的核実験禁止条約

CWC（Chemical Weapons Convention） 化学兵器禁止条約

DAE（Department of Atomic Energy）……原子力庁

DCIC（Defence Coordinaiton and Implementation Committee）……国防調整実行委員会

DIA（Defense Intelligence Agency）……国防情報庁

DPC（Defense Planning Committee）……国防計画委員会

DRDO（Defence Research and Development Organisation）……国防研究開発機構

FBI（Federal Bureau of Investigation）連邦捜査局

FINS AS（future Infantry Soldier as a System）……将来歩兵システム

FICCI（Federation of Indian Chambers of Commerce）……インド商工会議所連合

FMCT（Fissile Material Cutoff Treaty）……カットオフ条約

IAEC（Indian Atomic Energy Commission）……インド原子力エネルギー委員会

IAF（Indian Air Force）……インド空軍

IAS（Indian Administrative Services）……インド行政職

IB（Intelligence Bureau）……情報局

IBGs（Integrated Battle Groups）……統合戦闘群

IDS（Integrated Defence Staff）……統合参謀部

IDSA（Institute of Defence Studies and Analyses）……防衛研究所（印）

IED（improvised explosive device ）……即席爆発装置

IFS（ Indian Foreign Service）……インド外交職

IMET（International Military Education and Training）……国際軍事教育・訓練

IPKF（Indian Peace Keeping Force）……インド平和維持軍

IPS（Indian Police Service）……インド警察職

ISI（Inter-Servise Intelligence, Pakistan）……統合情報局（パキスタン）

ISRO（Indian Space Research Organisation）……インド宇宙研究機構

ITBP（Indo-Tibetan Border Police）……インド・チベット国境警察

JCOs（junior commissioned officers）……准将校

LCA（Light Combat Aircraft）……軽戦闘機

……275, 276, 281, 282
ブットー，ズルフィカール・アリー（Bhutto, Zulfikar Ali）……174
ブラケット，P.M.S.（Blackett, P.M.S.）……35, 36, 50, 136, 139, 151, 158
ブラックウィル，ロバート（Blackwill, Robert）……275
ヘドレイ，デビッド（Headley, David）……238
ボウレス，チェスター（Bowles, Chester）……173
ボース，スバス　チャンドラ（Bose, Subhas Chandra）……32

【ま】

マーカス，ジョナサン（Marcus, Jonathan）……49
マクドナルド，ジュリ（MacDonald, Juli）……22
マックスウエル，ネヴィレ（Maxwell, Neville）……37
マトゥー，クルディープ（Mathur, Kuldeep）……233
マネクシャウ，サム（Maneckshaw, Sam）……39
マハン，アルフレッド・セイヤー（Mahan, Alfred Thayer）……135, 164
マヒンドラ，アーナンド（Mahindra, Anand）……76, 80, 230
マブバニ，キショアー（Mahbubani, Kishore）……21
ミシュラ，ブラジェシュ（Mishra, Brajesh）……86
ミューリック，B.N.（Mullick, B. N.）……92
ムカージー，アニット（Mukherjee, Anit）……88
ムカージー，プラナブ（Mukherjee, Pranab）……156, 254, 258
ムシャラフ，ペルヴェズ（Musharraf, Pervez）……110
メノン，クリシュナ（Menon, V. K. Krishna）……37, 78
メノン，シヴィ・シャンカール（Menon, Shiv Shankar）……199
モーゲンソー，ハンス（Morgenthau, Hans）……129
モハン，ジャガン（Mohan, P.V.S. Jagan）……133
モハン，ラジャ（Mohan, C. Raja）……127

【ら】

ラオ，P.V.R. ナラシンハ（Rao P. V. R. Narasimha）……181
ラーマ・ラオ（Rao, P. Rama）……75
ラマンナ，ラジャ（Ramanna, Raja）……174
ラル，P. C.（Lal, P.C.）……134
リキエ，ラヴィ（Rikhye, Ravi）……126
リタイ，キ（Litai, Xue）……63
リトル，アーサー・D（Little, Arthur D.）……90, 272
ルイス，ジョン（Lewis, John）……63
ルーズヴェルト，フランクリン D.（Roosevelt, Franklin D.）……272
ルットワク，エドワード（Luttwak, Edward）……121
ローエン，ヘンリー（Rowen, Henry）……273
ローゼン，スティーブン・ピーター（Rosen, Stephen Peter）……20

——とカルギル調査委員会……84
スンダルジ, クリシュナスワミー（Sundarji, Krishnaswami）
——と核プログラム……175
——と近代化改革……43, 78, 104
——と攻勢政策……106-107

【た】
ダライ・ラマ（Dalai Lama）……37, 47
タルボット，ストローブ（Talbot, Strobe）……45, 274
タンハム，ジョージ（Tanham, George）……19, 81, 141, 142, 143, 156
チェラニー，ブラフマ（Chellaney , Brahma）64, 264
チダムバラム，P.（Chidambaram , P.）……212, 226, 227, 228, 231, 236, 238
チャヴァン，Y.B（Chavan , Y.B. ）……258
チャリ，P. R.（Chari , P.R.）……259
チョープラ，サミール（Chopra , Samir）……133
ティラク，バル・ガンガダール（Tilak, Bal Gangadhar）……31
ティル，ジオフレイ（Till, Geoffrey）……164
ティワリ，A.K.（Tiwary, A.K.）……144, 146
テャギ，S.P.（Tyagi, S.P.）……156
テリス，アシュレイ（Tellis, Ashley）……20, 284
ドルスキナー，ジョン（Dorschner, Jon）……246

【な】
ナイム，ラシッド（Naim, S. Rashid）……204
ニクソン，リチャード（Nixon, Richard）……40, 273
ニラカニ，ナンダン（Nilekani, Nandan）155, 156
ネルー，ジャワハルラール（Nehru, Jawahalal）
——と印印関係……132, 272
——と海軍近代化……159
——と核プログラム……171
——と調達汚職……78
——の軍事支出……30, 136
——の前進政策……32, 36, 41, 92
——の非同盟政策……272

【は】
バスルール，ラジェシュ M.（Basrur, Rajesh M.）……20
バッバル，D. K.（Babbar, D.K.）……71
パドマナバン，S.（Padmanabhan, S.）……111, 112
バナージー，ディパンカール（Banerjee, Dipankar）……217
パニカール，K. M.（Panikkar, K.M.）
——と海軍近代化……135-138, 158-160
——の軍事観……32
バーネット，トーマス（Barnett, Thomas）……166
バーバー，ホミ（Bhabha, Homi）……36, 171, 172, 174, 177
バーンズ，R. ニコラス（Burns, R. Nicholas）……302
ハンチントン，サミュエル（Huntington, Samuel）……256, 259, 271
パテル，シブラジ・（Patil, Shivraj）……226
パント，K.C.（Pant, K. C.）……258
パント，ハーシュ（Pant, Harsh）ト……23
フェイス，ダグラス（Feith, Douglas J.）……275
フェルナンデス，ジョージ（Fernandes, George）……46, 83, 120
ブッシュ，ジョージ W.（Bush, George W.）

——による近代化プログラム……42-43, 78, 104
——による対中国外交……46, 126
カンワル，グルミート（Kanwal, Gurmeet）……118, 255
キックレイター，クラウデ（Kickleighter, Claude）……273
キドワイ，カーリッド（Kidwai, Khalid）……124
ギル，K. P. S.（Gill, K.P.S.）131
グプタ，アミット（Gupta, Amit）……22
グプタ，シェカール（Gupta, Shekhar）……122
クリントン，ヒラリー（Clinton, Hillary）……291
クリントン，ビル（Clinton, Bill）……274, 299
ケネディー，ジョン　F.（Kennedy, John F.）……132, 272
ケルカー，ヴィジェイ（Kelkar, Vijay）……73, 74
ゴカーレー，ゴパル・クリシュナ（Gokhale, Gopal Krishna）……31
コサリ，ドーラット・シン（Kothari, Daulat Singh）……36
ゴース，アルンダーティ（Ghose, Arundhati）……180
コーデスマン，アンソニー（Cordesman , Anthony）……49
コルベット，ジュリアン（Corbett , Julian）……160, 164

【さ】
ザカリア，ファリード（Zakaria, Fareed）……21, 301
サンタナム，K.（Santhanam, K.）……201
シマヤ，K.S.（Thimayya, K.S.）……37
シャファー，テレジタ（Schaffer, Teresita）……21, 47, 244
シャリーフ，ナワーズ（Sharif, Nawaz）……93
ジョーンズ，ロドニー（Jones, Rodney）……21
シン，アルン（Singh, Arun）
　軍事的知見を有する政治家としての——……258
　——主催のタスクフォース……86
　——と核プログラム……175
　——と近代化改革……42, 78, 82, 104
シン，J.J.（Singh, J.J.）……71
シン，ジャスジット（Singh, Jasjit）……138, 143, 193
シン，ジャスワント（Singh, Jaswant）
　軍事的知見を有する政治家としての——……258
　戦略国防計画における——…… 22
　——と核プログラム……45, 190
　BJPにおける——……128
シン，スシャント（Singh, Sushant K.）……242
シン，V. P．（Singh V.P.）……78
シン，マンモハン（Singh, Manmohan）
　——と核プログラム……198
　——と国内治安……211
　——と米国……276, 279, 284
　——と抑制政策……64
　——の経済分野におけるリーダーシップ……269
シンハ，アッセマ（Sinha, Assema）……246
スブラマニアム，K.（Subrahmanyam, K）
　海軍近代化における——……137-138
　軍事的知見を有する政治家としての——……259
　戦略的国防政策における——…… 24
　——と核プログラム……176, 189

◉人物名索引

【な】

【は】

索　引

【著者】

スティーブン・フィリップ・コーエン（Stephen Philip Cohen）

ブルッキングス研究所上席研究員。イリノイ大学名誉教授。ウイスコンシン大学で博士号取得。1965年から1998年までイリノイ大学にて教鞭をとる。その間、国務省政策企画部スタッフ兼務を含め、多数の政府及び民間の研究プロジェクトに加わる。慶応大学で客員教授を務めた経験もある。2004年、米国世界問題評議会が選出した、外交政策の分野において〝米国で最も影響力のある500人〟に名を連ねた。著作多数、近著に『Shooting for a Century, The India-Pakistan Conundrum』（2013）、『The Future of Pakistan』（2011）。

スニル・ダスグプタ（Sunil Dasgupta）

メリーランド大学ボルチモア郡校（シャディー・グローブ）政治学講座主任教授。ブルッキングス研究所客員研究員。イリノイ大学で博士号取得。インディア・トゥディ紙の上級特派員を5年間勤めるなど主として安全保障・軍事分野における報道に従事した後、ジョージ・ワシントン大学及びジョージタウン大学にて教鞭をとり、2009年から現職。近著に『Regional Politics and the Prospects of Stability in Afghanistan』（2013）。

【訳者】

斎藤剛（さいとう・つよし）

陸上自衛官（1等陸佐）。陸上自衛隊研究本部主任研究開発官。拓殖大学大学院博士後期課程（安全保障専攻）在籍。防衛大学校理工学部卒（第28期）。陸上自衛隊幹部学校指揮幕僚課程、インド国防幕僚大学、英国防情報学校国際主任課程を修了。戦略・防衛学修士（マドラス大）。自衛隊において、イラク復興業務支援隊長、航空隊長、地方協力本部長などを歴任する他、外務省に2度出向（本省北東アジア課外務事務官（1993-1995年）、在インド日本国大使館防衛駐在官（2001-2004年））。

インドの軍事力近代化

その歴史と展望

●

2015年6月3日　第1刷

著者…………スティーブン・コーエン
スニル・ダスグプタ
訳者…………斎藤 剛

装幀…………スタジオギブ（川島進）

発行者…………成瀬雅人
発行所…………株式会社原書房

〒160-0022 東京都新宿区新宿 1-25-13
電話・代表 03（3354）0685
http://www.harashobo.co.jp
振替・00150-6-151594

印刷…………新灯印刷株式会社
製本…………東京美術紙工協業組合

ISBN978-4-562-05164-9, Printed in Japan